技術士 第一次試験

「機械部門」

専門科目 受験必修テキスト

第4版

大原良友 著

JN079562

日刊工業新聞社

はじめに

2009年3月25日にこの『技術士第一次試験 「機械部門」専門科目受験必修テキスト』の初版を発行して2011年5月までに初版の5刷を発行し、その後第3版まで発行してきました。これも偏に受験者の方々から、第一次試験合格に向けて効率的に勉強できるテキストとして受け入れられたためと考えています。

この度、第3版の発行後の平成28年度から令和2年度までの試験問題で出題された技術項目を一部追記して、第4版を出版することとなりました。

機械部門の第一次試験の出題範囲として示されているのは「材料力学、機械力学・制御、流体工学、熱工学」の4科目です。これに加えて、ここ数年は出題されていませんが、過去問題では「機械設計、機械材料、機械要素、加工法」が出題されていました。

これらの技術項目を科目ごとの参考書によりすべて勉強するのは、社会人の方々にとっては時間的に非効率的です。また、機械部門の第一次試験の受験対策本として、基本的な技術項目を解説するテキスト本がなかったことから、1冊の本で合格できるレベルの技術項目の習得を考えて、本書は企画されています。

もちろんのことですが、機械部門全体の基本的な技術知識をたった1冊の本で完全に、かつ、詳細まで網羅することはできません。ただし、技術士第一次試験の合格ラインは50％以上となっていますので、すべての事項をカバーできないとしても、受験に必要な最低限の必須知識はこの本1冊で十分に習得することができて、合格ラインは突破できるものと確信しています。

実際に、ここ数年の試験で出題された問題は、このテキストに記載された内容を理解していれば、合格ラインの点数は十分に取得できるものになっています。

本書は、平成16年度から令和2年度までに出題された問題の内容を分析してキーワードを選定し、これに基本となる技術項目を追加して記載することでまとめてあります。

平成16年度から令和2年度までに出題された技術項目を巻末資料の「過去の出題問題分析」として添付しましたので、参考にしてください。毎年のように出題されている項目がありますので、これらの項目を重点的に学習してください。

なお、専門科目における出題の問題数は35問でそのうち25問題を選択して解答することになりますが、各科目から出題される問題数はバランス良く配分されています。また、計算問題が6割から7割を占めていて、基礎的な計算式を知らないと解答できない問題が増えてきています。そのため、重要な計算式については、導入過程を含めて覚えておいてください。

また、本書を参考にしながら、過去問題を解く練習をすることをお勧めします。弊著『技術士第一次試験「機械部門」 合格への厳選100問』第4版も参考にしていただけると、実際の問題の解き方が良く理解できると思います。

さらに深く勉強したいと考えている受験者の皆さんのために、参考文献を巻末資料として掲載しました。自分の専門以外の項目で苦手意識のある方や、専門知識を深めたいと思っている方は、これらの参考文献で時間の許す限り勉強してください。

キーワード確認用に索引を添付しましたので、読後に習得度の確認のために活用してください。キーワードを見て内容を理解しているかをチェックし、理解していない項目を重点的に復習することにより習得度が上がっていくと考えます。

技術士になるための第一歩は、第一次試験に合格することが必須条件となります。今後機械部門の技術士が1人でも多く誕生して、科学技術の向上を図り、安全で安心のできる社会づくりや経済の発展に貢献していただきたいと思っています。

本書により受験勉強されるあなたは、技術士第一次試験の機械部門に合格する可能性が飛躍的に高くなるものと確信しています。また、今後の技術士第二次試験の機械部門の受験に際しても、基礎知識の習得にお役に立つものと自負しています。

2021年2月

大原良友

目　　次

第1章

材料力学

技術士第一次試験では、材料力学の基礎となる問題が出題されていますが、過去に出題された問題の内容を分析すると、荷重と応力、応力とひずみ、材料の強さと許容応力、はりの曲げ、軸のねじり、柱の座屈、組合せ応力およびその他に分類することができます。

以下にこれらの技術項目ごとに、材料力学の基礎的知識として習得すべきものを記載します。

1. 荷重と応力

(1) 引張りと圧縮

図1.1に示すように棒状の材料が、長さに沿って伸びる方向に作用する力Ptを引張荷重といいます。これに対して、棒状の材料が縮む方向に作用する力Pcを圧縮荷重といいます。これらを総称して軸荷重といいます。

これらの荷重が外力として棒材料に作用すると、外力と釣り合うように内部にも力が発生します。このように、棒材料の任意の断面に発生する単位面積あたりの内力をそれぞれ引張応力、圧縮応力といいます。これらを総称して垂直応力といいます。

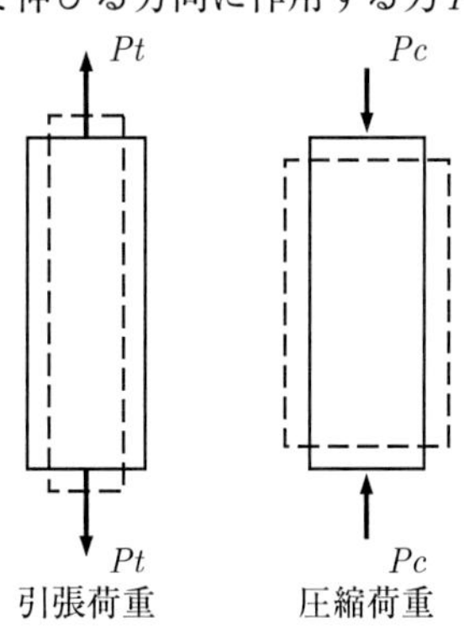

図1.1　軸荷重

ここで、棒材料の初期の断面積をAとすれば、引張応力σ_t、圧縮応力σ_cは次式で表されます。

$$\sigma_t = \frac{Pt}{A} = \frac{\text{引張荷重}}{\text{断面積}}, \quad \sigma_c = \frac{Pc}{A} = \frac{\text{圧縮荷重}}{\text{断面積}}$$

(2) せん断

図1. 2 (a) に示すようにある断面に沿って上下から荷重を受ける場合がありますが、このような荷重をせん断荷重といいます。例えば、図1. 2 (b) のように金属板同士をリベットやボルトで接合する場合がありますが、板に図のような力を加えたときに接合部分のリベットやボルトには横方向の荷重が作用します。これがせん断荷重です。

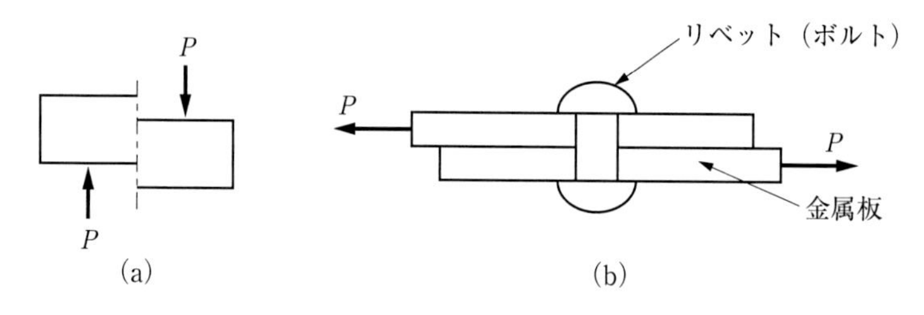

図1. 2　せん断荷重

せん断応力τは、せん断荷重によってせん断面に平行に生じる単位面積あたりの荷重で次式となります。

$$\tau = \frac{P}{A} = \frac{\text{せん断荷重}}{\text{断面積}}$$

(3) 傾斜断面の応力

組合せ応力については第7節で詳細を述べますが、ここでは、上記の (1) および (2) で示した応力が断面に対して垂直あるいは平行な方向に荷重が作用した場合であったのに対して、軸方向と任意の方向に傾斜した断面に発生する応力を考えます。

図1. 3に示す荷重は、前述の図1. 1の場合と同じ荷重が作用した場合ですが、棒材料の任意の断面が軸に対して傾斜した断面を表しています。

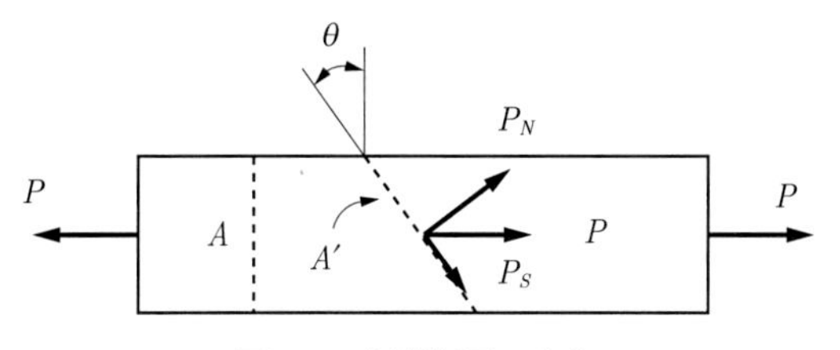

図1. 3　傾斜断面の応力

ここで、応力を考える面を断面Aからθだけ傾いた断面A'上として、この面での垂直力をP_Nおよびせん断力をP_Sとすれば次式で表されます。

$$A' = \frac{A}{\cos\theta}$$

$$P_N = P\cos\theta$$

$$P_S = P\sin\theta$$

よって、任意の断面A'上に作用する垂直応力σ'およびせん断応力τ'は次式で表されます。

$$\sigma' = \frac{P_N}{A'} = \frac{P\cos^2\theta}{A} = \sigma\cos^2\theta$$

$$\tau' = \frac{P_S}{A'} = \frac{P\sin\theta\cos\theta}{A} = \sigma\sin\theta\cos\theta = \frac{\sigma\sin 2\theta}{2}$$

このように、傾斜した断面の応力の大きさは、どの面上で考えるかによってその値が異なり、考える断面の傾斜角θの関数となります。この式のσは引張荷重Pを断面積Aで割ったものですから、単純引張応力を表します。また、この式から、垂直応力が最大となるのは、$\theta = 0°$のときでその値はσと同じ値になります。せん断応力が最大となるのは、$\theta = 45°$のときで垂直応力（単純引張応力）の1/2、すなわち引張応力の半分になります。

2. 応力とひずみ

(1) 応力とひずみの定義

材料の構造上の安全性を評価する場合には、単位面積あたりに作用する荷重の大きさを考慮する必要があります。この単位面積あたりの荷重が応力で、上記の第1節で述べたとおり応力は荷重を面積で割ったものです。

単位は、国際単位系のSI単位で表すと［N/m²］となり、パスカル［Pa］を用います。なお、通例として［N/mm²］が用いられる場合もあります。

第1節で説明したとおり、応力には垂直応力とせん断応力があります。

物体に外力が作用すると、その内部に応力が生じてごく微小ですが形状や大きさが変化します。

初期の長さがL_0の丸棒に引張荷重Pが作用した後で、その長さがL_1となった場合（$L_1 - L_0$）を伸びλといい、単位長さあたりの伸びをひずみεといい、次式で表されます。

$$\varepsilon = \frac{L_1 - L_0}{L_0} = \frac{\lambda}{L_0}$$

このように引張荷重が作用した場合のひずみを引張ひずみといい、逆に圧縮荷重が作用した場合を圧縮ひずみといいます。引張ひずみと圧縮ひずみを総称して縦ひずみといいます。

また、軸方向の荷重が作用したときには、丸棒の直径はD_0からD_1に変化します。このように荷重が作用する方向に縦ひずみを生じると同時に、それと直角の方向にも横ひずみε'が生じていて、その値は次式で表されます。

$$\varepsilon' = \frac{D_1 - D_0}{D_0} = -\frac{\Delta D}{D_0}$$

縦ひずみεと横ひずみε'の比をポアソン比νといい、次式で表されます。

$$\nu = -\frac{\text{横ひずみ}}{\text{縦ひずみ}} = -\frac{\varepsilon'}{\varepsilon}$$

ここで、－が付けてあるのは、縦ひずみを正とすれば、横ひずみは負となるので正の数にするためです。ポアソン比は、多くの材料で0.25～0.35となります。

また、ポアソン比の逆数$m = \dfrac{1}{\nu}$をポアソン数といいます。

一方、せん断ひずみの定義は、以下のように定義されています。

図1. 4に示すように高さLの四辺形において、上下の辺にせん断応力τを受けた場合に、下が固定で上の辺が長さλだけずれた場合に、せん断ひずみγは、次式で表されます。

$$\gamma = \frac{\lambda}{L}$$

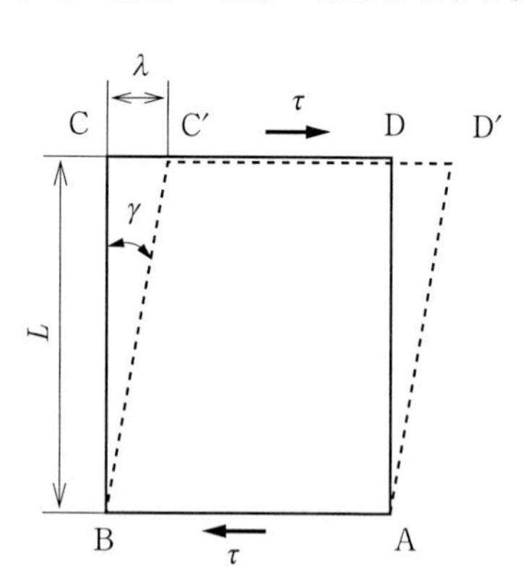

図1. 4　せん断ひずみ

(2) 応力–ひずみ線図

軟鋼の引張試験による典型的な応力–ひずみ線図を図1. 5に示します。この図は、引張試験を実施して得られたデータを整理して、横軸にひずみ、縦軸に応力を表したものです。

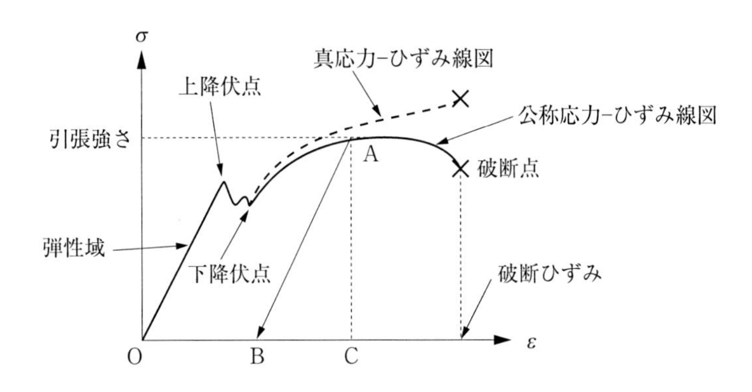

図1. 5　軟鋼の応力–ひずみ線図（模式図）

図中の原点Oから上降伏点までは、応力の増加とともにひずみが比例的に増加しています。この直線部分を**弾性域**と呼びます。この範囲では物体に荷重を加えると変形が生じますが、荷重を除去すれば元の形状に戻ります。このときに生じるひずみを**弾性ひずみ**といいます。

弾性域よりさらに荷重を増加すると、荷重を除去しても変形が残り元の形状に戻らないで、永久変形が生じます。このときの変形を**塑性変形**といい、この永久的なひずみを**塑性ひずみ**と呼びます。この弾性域から塑性変形が生じる塑性域の境界を**降伏点**といいます。特に軟鋼の場合では、図中のような上降伏点とその後の下降伏点が見られますが、実用的には下降伏点が限界値として使用されます。この降伏点での応力を**降伏応力**といいます。

降伏点以降は塑性域となり、最大の応力に達するまでは、塑性変形が発生するとともに応力も増加します。このとき、材料は硬くなっていきますが、この現象を**加工硬化**と呼びます。この領域で荷重を除去すると、応力–ひずみ線図はA→Bと弾性域の傾きに平行に移動してB点に至ります。この場合、回復したひずみ量C–Bが弾性ひずみであり、O–Bが塑性ひずみとなり、塑性ひずみは物体内部に永久的に残ります。

塑性変形が生じて応力が増加し続けると、やがて最大応力となる点に到達します。このときの応力を引張強さと呼びます。この引張強さの位置からさらに変形が生じると、応力は減少して材料は破断します。この破断した点を破断点といい、そのときの応力を破断応力、ひずみを破断ひずみといいます。

降伏応力や引張強さは、材料の強度の重要な値であり設計をする際のデータとして用いられています。

なお、荷重を材料の初期の断面積で割ったものを公称応力といいます。これに対して、引張試験を実施しているときには、実際には断面積は時々刻々と変化していますが、あるときの実際の断面積で割ったものを真応力といいます。

また、ひずみについても同様ですが、公称ひずみは、引張りによる長さの変化量を引張開始前の元の長さで割った値です。これに対して、真ひずみは、ある時々で計算したひずみを変形前の長さから変形後の長さまでの総和として全体のひずみ量としたものです。真ひずみは、対数の形式をとるため対数ひずみとも呼びます。

ステンレス鋼やアルミニウムの引張試験では、図1．5に示す軟鋼のように明確な降伏点が現れません。よって、このような材料では0.2%の永久ひずみを生じる応力を0.2%耐力（あるいは単に耐力）と呼び、降伏応力の代わりに使用しています。

(3) 応力とひずみの関係

物体が弾性域にある場合、応力–ひずみ線図は直線で表されて応力とひずみには比例関係が成り立ちます。この関係をフックの法則といいます。引張りあるいは圧縮荷重が作用した場合、弾性域での応力σとひずみεの比例関係は次式で表されます。

$$\sigma = E\varepsilon$$

ここで、Eは応力とひずみの比例定数で、縦弾性係数あるいはヤング率といい、材料と温度によって固有の値となります。

また、せん断応力τとせん断ひずみγとの間にも同様の関係があり、次式で表されます。

$$\tau = G\gamma$$

ここで、Gは比例定数であり、**横弾性係数またはせん断弾性係数**といいます。

ひずみは無次元数であるため、縦弾性係数および横弾性係数は、応力と同じ次元となります。

横弾性係数G、縦弾性係数Eとポアソン比νには、次式で表す関係があります。

$$G = \frac{E}{2(1+\nu)}$$

表1. 1に幾つかの工業材料の常温での機械的データを示します。

表1. 1　主な工業材料の機械的性質（常温）

材　料	縦弾性係数 E[GPa]	横弾性係数 G[GPa]	ポアソン比 ν	降伏応力 σ_y[MPa]	引張強さ σ_B[MPa]
低炭素鋼	206	79	0.30	195 以上	330～430
中炭素鋼	205	82	0.25	275 以上	490～610
ステンレス鋼 (304)	197	73.7	0.34	284	578
7/3 黄銅	110	41.4	0.33	395.2	471.7
アルミニウム	69	27	0.28	152	167
超ジュラルミン	74	29	0.28	324	422

（出典：日本機械学会・JSME テキスト材料力学）

(4) 荷重と伸びの関係

引張荷重Pが作用する長さL_0、断面積A、縦弾性係数Eの棒の伸びλは、これまでに説明してきた式から、以下の式で計算できます。

$$\lambda = \varepsilon L_0 = \frac{\sigma L_0}{E} = \frac{PL_0}{AE}$$

(5) 自重による棒の伸び

図1. 6に示すように、上端を固定された棒が下に垂直に吊り下がっている場合の、棒の伸び量を求めます。

この棒の断面積をA、長さをL、棒の密度をρ、重力加速度をgとした場合に、下端からxの位置にある断面に作用する荷重は、$P = A\rho gx$で表されます。

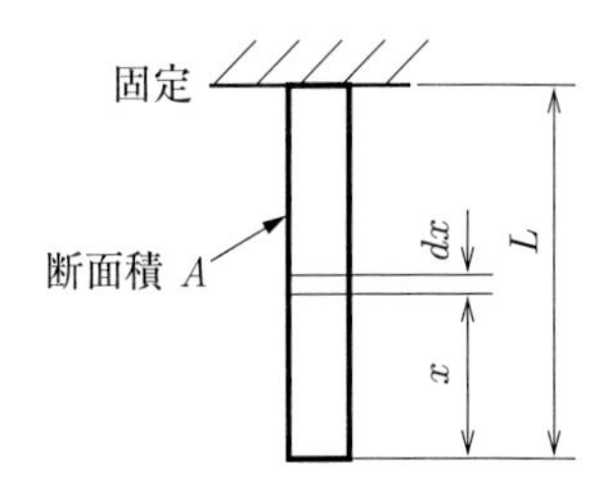

図1. 6　自重による棒の伸び

この断面での発生応力σは、以下の式となります。

$$\sigma = \frac{P}{A} = \rho g x$$

xが長さLとなったとき、すなわち上端部で応力が最大となり、その値は以下となります。

$$\sigma_{\max} = \rho g L$$

一方、ひずみεは縦弾性係数をEとしたとき、次式で表されます。

$$\varepsilon = \frac{\sigma}{E} = \frac{\rho g x}{E}$$

よって、下端からxの位置にある断面の微小な長さdx部分の伸び$d\lambda$は、以下となります。

$$d\lambda = \varepsilon dx = \frac{\rho g x}{E} dx$$

棒全体の伸びλは、棒の全長にわたって積分すればよいので以下のとおりに計算できます。

$$\lambda = \int_0^L \frac{\rho g x}{E} dx = \left[\frac{\rho g x^2}{2E} \right]_0^L = \frac{\rho g L^2}{2E}$$

(6) 熱応力

物体は、温度変化によって膨張または収縮します。一般に固体材料の温度変化による伸縮量は、温度の変化する量に比例します。

温度が1℃変化したときの単位長さの変化量を線膨張係数あるいは熱膨張係数αといいます。

長さLの棒がT℃上昇したときの熱膨張による伸びλは、この線膨張係数αを用いると、$\lambda = \alpha TL$で計算できます。

温度変化により生じるひずみを熱ひずみといい、それによって生じる応力を熱応力といいます。熱応力は、熱膨張による伸び量を計算することによって求めることができます。

図1.7 (a) に示すように、長さL、断面積A、縦弾性係数E、線膨張係数αの棒が、両端を剛体の固定壁に固定されている場合を考えます。

この状態で温度がT℃上昇したとき、棒に発生する熱応力を求めます。

同図 (b) の棒のように片方が自由面として考えて、これに荷重Pを加えて膨張したのと同じひずみ量を元に戻す、と考えれば計算できます。

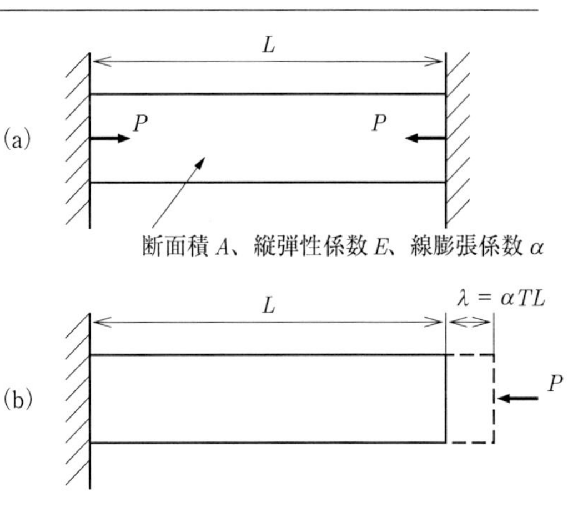

図1.7　棒の熱ひずみ

まず、温度がT℃上昇したときに棒がλだけ伸びますが、この伸びλは線膨張係数αを用いて表すと、$\lambda = \alpha TL$となります。よって、この棒に生じる熱ひずみε_tは次式となります。

$$\varepsilon_t = \frac{\lambda}{L} = \alpha T$$

一方、元に戻す力Pによって生じる弾性ひずみε_cは、P/AEとなります。しかし、熱ひずみと弾性ひずみの和がゼロになりますので、次式で表せます。

$$\alpha T + \frac{P}{AE} = 0$$

これから、$P = -\alpha TAE$という圧縮力が生じることがわかります。

また、内部に生じている熱応力は、$\sigma_t = -\alpha TE = -\varepsilon_t E$となります。

この式から、熱応力は部材の断面積と長さには無関係であることがわかります。

次に、図1.8のように同じ長さLの2つの異なる材料が、剛体板に固定されている場合を考えます。

材料1、2の断面積、縦弾性係数、線膨張係数αは、それぞれA_1、E_1、α_1とA_2、E_2、α_2とします。この状態で温度がT℃上昇したときの熱応力と長さの変化を求めます。ただし、両端の剛体板は動かないものと仮定します。また、ここでは$\alpha_1 > \alpha_2$のときの問題とします。

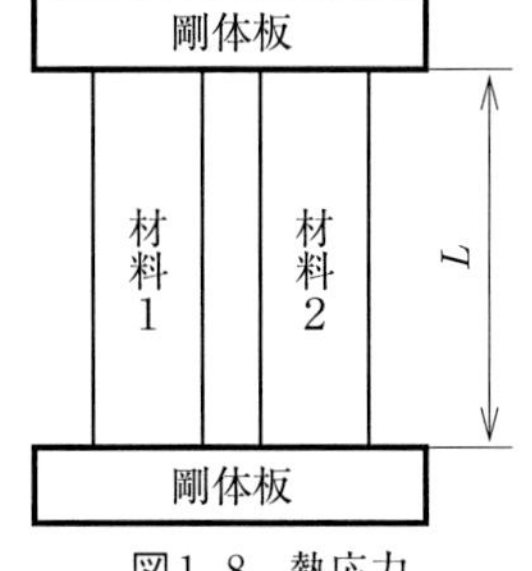

図1.8　熱応力

材料1の熱伸びが大きいことから、材料1には圧縮力、材料2には引張力が発生します。T℃に上昇した後も、両者の長さはLのまま等しくなりますので、この圧縮力と引張力の大きさは等しくなります。この値をPとすると、この力Pによる材料1、2のひずみε_1、ε_2は、それぞれ次式で表せます。

$$\varepsilon_1 = -\frac{P}{A_1E_1}, \quad \varepsilon_2 = \frac{P}{A_2E_2}$$

また、棒に生じる熱ひずみは$\alpha_1 T$と$\alpha_2 T$で表されて、これらのひずみの総和は材料1と2で等しくなることから、次式が得られます。

$$\alpha_1 T - \frac{P}{A_1E_1} = \alpha_2 T + \frac{P}{A_2E_2}$$

ここから、力Pは次式となります。

$$P = \frac{(\alpha_1 - \alpha_2)A_1E_1A_2E_2T}{A_1E_1 + A_2E_2}$$

材料に作用する力Pがわかれば、それぞれの材料に発生する熱応力は計算できます。

また、棒の伸びλは次式のようになります。

$$\lambda = L\left(\alpha_1 T - \frac{P}{A_1E_1}\right) = L\left(\alpha_2 T + \frac{P}{A_2E_2}\right) = \frac{(\alpha_1 A_1E_1 + \alpha_2 A_2E_2)L}{A_1E_1 + A_2E_2}T$$

このように複雑な場合の熱応力でも、熱膨張による伸び量を計算してそれに相当する軸荷重を考慮することによって求めることができます。

(7) 応力集中

応力集中の典型的な例は、円孔に生じる応力集中であり、実際の設計ではリベット接合やボルト締結などの機械部品の組立てにおいて考慮すべきものとなります。

図1.9 (a) に示すように断面が一様な板に引張荷重Pが作用すると、その板の内部に生じる応力は、断面全体に一様に分布します。

しかし、同図 (b) のように板に穴が開いていると、穴を通る断面の応力は図 (a) のように一様には分布しないで、穴の周辺で特に大きくなり、穴から遠ざかるにしたがって応力は減少していきます。この断面での平均応力をσ_nとすれば、穴の近傍部分の最大応力は$\sigma_{\max}$でσ_nより大きくなり、断面の両端の応力はσ_nより小さくなります。

また、同図 (c) のように板の両端に切り欠き溝があると、溝の底部で最大応力$\sigma_{\max}$が発生し、中心部分の応力は平均応力σ_nより小さくなります。

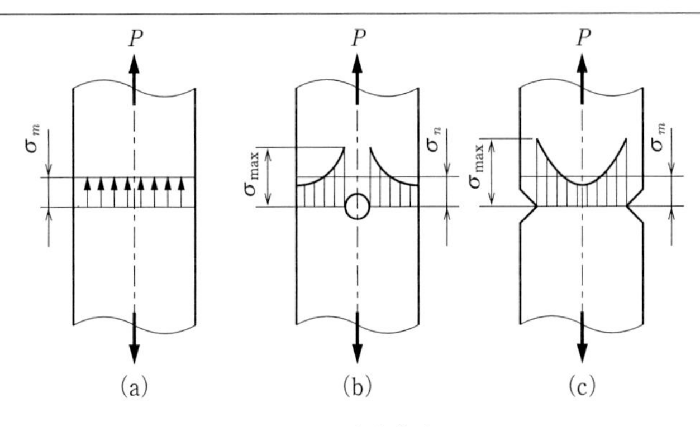

図1. 9　応力集中

このように、物体に穴や溝があって形状が急激に変わる部分があるときには、穴や溝の近傍部分に発生する応力は、局部的に大きくなります。この現象を**応力集中**と呼びます。

また、局部的に生じる最大応力$\sigma_{\max}$（ただし弾性限度内とする）を評価する断面の平均応力σ_nで割った値、すなわち$\sigma_{\max}$とσ_nの比α_nを**応力集中係数**といい次式となります。応力集中係数は、**形状係数**ということもあります。

$$\alpha_n = \frac{\sigma_{\max}}{\sigma_n}$$

応力集中係数の例として、図1. 9（b）のような板に穴が開いている場合は、α_nは2～3になります。無限に幅がある板に穴がある場合が最大で、穴の両端で$\alpha_n = 3$になります。

図1. 10のように無限に幅がある平板に、長軸の長さがa、短軸の長さがbの楕円の孔が開いている場合、応力集中によって孔縁に生ずる最大応力$\sigma_{\max}$は次式で与えられています。

$$\sigma_{\max} = \sigma\left(1 + 2\frac{a}{b}\right)$$

ここで、$a = b$とすれば楕円が円形となり、上記で述べたとおり応力集中係数は3となります。

また、bの値が限りなく0に近い場合には、第10節（4）項で述べるき裂として取り扱います。

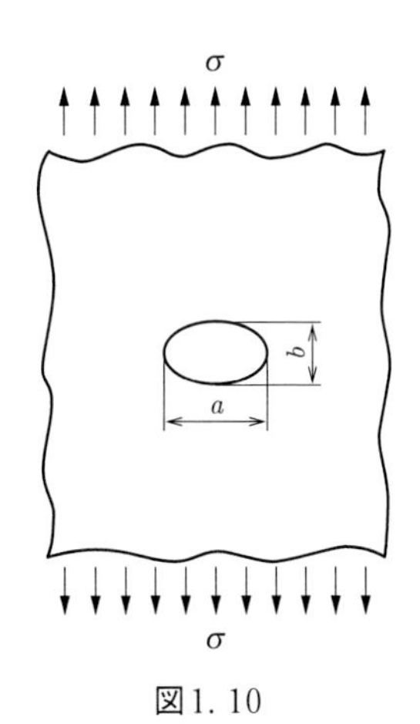

図1. 10

応力集中係数の値が大きいと、機械部品が繰返し荷重などの動荷重を受ける場合、応力集中によってその材料が破壊されやすくなります。そのため、このような部品を設計する場合には、応力集中係数をできるだけ小さくなるようにする必要があります。

例としては、切り欠き溝の角度は大きくする、溝底部は角としないでRを取る、キー溝底部のRは大きくする、段付き丸棒の段部分には大きなRを取る、などです。

(8) 応力測定法

弾性限度内では、応力とひずみは比例しているので発生している応力を知るためには、ひずみを測定すればわかります。ひずみの測定方法には、抵抗線ひずみ計、光弾性法、X線応力測定法、機械的方法など各種の方法があります。

一般的に広く用いられているのが、**抵抗線ひずみ計**（ひずみゲージあるいは**ストレインゲージ**ともいう）です。これは、絶縁台紙（ポリエステル、フェノール樹脂などの薄片）上に細い抵抗線（ワイヤ）を取り付けたものです。この台紙を試験片あるいは測定箇所に接着剤で貼り付けます。測定箇所が引張りを受けると抵抗線は伸びて、それによりこの抵抗線の電気抵抗が変化しますが、この微細な電気抵抗の変化を測定して伸び量を知ることができます。伸び量からひずみを求めることができますので、ひずみが弾性限度内であればその結果から発生している応力を計算できます。

構造が簡単、取り扱いが容易、微小ひずみも測定できる、リード線で引き出せて遠隔操作ができる、などの特徴がありますので、稼働中の機器の各部に生じる応力測定にはこの方法が用いられています。

光弾性法は、エポキシ樹脂、フェノール樹脂などの透明の合成樹脂を用いて被測定物の模型を作り、これに荷重を加えて光を当てて現れる縞模様の形状から、光学的に応力状態を調べる方法です。原理的には光の屈折現象を利用した方法です。複雑な形状の部品の応力集中係数を求めたり、応力分布を調べるのには便利です。この方法によれば、抵抗線ひずみ計では測定できなかった部品内部の応力状態を測定することができます。一般的に弾性限度内では、ヤング率やポアソン比などの物質で異なる弾性定数に無関係に応力分布は相似するため、合成樹脂のようなものによって得られた応力分布や応力値から、鉄鋼やその他の金属材料に換算することができます。

X線応力測定法は、試験材の表面にX線を照射することによって、反射してくるX線の散乱状態を解析することで試験材表面の応力状態を測定する方法です。材料に応力が加わって力の方向に伸縮すると、それに伴って物体を構成している原子の配列している格子面間距離も伸縮しますので、その伸縮の程度すなわちひずみを測定して応力を求めます。

3. 材料の強さと許容応力

(1) 材料の破壊

破壊とは、物体や材料の一部または全体が分離を起こすか、あるいは著しく大きな変形を起こしてその物体や材料が使用できなくなることを意味します。

材料の破壊には、塑性変形の多少により大別すると、**延性破壊**と**脆性破壊**があります。静荷重を増加していくと、大きな変形を伴って破壊する場合を延性破壊といい、変形を伴わないで急激に破壊する場合を脆性破壊といいます。

荷重の負荷速度が非常に遅い場合の破壊を**静的破壊**といいます。実際の機械部品などに起こる破壊として静的破壊はほとんどありませんが、前述の引張試験による材料の引張強さを求める場合に適用されます。

これに対して急激かつ短時間に作用する荷重を衝撃荷重といい、この荷重によって起こる破壊を**衝撃破壊**といいます。衝撃に対する材料の強さは、試験片を衝撃荷重によって破断して、そのときの吸収エネルギーから得られる**衝撃値**で表します。軟らかい延性材料では衝撃値が高く、硬くてもろい脆性材料では低くなります。

鉄鋼材料は、低温になると急激に衝撃値が低下してほとんど変形しないで破壊する場合があります。これを**低温脆性破壊**といいます。

また、荷重の大きさに変動がある場合は、**動的荷重**といいます。疲労破壊を起こす繰返し荷重は、動的荷重の一例です。

(2) 疲労強度

物体や材料に繰り返しの荷重が作用して起こる破壊のことを疲労破壊といいます。

その材料に発生する応力が、降伏点以下の弾性限度内にあっても破壊することがあり、機械や構造物に実際に起こる破壊のほとんどが、この疲労破壊が原因といわれています。長期にわたって使用する機械や構造物の設計では、疲労に対する検討が不可欠となります。

疲労強度を設計段階で検討する場合には、S–N線図が用いられます。この線図は、試験片に図1. 11に示すような繰返し荷重を与えて、破断時の繰返し回数を調べて作成します。この繰返し荷重の振幅の半分をSとして、Sの値を変化させて破断時の繰返し回数Nを試験します。その試験結果を縦軸にSの値、横軸にNを対数でとったものが***S*–*N*線図**です。図1. 12に一例を示します。こ

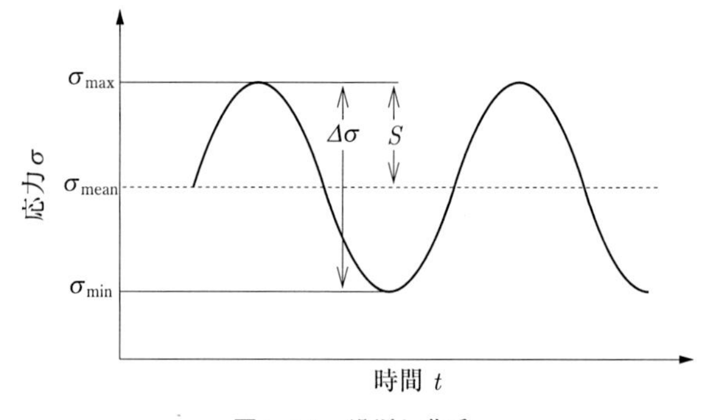

図1. 11　繰返し荷重

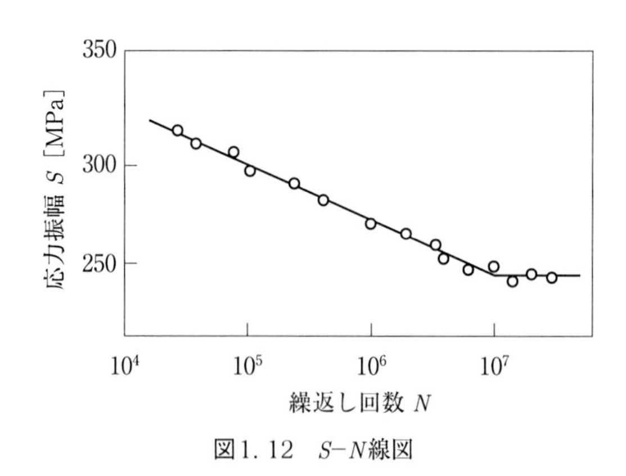

図1. 12　S–N線図

の図では、Sの値がある限界値より小さくなると、それ以上繰返し負荷を与えても破断が発生しなくなります。通常の鉄鋼材料では、S−N線図が10^6～10^7回の繰返し数の範囲で水平な線となります。これを**疲労限度**といいます。なお、一般的にアルミニウムなどの非鉄金属では、S−N線図はある繰返し数の範囲でも水平な線にはならないで、明確な疲労限度は認められません。そのため、慣例的に10^7回の繰返し数における破壊応力を疲労限度とする場合もあります。

機械部品には、穴や溝などの切欠きが存在する場合が多くあります。切欠き部には応力集中が発生するため、平滑材（切欠きがないもの）に比べて疲労強度は低下します。このように、切欠きが疲労限度に与える影響を**切欠き効果**といいます。平滑材と切欠き材の疲労限度の比を**切欠き係数**といいます。切欠き係数は、応力集中係数よりも大きくはなりませんので、切欠きによる疲労寿命は応力集中の場合ほど減少しません。

応力振幅が変動するときの疲労寿命を検討する方法として、**マイナー則**があります。これを**累積損傷則**ともいいます。マイナー則では、以下の条件式になったら疲労破壊が発生する、という考え方です。

$$\frac{n_1}{N_1}+\frac{n_2}{N_2}+\frac{n_3}{N_3}+\cdots+\frac{n_i}{N_i}=1$$

ここで、n_1、n_2、n_3、n_iは各応力振幅（σ_1、σ_2、σ_3、σ_i）での繰返し数で、N_1、N_2、N_3、N_iは各応力振幅（σ_1、σ_2、σ_3、σ_i）におけるS−N線図から与えられる許容最大繰返し数です。なお、この式の左辺の合計が1未満であれば、疲労破壊は発生しません。

外部から荷重などの力が作用していないのに、物体内部に生じている応力のことを**残留応力**といいますが、繰返し応力に影響を及ぼすため、疲労強度の低下を招きます。一般的には、引張残留応力は疲労強度を低下させて、圧縮残留応力は疲労強度を高めます。この残留応力は、材料の圧延加工、熱処理、部品の加工など機械部品の製造過程において発生します。また、溶接構造物では、溶接による残留応力が発生します。残留応力を低下させるためには、応力除去焼鈍（第5章3節（4）項（a）参照）を実施するのが有効な手段です。

(3) クリープ強さ

金属材料に一定の応力を連続して負荷すると、時間の経過とともに次第にひずみが増加して、ついには破壊します。これをクリープ破壊といいます。このようにひずみが徐々に増加していく現象をクリープといい、一般的には高温状態で生じる現象です。高温で使用される機器や構造物を設計する場合には、重要な破壊要因であり、材料のクリープ強さを考慮する必要があります。

一般的には、一定時間に一定のクリープひずみ（例えば1,000時間に0.1％のひずみ）を生じる応力をクリープ限度の応力として、これ以下になるように設計をする必要があります。

このクリープと（2）項の疲労破壊は、時間依存型の破壊となります。

(4) 許容応力と安全率

機械や構造物を設計する際には、使用する材料が実際に負荷される種々の荷重に対して十分に耐え、使用期間中に破壊しないように考慮しておかなければなりません。これは設計をするときに大変重要なことであり、安全にその機械や構造物が機能しなければ、重大な事故につながります。

人命に関わる欠陥製品や耐震強度不足の建築物など、社会的に問題となるような設計をすることは、設計者の責務に反する行為となります。

そのため機械の設計に際して、設計技術者は機械や構造物の各部に生じる応力を計算し、それが使用する材料の許容限界を超えないように検討する必要があります。

ここでは、強度計算に重要となる許容応力と安全率について記載します。

機械や構造物の各部材に、実際の使用状態における荷重下で生じている応力を使用応力といいます。しかしながら、この使用応力を正確に予測して計算することは不可能です。そのため、安全な範囲の上限の応力を許容応力として定めて、この値以下になるようにして部材の設計を行います。この許容応力σ_aは、ある余裕を持たせて弾性限界よりも小さくしておく必要がありますので、以下の式で定義しています。

$$\sigma_a = \frac{\text{基準強さ}}{\text{安全率}} = \frac{\sigma_t \text{ or } \sigma_y}{S} \qquad \text{ただし、} S > 1$$

基準強さは、一般的に延性材料が静的荷重を受ける場合は引張強さσ_tあるいは降伏応力σ_yが用いられ、繰返し荷重を受ける疲労強度を検討する場合には$S-N$線図を、高温で静的荷重を受けてクリープを考慮する場合にはクリープ限度を用います。

使用応力、許容応力と基準強さは、次のような関係があります。

使用応力＜許容応力＜基準強さ

安全率Sは、1より大きな数であり応力計算の不確実さに応じて大きな値をとる必要があります。単純な計算式のみで設計する場合には安全率は大きくなり、詳細な応力解析をすみずみまで実施する場合には安全率は小さくなります。したがって、「安全率が大きい」ということは「応力計算の不確実性が大きい」ということを意味しており、安全性が高いこととは意味が異なります。また、大きすぎれば経済性が低下しますので、機械や構造物の使用環境や目的などに応じて決定する必要があります。

一般的には、安全率は荷重の種類（静的荷重か動的荷重）、材料の種類などを考慮して決めます。静的荷重よりも動的荷重の方が大きくなり、荷重の種類により以下のような関係があります。

静的荷重の場合＜片振り繰返し荷重＜両振り繰返し荷重＜衝撃や変動荷重の場合

4. はりの曲げ

(1) はりの種類と荷重

細長い棒に横荷重を受けて、曲がりが生じるような棒のことをはりといいます。はりには外力やモーメントが作用して曲がり、はりの内部に応力が生じます。また、これらの力に抵抗するために支点や壁などで支持されます。支点には反力やモーメントが生じます。

(a) はりの種類

図1.13にはりの種類を示します。

図（a）は単純支持はりといい、はりの両端にある支点で支持されているものです。両端を支持しているため、両端支持はりということもあります。

図（b）は片持ちはりといい、はりの片方が剛体壁に固定支持されていて、反対側は支持がなく自由に移動できる自由端になっています。

図（c）は単純支持はりの両端の支点よりさらにはりが突き出しているもので、突き出しはりといいます。

図（d）は両端が固定されているもので、固定はりといいます。

図（e）は3点以上の支点で支えられているもので、連続はりといいます。

主にこれら5種類のはりが代表的なものです。

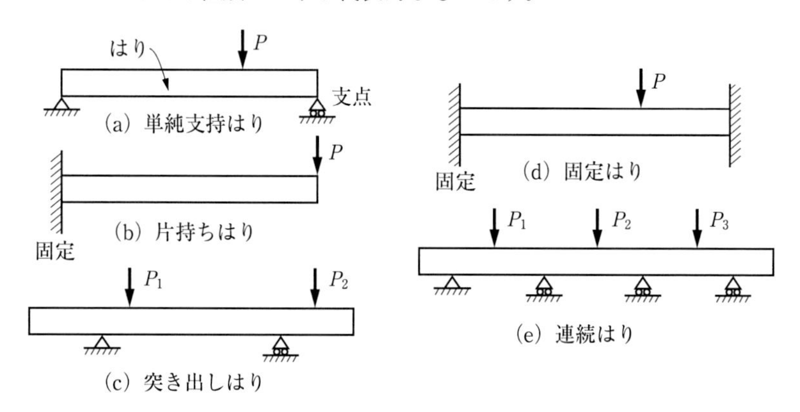

図1. 13　はりの種類

(b) はりの支持方法

図1. 14にはりの支持方法を示します。

図（a）は回転支持といい、曲がって回転できるが上下方向と左右方向の移動が不可能であり、垂直方向と水平方向の反力が生じます。

図（b）は移動支持といい、回転支持の水平方

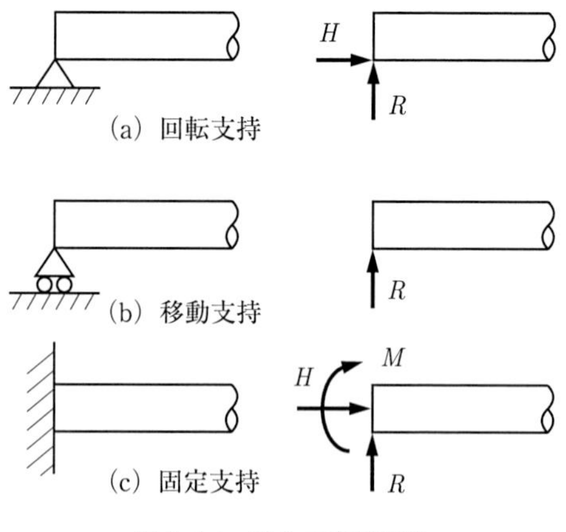

図1. 14　はりの支持方法

向への移動が可能となったもので、はりに作用する外力やモーメントに対して垂直方向のみに反力が生じます。(a) と (b) は単純支持ともいいます。

図 (c) は固定支持といい、曲がることも移動することもできないで完全に剛体壁で固定されているものです。垂直、水平方向の反力に加えて反モーメントが生じます。

(c) はりに作用する荷重

図1. 15に示すような種類があります。

図 (a) は、ある1点に荷重が負荷された状態であり、これを集中荷重といいます。

図 (b) はある領域にわたって荷重が分布している状態ですが、これを分布荷重といいます。同じ大きさの分布荷重が軸方向に均等に負荷するものは、等分布荷重といい図 (c) に示します。

図 (d) は物体を回転させようとするもので、モーメント荷重あるいは偶力荷重といいます。

はりに生じる曲げ応力、せん断応力、たわみやたわみ角は、はりにどのような横荷重やモーメントが作用するのかを考えて、それぞれの支持点に生じる反力やモーメントを求めることにより計算できます。

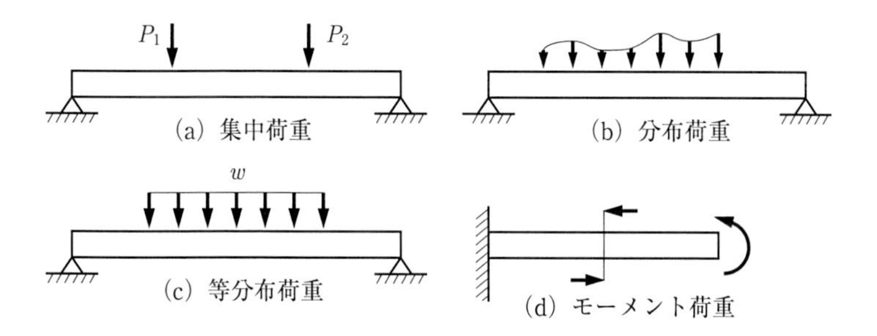

図1. 15　はりに加わる荷重の種類

(2) せん断力と曲げモーメント

はりに外力が作用するときに、はりのせん断力と曲げモーメントを解く場合には、外力と反力の釣合い、およびモーメントの釣合いを考えます。ここでは、例を用いて説明します。

(a) 集中荷重を受ける単純支持はり

図1. 16は集中荷重Pが作用する長さLの単純支持はりを示します。このはりのせん断力と曲げモーメントを求めます。

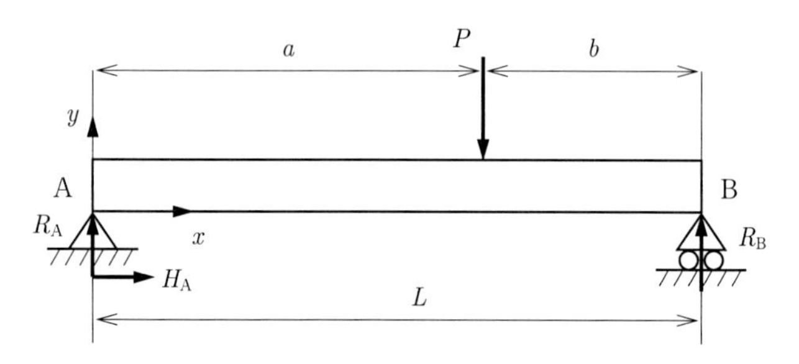

図1. 16 集中荷重を受ける単純支持はり

$x-y$座標の原点をA点とします。はりに作用する反力をA点でのx方向の反力をH_A、y方向の反力をR_Aとし、B点でのy方向の反力をR_Bとします。

力の釣合いを考えると、x方向の釣合いから、$H_A=0$となります。

また、y方向の釣合いから、$R_A+R_B-P=0$

B点におけるモーメントの釣合いから、$R_AL-Pb=0$

これらの式から、支持点の反力は次式の値となります。

$$R_A=\frac{Pb}{L} \qquad R_B=\frac{Pa}{L}$$

次に、x方向に任意の位置におけるせん断力Fと曲げモーメントMを求めます。

ただし、集中荷重Pの位置の左右で条件が変化しますので、$x=a$の位置で分けて考える必要があります。

A点より$x \leqq a$の位置では、次式のとおりとなります。

y方向の釣合いから、$R_A-F=0$

x点におけるモーメントの釣合いから、$R_Ax-M=0$

支持点の反力を代入すれば、せん断力Fと曲げモーメントMは次式の値となります。

$$F=\frac{Pb}{L} \qquad M=\frac{Pbx}{L}$$

同様にして、xの位置がPよりもB点側にあるときは、

y方向の釣合いから、$R_A - P - F = 0$

x点におけるモーメントの釣合いから、$R_A x - P(x - a) - M = 0$

同様に支持点の反力を代入して、せん断力Fと曲げモーメントMは、次式で求められます。

$$F = -\frac{Pa}{L} \qquad M = \frac{Pa(L - x)}{L}$$

ここで、せん断力と曲げモーメントは、力の方向とモーメントの方向についてあらかじめ正あるいは負かを定義しておく必要があります。一般的には、せん断力は断面の右側で下向き、左側で上向きを正としてその逆を負とします。曲げモーメントは下向きに反る方向を正とし、その逆の上向きに反る方向を負と定義します。

(b) 等分布荷重を受ける単純支持はり

図1. 17は等分布荷重wが作用する長さLの単純支持はりを示します。等分布荷重は、単位長さあたりの荷重です。このはりのせん断力と曲げモーメントを求めます。

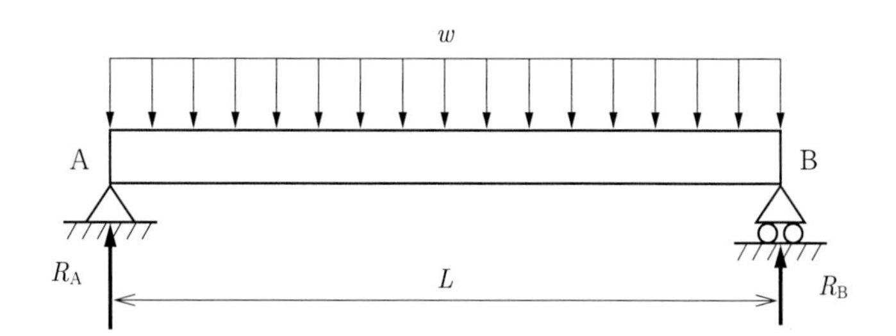

図1. 17　等分布荷重を受ける単純支持はり

集中荷重のときと同様に、A点での反力をR_A、B点の反力をR_Bとします。

y方向の釣合いから、$R_A - wL + R_B = 0$

B点におけるモーメントの釣合いから、$R_A L - \frac{wL^2}{2} = 0$

これらの式から、支持点の反力は次式の値となります。

$$R_A = R_B = \frac{wL}{2}$$

次に、x方向に任意の位置におけるせん断力Fと曲げモーメントMを

求めます。

力の釣合いから、$R_A - wx - F = 0$となりますので、これからせん断力Fは、

$$F = w\left(\frac{L}{2} - x\right)$$

x点におけるモーメントの釣合いから、$R_A x - \frac{wx^2}{2} - M = 0$

これから曲げモーメントMは次式で求められます。

$$M = \frac{wx}{2}(L - x)$$

この式から、せん断力は中央（$x = \frac{L}{2}$）でゼロとなり、曲げモーメントは中央で最大となりますが、両端（$x = 0$、$x = L$）ではゼロとなることがわかります。

(c) 集中荷重を受ける片持ちはり

図1. 18は集中荷重Pが作用する長さLの片持ちはりを示します。このはりのせん断力と曲げモーメントを求めます。

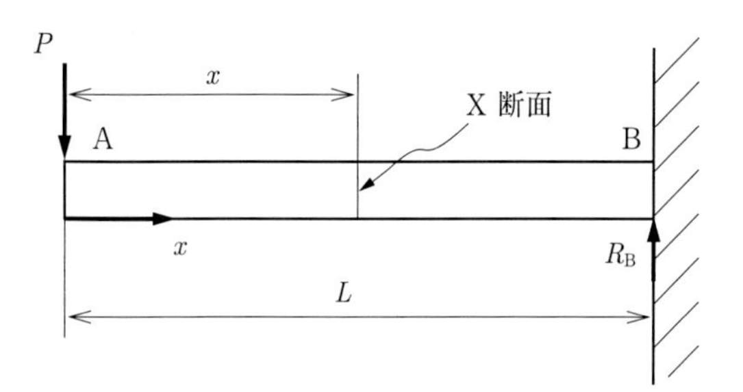

図1. 18　集中荷重を受ける片持ちはり

固定端B点に生じる反力R_Bは、力の釣合いから、$R_B - P = 0$となりますので、

$$R_B = P$$

また、自由端A点からx離れたX断面に作用するせん断力Fは、どの断面でも等しくなり、

$$F = -P$$

曲げモーメントMは、X断面に作用するものを考えると、次式となります。

$M = -Px$

これらの式から、せん断力は一定の値となり、曲げモーメントは荷重からの距離xに比例して増加し、固定端で最大（$-PL$）となることがわかります。

(d) 等分布荷重を受ける片持ちはり

図1.19は等分布荷重wが作用する長さLの片持ちはりを示します。このはりのせん断力と曲げモーメントを求めます。

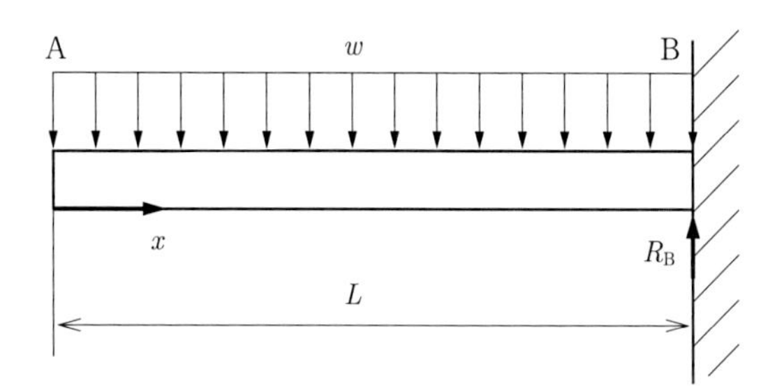

図1.19　等分布荷重を受ける片持ちはり

固定端B点に生じる反力R_Bは、力の釣合いから、$R_B - wL = 0$となりますので、

$R_B = wL$

また、自由端A点からx離れたX断面に作用するせん断力Fは、

$F = -wx$

自由端Aでは$x = 0$であるため、$F = 0$となります。固定端Bでは$x = L$であるため、

$F = -wL = -R_B$

次に、X断面に作用する曲げモーメントMは、次式となります。

$$M = -wx \times \frac{x}{2} = -\frac{wx^2}{2}$$

これらの式から、せん断力は自由端の0から固定端まで距離に比例して増加し、固定端で最大の値（$-wL$）となります。一方、曲げモーメントは自由端の0から固定端まで距離xの二次関数で増加し固定端で最大の値（$-\frac{wL^2}{2}$）となります。

(3) せん断力図と曲げモーメント図

上記の (2) 項では、せん断力と曲げモーメントの式を求めましたが、これをもっと理解しやすくするために図で表示します。

(2) 項 (a) の単純支持はりに集中荷重が作用しているときは、図1. 20に示すとおりになります。この図で、上の図をせん断力図 (SFD)、下の図を曲げモーメント図 (BMD) と呼びます。

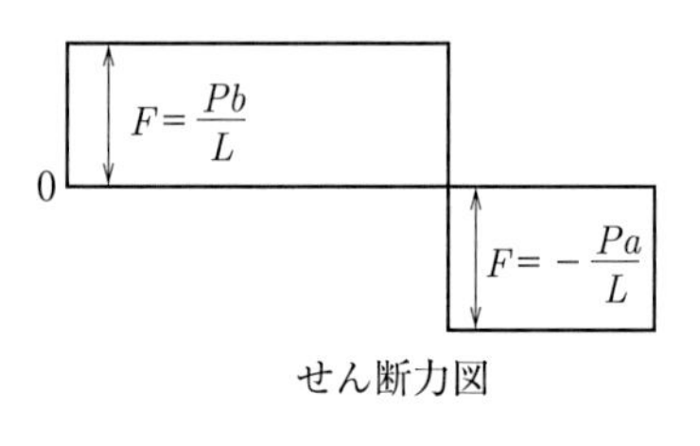

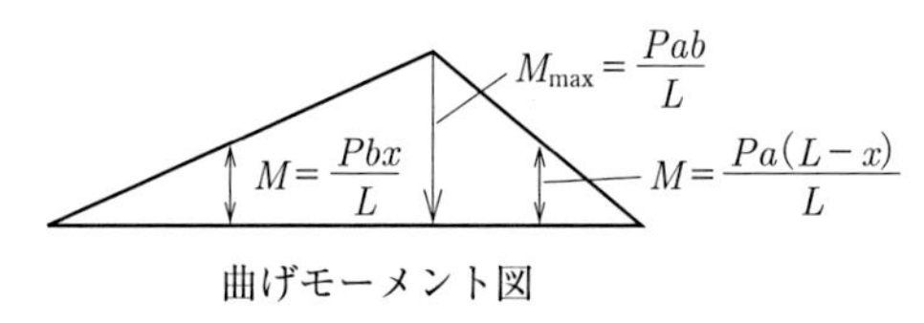

図1. 20　集中荷重を受ける単純支持はりのせん断力図と曲げモーメント図

同様に、(2) 項 (b) の単純支持はりに等分布荷重が作用しているときは、図1. 21に示すようになります。

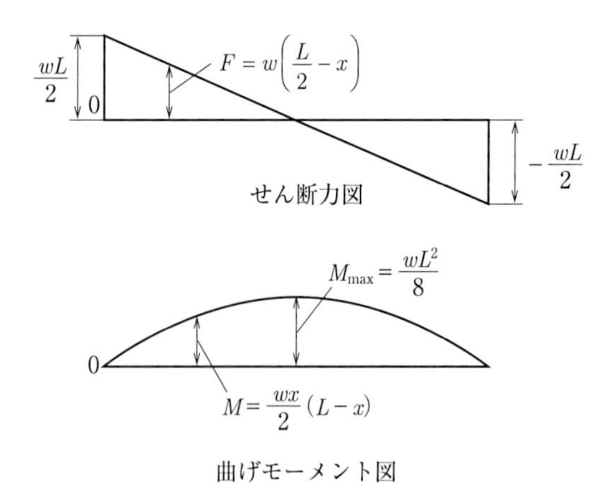

図1. 21　等分布荷重を受ける単純支持はりのせん断力図と曲げモーメント図

(2) 項 (c) の片持ちはりに集中荷重が作用しているとき、(2) 項 (d) の片持ちはりに等分布荷重が作用しているときは、それぞれ図1. 22および図1. 23に示すとおりになります。

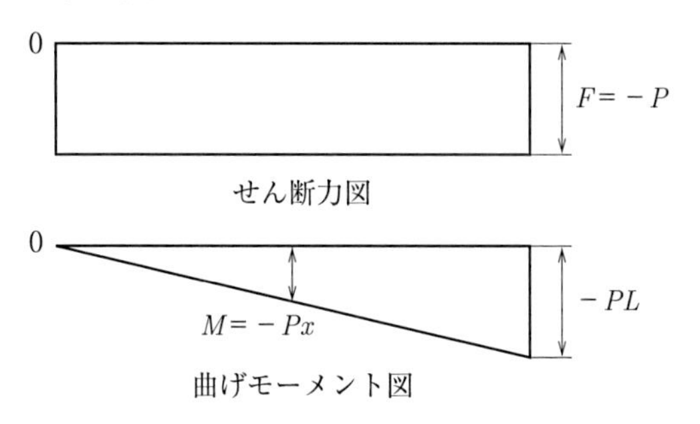

図1. 22　集中荷重を受ける片持ちはりのせん断力図と曲げモーメント図

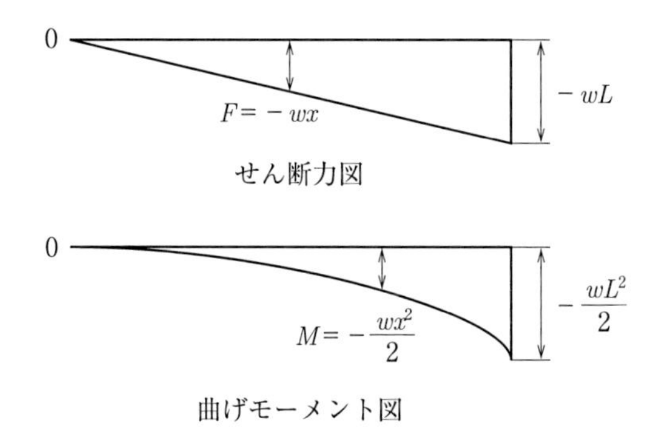

図1. 23　等分布荷重を受ける片持ちはりのせん断力図と曲げモーメント図

(4) はりの曲げ応力

これまでに求めたせん断力図 (SFD) と曲げモーメント図 (BMD) によって、はりに生じる応力を求めます。

はりの上面に曲げモーメントを作用させてたわませると、はりの上側は縮み、下側は伸びます。縮んだり伸びたりするのは、第2節で述べたように垂直応力が作用したからです。

このように曲げモーメントを作用させると、はりの上面には圧縮応力、下面には引張応力が生じますが、曲げ作用を受けてはりの内部に生じる垂直応力を曲げ応力と呼びます。

実際にはせん断力と曲げモーメントにより、はりにはせん断応力と曲げ応力が発生してたわみが生じるのですが、材料力学の分野では、主に曲げモーメントによりはりがたわむと仮定して、発生応力とたわみ量を求めます。これは、せん断応力に比べて曲げ応力の値が格段に大きく支配的になるため、「はりは曲げ応力のみで計算する」としています。

図1. 24に示すように、はりに曲げモーメントを作用すると、はりの上側は縮み下側は伸びて長さが変化しますが、長さが変化しない面が存在します。これを**中立面**と呼びます。

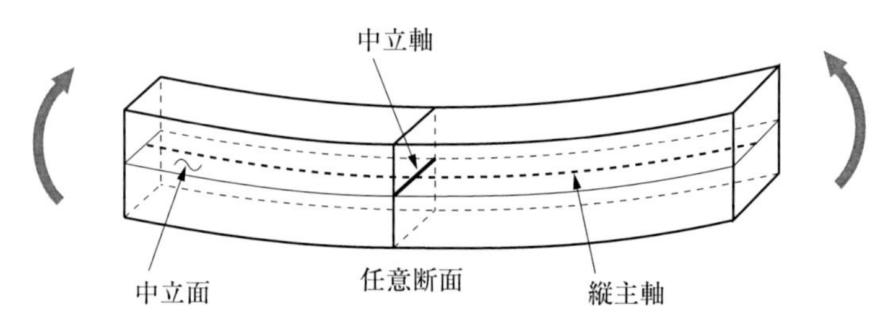

図1. 24　中立面と中立軸

次に、この任意の位置における断面を考えて、その断面と中立面の交線を**中立軸**と呼びます。また、はりの断面の重心を軸方向に連ねた線を**縦主軸**といいます。

中立軸は各任意断面の重心を通り、縦主軸は中立面内の各任意断面の重心を通ります。これらの中立面、中立軸、縦主軸では長さが変化しないため、応力は発生しません。

曲げモーメントを受けるはりの断面の応力分布は、図1. 25に示すようになります。曲げ応力の大きさは、中立軸からの距離に比例し、中立軸から最も離れた上面あるいは下面で縮みと伸びが最大となり、ひずみおよび応力の大きさがσ^-_{max}またはσ^+_{max}で最大となります。

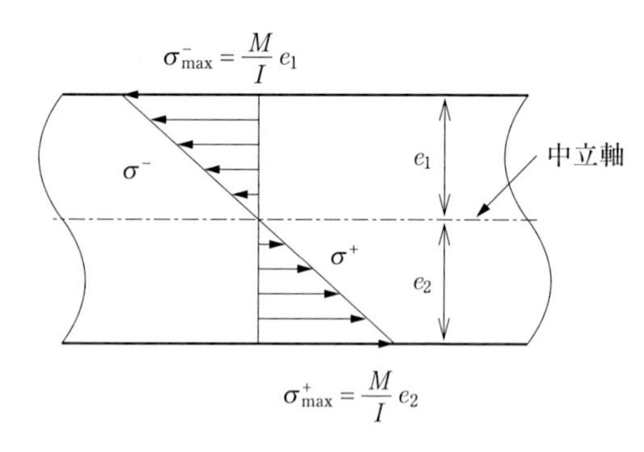

図1. 25　曲げ応力の分布

具体的には、曲げモーメントMが作用しているときのはりの曲げ応力を求める場合、次式から計算できます。

$$\sigma = \frac{M}{I} y$$

ここで、Iは断面二次モーメントといい、はりの断面形状によって決定される量で以下の式で計算できます。

$$I = \int_A y^2 dA$$

ここで、yは中立軸からの距離、dAは中立軸に平行な微小面積です。

中立軸からの上端および下端までの距離をe_1、e_2とすれば、それぞれの位置で応力は負の最大値（圧縮）、正の最大値（引張り）となり次式で計算できます。

$$\sigma^-{}_{\max} = \frac{M}{I} e_1 = \frac{M}{Z_1} \qquad \sigma^+{}_{\max} = \frac{M}{I} e_2 = \frac{M}{Z_2}$$

ここで、$Z_1 = \dfrac{I}{e_1}$　　$Z_2 = \dfrac{I}{e_2}$ を中立軸に関する断面係数と呼びます。

はりの強さを考えるとき、よく用いられる公式は次式であり、はりに発生する最大応力が計算できます。

$$\sigma_{\max} = \frac{M}{Z}$$

この式により、はりの強度計算を行う場合には、曲げモーメントMは荷重を受けるはりの曲げモーメント図によって求めた最大値を使い、断面係数Zは応力を算出する断面の最小値を用いることになります。

一例として、図1. 26に示す長方形断面のx軸に対する断面二次モーメントIと断面係数Zを求めてみます。図に示すように、長方形断面の幅をbとし高さをhとします。$dA = bdy$より、以下の式で計算できます。

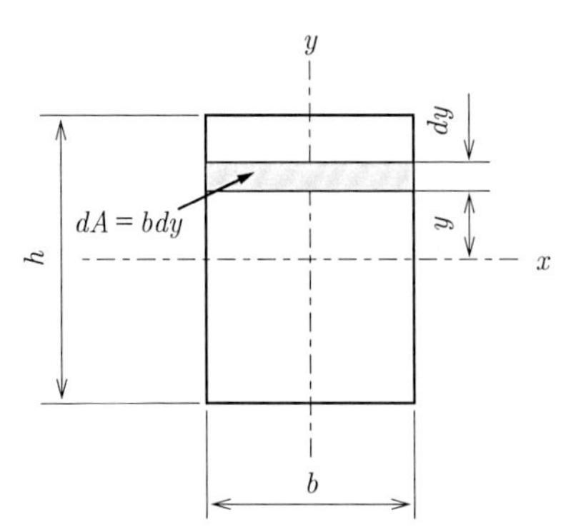

図1. 26　長方形の断面係数

$$I = \int_A y^2 dA = b\int_{-h/2}^{h/2} y^2 dy = b\left(\frac{y^3}{3}\right)_{-h/2}^{h/2} = \frac{bh^3}{12} \qquad \therefore Z = \frac{I}{h/2} = \frac{bh^2}{6}$$

なお、各種断面形状の断面二次モーメントおよび断面係数で特に代表的なものを表1. 2に示します。これ以外のものは、ここでは省略します。

表1.2 代表的な断面の断面二次モーメントと断面係数

断面形状		断面積	断面二次モーメント	断面係数
円形		$\dfrac{\pi d^2}{4}$	$\dfrac{\pi d^4}{64}$	$\dfrac{\pi d^3}{32}$
円筒		$\dfrac{\pi(d_2^2-d_1^2)}{4}$	$\dfrac{\pi(d_2^4-d_1^4)}{64}$	$\dfrac{\pi(d_2^4-d_1^4)}{32d_2}$
正方形		a^2	$\dfrac{a^4}{12}$	$\dfrac{a^3}{6}$
長方形		bh	$\dfrac{bh^3}{12}$	$\dfrac{bh^2}{6}$

(5) はりのたわみ

はりのたわみを考えるときには、前項（4）で示した縦主軸のたわみを代表して考えます。はりがたわむと、はりの縦主軸（中心軸）が曲線になるため、**たわみ曲線**と呼びます。

たわみ曲線と元の縦主軸との距離yをたわみといい、たわみ曲線の接線と元の縦主軸とのなす角度をたわみ角θとして表します。

実際にはりのたわみを計算するときには、以下のたわみ曲線の微分方程式が用いられます。

たわみ曲線の微分方程式：$\dfrac{d^2y}{dx^2}=-\dfrac{M}{EI}$

たわみ角θ：$\theta=\dfrac{dy}{dx}=-\displaystyle\int\dfrac{M(x)}{EI}dx$

たわみ量y：$y=\displaystyle\int\theta dx=-\iint\dfrac{M(x)}{EI}dxdx$

ここで、EIを曲げ剛性と呼び、はりの曲がりにくさを表す量となります。

これらの式から、曲げモーメントの分布とはりの境界条件がわかれば、たわみ角とたわみ量を求めることができます。

一番簡単な例として、図1. 27に示す片持ちはりの先端に荷重Pが作用したときを考えてみます。

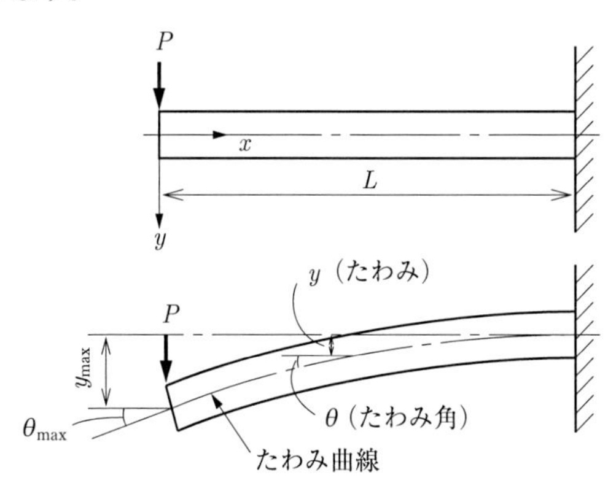

図1. 27　片持ちはりのたわみ

自由端からxの距離の曲げモーメントは、$M = -Px$となります。

たわみ曲線の微分方程式から、

$$EI\frac{d^2y}{dx^2} = -M = Px$$

$$EI\frac{dy}{dx} = \frac{1}{2}Px^2 + C_1$$

$$EIy = \frac{1}{6}Px^3 + C_1x + C_2$$

ここで、C_1とC_2は積分定数ですが、はりの境界条件により決まります。

境界条件を考えると、$x = L$ではたわみ角とたわみ量はともに0となります。

これから、C_1とC_2は次式となります。

$$C_1 = -\frac{1}{2}PL^2 \qquad C_2 = \frac{1}{3}PL^3$$

これらの式から、たわみ角θとたわみ量yは、次式で求められます。

$$\theta = \frac{P}{2EI}\left(x^2 - L^2\right) \qquad y = \frac{P}{6EI}\left(x^3 - 3L^2x + 2L^3\right)$$

このときの最大たわみ角と最大たわみ量は、$x = 0$で生じて、次式の値となります。

$$\theta = -\frac{P}{2EI}L^2 \qquad y = \frac{P}{3EI}L^3$$

次に、単純支持はりの場合で、はりの長さがLでその中央に荷重Pが作用するときのたわみを計算します。

この場合の支持点の反力は$R=\frac{1}{2}P$で、支持点からxの距離の曲げモーメントは$M=\frac{1}{2}Px$、となります。

片持ちはりと同様に、たわみ曲線の微分方程式から、

$$EI\frac{d^2y}{dx^2}=-M=-\frac{1}{2}Px$$

$$EI\frac{dy}{dx}=-\frac{1}{4}Px^2+C_1$$

$$EIy=-\frac{1}{12}Px^3+C_1x+C_2$$

条件として、$x=0$でたわみ量$y=0$、$x=\frac{1}{2}L$でたわみ角$\theta=0$、であることから、

$C_1=-\frac{1}{16}PL^2$、$C_2=0$となり、たわみは以下のとおり計算できます。

$$y=\frac{Px}{48EI}\left(3L^2-4x^2\right)\qquad\therefore y_{\max}=y_{x=\frac{1}{2}l}=\frac{PL^3}{48EI}$$

同様に、等分布荷重を受けるはりについてもたわみの計算式を記載しておきます。

図1.19に示す片持ちはりの場合は、以下の式になります。

$$y=\frac{w}{24EI}\left(x^4-4L^3x+3L^4\right)\qquad\therefore y_{\max}=y_{x=0}=\frac{wL^4}{8EI}$$

また、図1.17に示す単純支持はりの場合は、以下の式になります。

$$y=\frac{wx}{24EI}\left(x^3-2Lx^2+L^3\right)\qquad\therefore y_{\max}=y_{x=\frac{1}{2}l}=\frac{5wL^4}{384EI}$$

5. 軸のねじり

(1) 軸のねじりの定義

丸棒の一端を固定して、他端に偶力を作用させると棒にねじれ現象が生じます。このように棒に偶力が作用してねじられることをねじりといいます。曲げ作用を受ける棒材をはりと呼んだのに対して、ねじりを受ける棒材を軸といいます。

ねじりを発生させる力は、ねじり荷重です。これは、ねじりモーメントある

いはトルクともいいます。

機械部品や構造物においては、ねじりが作用する場合が多くあります。例えば、一般的な機械はモータやエンジンなどの動力を伝達して動きます。このように、動力を伝えるためにねじりを受ける棒が軸です。

この軸の断面形状で、円形のもので中身が詰まったものを**中実丸軸**といい、中心部が空間となっていてパイプ状のものを**中空丸軸**といいます。

(2) 中実丸軸

図1. 28のように一端が固定された中実丸軸で、固定端の反対側の端面にねじりモーメントTが作用する場合を考えます。中実丸軸の長さをL、半径をRとします。

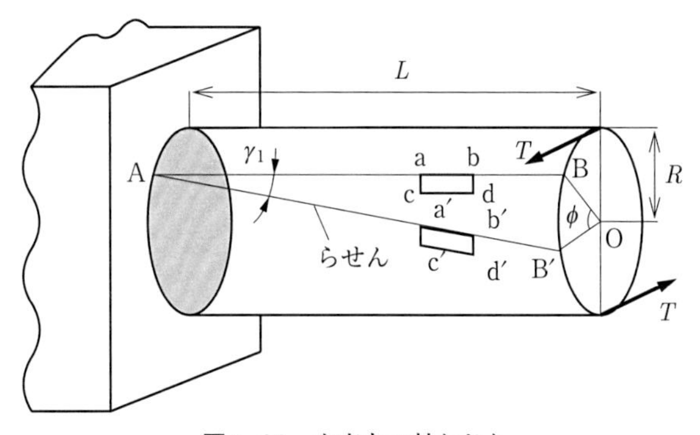

図1. 28　中実丸の軸ねじり

ここで、ねじる前の直線ABがねじりを生じた後では、AB′に変化したとします。このAB′はらせんとなり、このときにABとAB′が成す角を**らせん角**と呼び、γ_1とします。また、図に示されるようにABに沿った長方形abcdを考えてみると、ねじりが生じた後では、a′ b′ c′ d′ となります。この長方形においては、らせん角γ_1だけ角度がずれて変形したことになります。これは第2節(1) 項で述べたせん断ひずみを意味しています。

一方、軸の右端をみるとBがB′に移動して、OBはOB′となりϕだけ回転したことになります。このϕを**ねじれ角**と呼びます。ねじれ角は固定端で0で自由端で最大となり、軸の長さに比例して増加しています。すなわち、ねじれ角は軸の長さが長くなれば大きくなるため、ねじりの程度を表すには単位長さあたりのねじれ角を用います。これを比ねじれ角θといい次式で表されます。

$$\theta = \frac{\phi}{L}$$

また、γ_1とϕ（ラジアン）が微小と考えると、図の円弧BB′の長さから次式となります。

$$\gamma_1 L = R\phi$$

これから、次式が得られます。

$$\gamma_1 = \frac{R\phi}{L} = R\theta$$

外表面のせん断応力をτ_1とすれば、次式で計算できます（第2節（3）項参照）。

このせん断応力はねじり作用によるものですから、ねじり応力と呼ぶこともあります。

$$\tau_1 = G\gamma_1 = GR\theta$$

また、図1. 29に示すように中心から半径rの位置にある円筒を考えてみます。

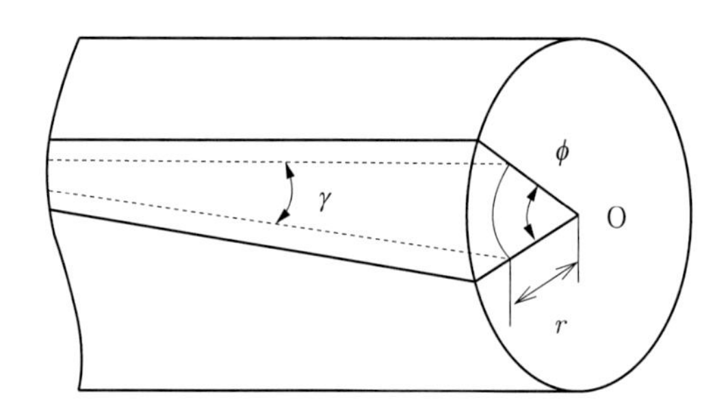

図1. 29　円筒のひずみ

$$\gamma L = r\phi$$

となることから、次式が得られます。

$$\gamma = \frac{r\phi}{L} = r\theta = \gamma_1 \frac{r}{R}$$

同様にせん断応力は、次式となります。

$$\tau = G\gamma = Gr\theta = G\gamma_1 \frac{r}{R} = \frac{r}{R}\tau_1$$

これらの式から、中実丸軸に発生するせん断応力は、中心は0で、外表面で最大となり中心からの距離に比例することがわかります。

次に、ねじりが作用する場合に、丸棒の断面に発生するせん断応力とねじりモーメントの関係を考えます。

図1. 30に示すように、中心から半径rのせん断応力をτとすれば、微小面積dAとの積が微小部分に作用するせん断力となりますから、これに半径rをかければ微小部分のモーメントとなります。これを断面にわたって積分すれば、ねじりモーメントTに釣り合うことになります。この関係から、次式が得られます。

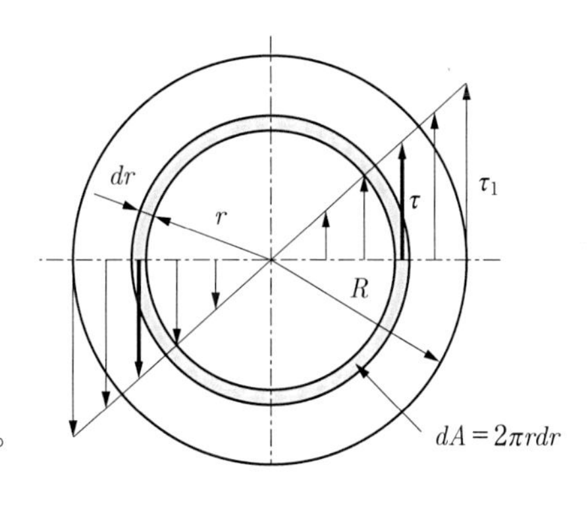

図1. 30　せん断応力の分布

$$T = \int_A r\tau dA$$

微小面積$dA = 2\pi r dr$および上述のτを代入すれば、ねじりモーメントTは次式のとおりに求められます。

$$T = \int_0^R 2\pi\tau r^2 dr = \frac{2\pi}{R}\tau_1 \int_0^R r^3 dr = \frac{\pi R^3}{2}\tau_1$$

これらの式をまとめると、せん断応力、せん断ひずみ、ねじれ角は以下の式となり、中実丸棒の半径と横弾性係数Gがわかれば計算できます。

$$\tau_1 = \frac{2}{\pi R^3}T$$

$$\gamma_1 = \frac{\tau_1}{G} = \frac{2}{\pi R^3 G}T$$

$$\theta = \frac{\gamma_1}{R} = \frac{2}{\pi R^4 G}T$$

また、軸についても、はりの場合と同様に断面形状や寸法によって決まる値が存在します。それを**断面二次極モーメント**I_Pといい、次式で定義されています。

$$I_P = \int_A r^2 dA$$

上記の中実丸軸の場合には次の値となります。

$$I_P = \int_A r^2 dA = \int_0^R 2\pi r^3 dr = \frac{\pi R^4}{2} = \frac{\pi D^4}{32} \qquad \text{（ここで}D\text{は直径）}$$

この値を用いると上に示した式は以下のようになります。

$$\theta = \frac{T}{GI_P} \qquad \tau_1 = \frac{TR}{I_P} = \frac{T}{Z_P} \qquad \gamma_1 = \frac{T}{GZ_P} \qquad \text{ここで、} Z_P = \frac{I_P}{R} = \frac{\pi D^3}{16}$$

上式の分母のGI_Pを**ねじり剛性**と呼び、軸にねじり荷重が作用するときには、この値が大きいほどねじれ角が小さい、すなわちねじれにくいことがわかります。また、Z_Pは**極断面係数**といい、最大せん断応力を求めるのに用いられます。

(3) 中空丸軸

中空丸軸とは、パイプのような断面形状で同心円上に丸い穴がある軸のことをいいます。

前項の中実丸軸の場合には、せん断応力は中心で0となり半径に比例することを計算しました。このことから、軸の中心部ではせん断応力が小さい、言い換えればねじり荷重（トルク）を支えていないため強度を分担していないことがわかります。

これに対して、中空丸軸の場合には、内円と外円の間の部材でせん断応力を受けてねじり荷重に対応するため、同じ重量の軸のときには軸の半径を大きくできるのでねじり剛性が増加できます。つまり、中実丸軸よりも中空丸軸のほうが強度を犠牲にしないで軽量化できることになります。

ここで中空丸軸の外半径をR_a、内半径をR_bとして、せん断応力、せん断ひずみ、ねじれ角を求めます。

中実丸軸と同様に考えて、せん断応力は次式となります。

$$\tau = \frac{r}{R_a}\tau_1$$

ねじりモーメントTは、次式のように求めることができます。

$$T = \int_A r\tau dA = \int_{Rb}^{Ra} 2\pi\tau r^2 dr = \frac{2\pi}{R_a}\tau_1\int_{Rb}^{Ra} r^3 dr = \frac{\pi\tau_1}{2R_a}\left(R_a{}^4 - R_b{}^4\right)$$

また、外半径と内半径の比を$n = R_b / R_a$とすれば、せん断応力、せん断ひずみ、ねじれ角は以下の式で計算できます。

$$\tau_1 = \frac{2}{\pi R_a{}^3\left(1-n^4\right)}T$$

$$\gamma_1 = \frac{\tau_1}{G} = \frac{2}{\pi R_a{}^3 G\left(1-n^4\right)}T$$

$$\theta = \frac{\gamma_1}{R_a} = \frac{2}{\pi R_a{}^4 G\left(1-n^4\right)}T$$

これらの式は、中実丸軸に比べると、$(1 - n^4)$ の式が分母に追加されただけです。

$n = 0$とすれば、中実丸軸（$R_b = 0$）の場合と同じ式となります。

中実丸軸の場合と同様に、断面二次極モーメントI_Pおよび極断面係数Z_Pは、次式の値となります。

$$I_P = \int_A r^2 dA = \int_{Rb}^{Ra} 2\pi\tau r^3 dr = \frac{\pi}{2}\left(R_a{}^4 - R_b{}^4\right) \qquad Z_P = \frac{I_P}{R_a} = \frac{\pi\left(R_a{}^4 - R_b{}^4\right)}{2R_a}$$

(4) 軸の伝達動力

軸は、動力を伝達するためには必須の機械部品です。伝達軸とは、ねじり回転しながらトルクを伝達して、動力を伝える部品のことをいいます。例えば、自動車のドライブシャフトは、エンジンで発生した動力を車輪に伝える伝達軸で、どのくらいの速度で動力を伝達できるかが重要となります。

そのため軸の設計においては、伝達する動力に見合った断面形状と寸法を検討して、十分なねじり剛性を有するものを選定する必要があります。

ここでは、前項までに説明した軸に発生するせん断応力とそのときの軸の径とトルクの関係から、伝達軸で伝えることができる動力を考えます。

仕事とは、力 F とその力の方向に動いた長さ s との積で表され、単位は[N・m]です。これはエネルギーの単位であるジュール[J]と同じです。(1 J = 1 N・m)

また、仕事を伝える割合のことを仕事率 P と呼び、単位時間に行われる仕事のことで、動力を意味しています。仕事率は[J/s]あるいは[N・m/s]となりますが、これをワット[W]と呼びます。

ここで、半径 R の軸に力 F が作用して、回転数 N [rpm]で動力を伝達している場合に、伝達軸として必要な径を考えてみます。

トルク T は、力 F と軸の半径 R との積として $T = FR$ で計算されます。

また、仕事 A は「力×移動距離」で計算されるので、軸の回転数を N とすれば、次式のようになります。

$$A = F \times 2\pi RN = 2\pi TN$$

動力 P は、仕事 A ÷所要時間 t で計算されるので、回転数の単位をrpmで考えると時間 t は60秒となります。これから、次式が得られます。

$$P = \frac{2\pi TN}{60} \qquad \therefore T = \frac{60P}{2\pi N}$$

また、中実丸軸にかかるトルクを T、軸の半径を R、せん断応力を τ とすれば、中実丸軸の説明から次式となります。

$$T = \frac{\tau\pi R^3}{2} = \frac{\tau\pi D^3}{16} \qquad (D\text{は軸の直径})$$

これらの式から、動力を伝達するために必要な軸の半径は、次式で計算できます。

$$R = \sqrt[3]{\frac{2T}{\pi\tau}} = \sqrt[3]{\frac{60P}{\pi^2\tau N}}$$

(5) 曲げとねじりを受ける軸

図1. 31に示す円形断面の棒について曲げモーメントを受けながらトルクが作用する場合を考えます。これは「片持ちはり」の図1. 18に「軸のねじり」の図1. 28に示す荷重が追加されたとみなすことができます。

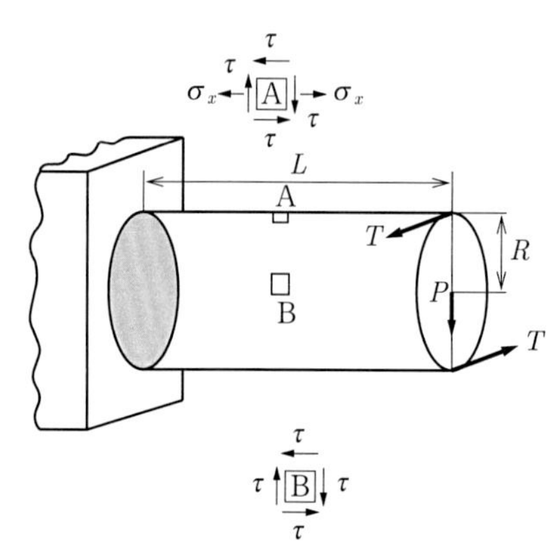

図1. 31 曲げとねじりを受ける軸

すなわち、この片持ちはりの棒には、荷重PとトルクTが自由端に作用して、棒の内部には曲げモーメントによる応力とねじりモーメントによる応力が発生しています。

荷重点Pからの距離をxとすれば、その位置の曲げモーメントMは、$M = Px$となります。

棒の上表面の図中のA部分には、この曲げモーメントMによる曲げ応力σ_xとねじりモーメントTによるせん断応力τが発生しています。

これらの発生応力は、棒の直径をDとすれば以下の式となります。

$$\sigma_x = \frac{M}{Z} = \frac{32M}{\pi D^3}、\qquad \tau = \frac{T}{Z_P} = \frac{16T}{\pi D^3}$$

ここで、Zは断面係数で、丸棒の場合には$Z = \dfrac{\pi D^3}{32}$となります。

また、Z_Pは極断面係数で、丸棒の場合には$Z_P = \dfrac{\pi D^3}{16}$となります。

σ_xとτがわかれば、応力の組合せにより主応力と主せん断応力を計算することができます。詳しくは「7. 組合せ応力」に記載しますが、主応力は以下の式になります。

注記：「7. 組合せ応力」の（2）（c）項に示した式ですが、この場合は$\sigma_y = 0$となりますので以下の式になります。

$$\sigma_1 \text{ or } \sigma_2 = \frac{1}{2}\sigma_x \pm \frac{1}{2}\sqrt{{\sigma_x}^2 + 4\tau^2}$$

また、主せん断応力は以下の式になります。

$$\tau_1 \text{ or } \tau_2 = \pm\frac{1}{2}\sqrt{{\sigma_x}^2 + 4\tau^2} = \pm\frac{1}{2}\left(\sigma_1 - \sigma_2\right)$$

この式に上記で述べたσ_xとτの式を代入すれば、以下の式が得られます。

$$\sigma_1 \text{ or } \sigma_2 = \frac{16}{\pi D^3}\left(M \pm \sqrt{M^2 + T^2}\right)、\quad \tau_1 \text{ or } \tau_2 = \pm\frac{16}{\pi D^3}\sqrt{M^2 + T^2}$$

これらの式から、曲げとねじりを同じに受ける軸の必要な直径は、以下のいずれか大きい方の値となります。

$$D = \sqrt[3]{\frac{16}{\pi\sigma_a}\left(M + \sqrt{M^2 + T^2}\right)} \quad \text{あるいは、} \quad D = \sqrt[3]{\frac{16}{\pi\tau_a}\sqrt{M^2 + T^2}}$$

ここで、σ_aは許容曲げ応力、τ_aは許容せん断応力です。

なお、この場合の曲げモーメントMは$M = Px$で、最大は$M_{\max} = PL$となりますので、最大曲げ応力は固定端に発生します。これから、最大主応力と最大せん断応力も固定端の上面あるいは下面で生じることになります。上面では引張応力が最大となり、下面では圧縮応力が最大となります。

なお、中立面上となる両側では曲げ応力は発生しませんが、せん断応力はねじりと片持ちはりのせん断力による応力が発生します。

6. 柱 の 座 屈

（1）柱の座屈現象

機械や構造物には、軸方向に圧縮荷重が作用する部品が多く使用されています。このような圧縮荷重を受ける細長い棒を柱と呼びます。特に、柱の長さと断面積の比が小さい場合を短柱、大きい場合を長柱といいます。

荷重が小さいときには、柱は弾性的に圧縮されて縮みますが、元の形状のままで安定な釣り合いを保っています。しかし、荷重が大きくなると、柱の曲がり変形は外力に耐えきれずに、安定領域を超えて不安定になります。このように安定性が失われる限界の荷重を**臨界荷重**といい、不安定な変形を起こす現象を長柱の**座屈**と呼びます。

このような現象は、引張りでは見られず圧縮特有の現象です。また、降伏応力より小さい応力であっても長柱は座屈により破壊が発生しますので、設計時には十分に注意する必要があります。

(2) 長柱の座屈

図1. 32に示すように、下端を固定して柱の上端（自由端）に圧縮荷重を加える場合を考えます。

荷重が限界内にあるうちには柱は真っ直ぐに立っていますが、圧縮荷重が限界値を超えると柱は曲がりはじめます。長柱の場合には、圧縮荷重によって破壊される前に曲げ作用によって破壊されます。柱が曲がりはじめるときの荷重を**座屈荷重** P_{cr} といいます。この P_{cr} の値は、柱の材質、大きさや形状によって異なりますが、一般的には次のような関係があります。

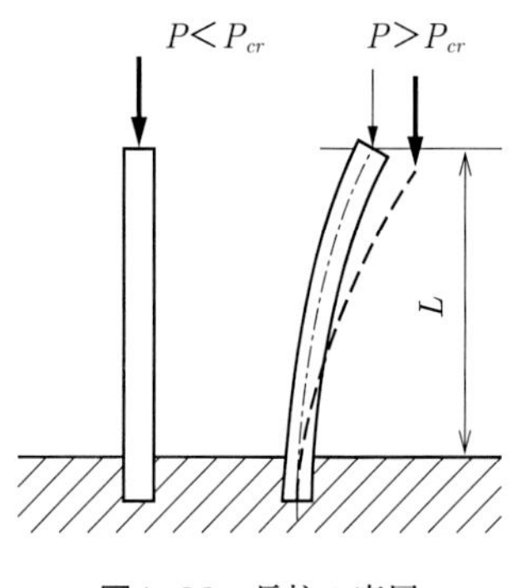

図1. 32　長柱の座屈

①材料の弾性係数に比例する

②柱の断面の最小断面二次モーメントに比例する

③柱の長さの2乗に反比例する

座屈では、断面二次半径と呼ばれる値で座屈しやすい方向がわかります。

断面二次半径 k は、断面二次モーメントを I、断面積を A としたときに、次式で与えられます。

$$k = \sqrt{\frac{I}{A}}$$

単位は、長さと同じで［m］になります。座屈が生じる場合には、この断面二次半径が最も小さくなる軸まわりに曲げが生じます。

例えば、経験上プラスチックの定規が薄い板厚方向にたわみやすく、幅方向には強いことを知っています。定規の厚さをh、幅をbとすれば、以下のようになります。

厚さ方向に曲げる場合：$I_1 = \dfrac{bh^3}{12}$　　$k_1 = \sqrt{\dfrac{I}{A}} = \sqrt{\dfrac{h^2}{12}}$

幅方向に曲げる場合：$I_2 = \dfrac{hb^3}{12}$　　$k_2 = \sqrt{\dfrac{I}{A}} = \sqrt{\dfrac{b^2}{12}}$

$b > h$であることから、断面二次半径は明らかにk_1のほうがk_2より小さいことから、計算上でも証明できたことになります。

また、柱の長さをLとしたとき、次式で表す値を**細長比**λといいます。

$$\lambda = \frac{L}{k}$$

一般に、このλが25未満のときは、柱は圧縮で破壊され、200以上であると曲がりで破壊されます。その中間の長さのものは重なり合って破壊されますが、通常の構造部材の柱ではこの値が50～150程度のものが多いようです。

(3) オイラーの公式

座屈荷重を求める計算式には、**オイラーの公式**があります。詳細は省略しますが、オイラー（人名）の座屈理論によって導き出されたものです。

オイラーの座屈荷重P_{cr}は、次式で表されます。

$$P_{cr} = C\pi^2 \frac{EI}{L^2}$$

ここで係数Cは、境界条件によって決まる定数で**端末条件係数**と呼ばれます。EIははりと同じ曲げ剛性で座屈しにくさを表す量となります。柱もはりと同じように端部の支持方法によって、座屈が生じるときの状況が異なります。これを表したのがこの係数で、図1. 33に示すように柱の端部の支持方法によって異なる数値で、次のような値となります。

a）一端固定で他端が自由の場合：$C = \dfrac{1}{4}$　(0.25)

b）両端が回転端の場合：$C = 1$

c）一端固定で他端が回転端の場合：$C = 2$

d）両端が固定の場合：$C = 4$

なお、支持方法の定義は次のとおりです。

・固定端：移動も回転も不可能

・回転端：移動は不可能だが、回転は可能

・自由端：移動も回転も可能

この公式による座屈荷重の適用範囲は、前項で説明した細長比λが100以上の場合となっています。

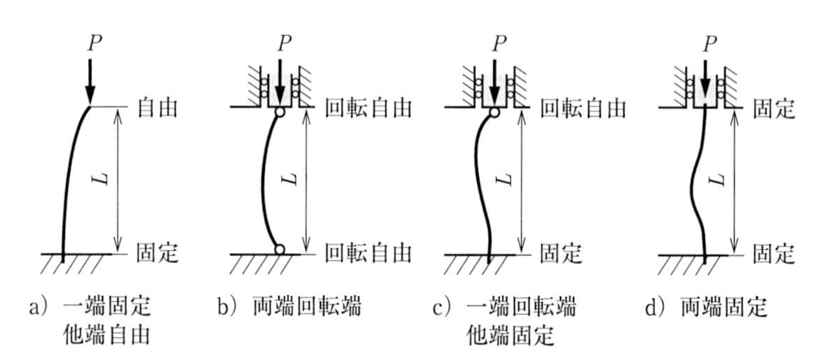

図1. 33　長柱の支持方法

また、座屈強さ（応力）をσ_{cr}とすれば、次式の値で計算できます。

$$\sigma_{cr} = \frac{P_{cr}}{A} = C\pi^2 \frac{E}{L^2} \times \frac{I}{A} = C\pi^2 \frac{Ek^2}{L^2} = \frac{C\pi^2 E}{\left(\frac{L}{k}\right)^2} = \frac{C\pi^2 E}{\lambda^2}$$

なお、P_{cr}は座屈荷重ですから、実際に使用する機械部材の安全荷重を求める場合には、安全率を考慮しなければなりません。

7. 組合せ応力

(1) 3次元の応力成分

実際の機械部品や構造材に作用する外力は多種多様であるため、これらに生じる応力も複雑となります。

ある物体内から微小な直方形要素を切り出したものを図1. 34に示します。ここでは、各々の座標軸に垂直な面に生じる応力をx、y、z座標方向成分に分け、図のように矢印で示しますと、3つの応力成分で示すことができます。

また、せん断応力は、図に示すように1つの面に2方向の応力が発生します。

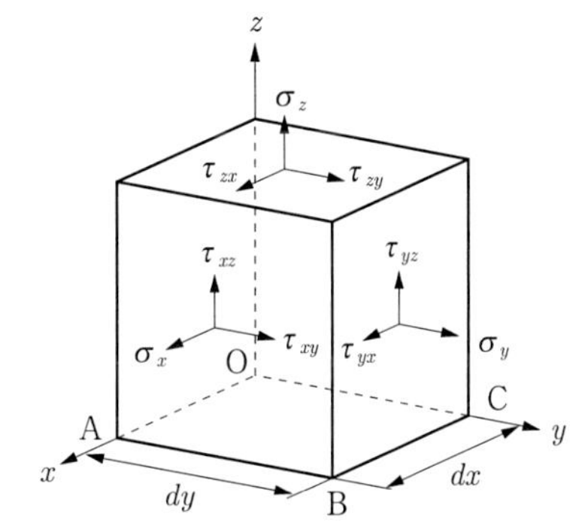

出典：日本機械学会 JSME テキスト材料力学

図1. 34　3軸応力状態

第一添字は作用面を、第二添字はせん断応力の方向を示します。

このように、3つの面上において、3つの応力成分が存在しますので、一般的な応力状態では$3\times3=9$種類の応力成分となります。

なお、この図でお互いに直交する2つの面に作用するせん断応力の成分（例えばτ_{xy}とτ_{yx}）は対称性を満足して、力の釣合いから大きさは等しくなります。このせん断応力同士を共役せん断応力といいます。

(2) 主応力と主せん断応力

図1. 34において、せん断応力が伴わないで（すべてのτは0となる）、σ_x、σ_y、σ_zのみが作用している場合、これらの応力を主応力と呼び、面に対して垂直方向の応力です。

また、この主応力が一軸方向のみに作用する場合を1軸応力あるいは単軸応力といい、2方向に主応力が作用する場合を2軸応力、3方向に主応力が作用する場合を3軸応力といいます。

これまでは、引張りや圧縮方向に対して垂直、せん断方向に対して平行な断面における応力を考えてきましたが、ここでは、引張りやせん断方向に対して任意の角度傾いた断面における応力について考えます。

(a) 1軸引張り

図1. 35に示すように、軸方向に荷重Pを受けている場合を考えます。荷重方向をx軸として、x軸に垂直な断面A_0には垂直応力σ_xが生じます。次に、垂直断面とある角度θを成す任意の断面Aを考えます。この任意の断面に生じる応力の垂直成分をσとし、せん断方向成分をτとすれば、次式で表されます（詳細は第1節（3）項参照）。

$$\sigma = \sigma_x \cos^2\theta$$

$$\tau = -\sigma_x \sin\theta\cos\theta = -\frac{1}{2}\sigma_x \sin 2\theta$$

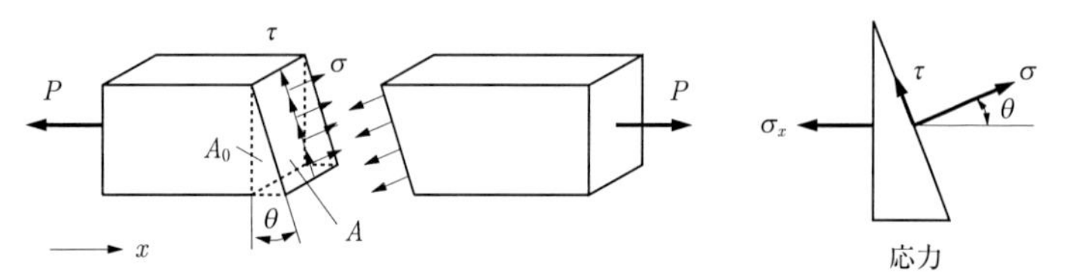

出典：日本機械学会 JSME テキスト材料力学

図1. 35　1軸引張りの傾斜断面の応力

(b) 2軸引張り

図1. 36に示すように、σ_x、σ_y方向に応力成分が同時に生じている場合を考えます。軸に垂直な断面をA_0、垂直断面とある角度θを成す任意の断面をAとして、この任意の断面に生じる応力の垂直成分をσとし、せん断方向成分をτとすれば、次式で計算できます。

xおよびy軸方向のそれぞれの力の釣合いの式から、以下のようになります。

$$A\sigma\cos\theta - A\tau\sin\theta - A_0\sigma_x = 0$$

$$A\sigma\sin\theta + A\tau\cos\theta - \sigma_y A_0 \tan\theta = 0$$

これらの式および$A_0 = A\cos\theta$であることから、傾斜面の応力は、

$$\sigma = \frac{1}{2}\left(\sigma_x + \sigma_y\right) + \frac{1}{2}\left(\sigma_x - \sigma_y\right)\cos 2\theta$$

$$\tau = -\left(\sigma_x - \sigma_y\right)\sin\theta\cos\theta = -\frac{1}{2}\left(\sigma_x - \sigma_y\right)\sin 2\theta$$

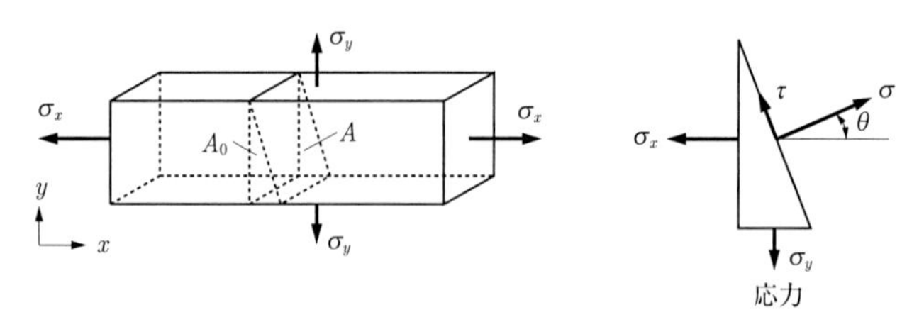

出典：日本機械学会 JSME テキスト材料力学

図1. 36　2軸引張りの傾斜断面の応力

これらの式からわかるように、せん断方向成分τの値は、引張面とのなす角度θの関数として計算できます。引張面上でのせん断方向成分τの値は、σ_xに対しては$\theta = 0$、σ_yに対しては$\theta = 90°$を代入して計算できますが、両方ともに$\tau = 0$（ゼロ）になります。

(c) 2軸引張りとせん断

図1. 37に示すように、2軸引張りに加えてせん断応力成分が作用した状態を考えます。このようにz軸に垂直な応力がない状態を平面応力と呼びます。

この場合の任意の断面Aに生じる応力の垂直成分σと、せん断方向成分τは、次式で計算できます。

xおよびy軸方向のそれぞれの力の釣合いの式から、以下のようになります。

$$A\sigma\cos\theta - A\tau\sin\theta - A_0\sigma_x - \tau_{xy}A_0\tan\theta = 0$$

$$A\sigma\sin\theta + A\tau\cos\theta - \sigma_y A_0\tan\theta - \tau_{xy}A_0 = 0$$

これらの式および$A_0 = A\cos\theta$であることから、傾斜面の応力は、

$$\sigma = \frac{1}{2}\left(\sigma_x + \sigma_y\right) + \frac{1}{2}\left(\sigma_x - \sigma_y\right)\cos 2\theta + \tau_{xy}\sin 2\theta$$

$$\tau = -\frac{1}{2}\left(\sigma_x - \sigma_y\right)\sin 2\theta + \tau_{xy}\cos 2\theta$$

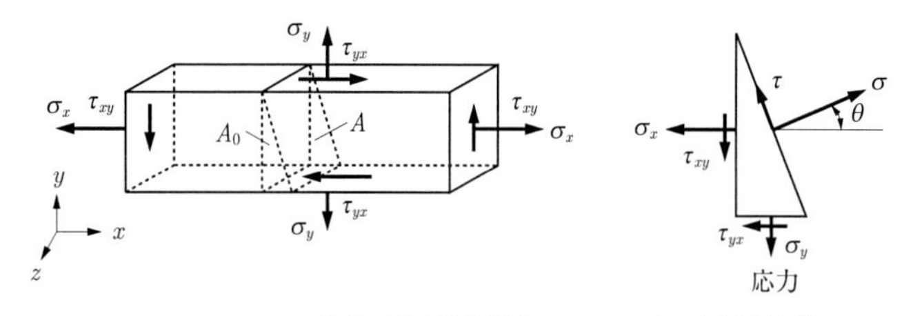

出典：日本機械学会 JSME テキスト材料力学

図1. 37　2軸引張りとせん断の傾斜断面の応力

上記の (a) ～ (c) 項において説明しましたように、ある任意断面に対する垂直応力とせん断応力は、斜面の角度の関数となっています。また、垂直応力のみが生じてせん断応力が0となる角度が存在し、このときの垂直応力は極大

あるいは極小値となります。このような面を主応力面と呼び、このときの垂直応力を主応力といいます。

平面応力状態の場合には、主応力は2つ存在して次式で求められます。

$$\sigma_1 \text{ or } \sigma_2 = \frac{1}{2}\left(\sigma_x + \sigma_y\right) \pm \frac{1}{2}\sqrt{\left(\sigma_x - \sigma_y\right)^2 + 4\tau^2{}_{xy}}$$

ここで、σ_1はσ_2より大きくなりσ_1は応力の最大値、σ_2は最小値となります。σ_1とσ_2はお互いに直交した応力成分となります。

また、せん断応力の極大値、極小値は主せん断応力と呼ばれ次式で求められますが、主応力の差の$\frac{1}{2}$（半分）になります。この主せん断応力が発生している面を主せん断応力面といいます。

$$\tau_1 \text{ or } \tau_2 = \pm\frac{1}{2}\sqrt{\left(\sigma_x - \sigma_y\right)^2 + 4\tau^2{}_{xy}} = \pm\frac{1}{2}\left(\sigma_1 - \sigma_2\right)$$

(3) モールの応力円

主応力や主せん断応力は前項で記載した式で計算できますが、これらの式によらずに1つの円を描くことによって、簡単に応力状態を評価できる手法がモール（人名）によって示されて、これをモールの応力円と呼びます。

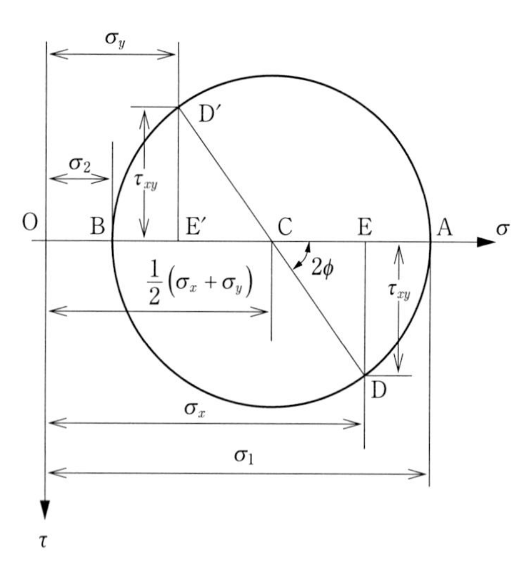

図1.38　モールの応力円

前項（2）（c）の2軸引張りとせん断で述べたσを求める式の右辺第1を左辺に移行して、両辺を2乗し、さらにτを求める式を2乗してこれらを加え合わせると、次式が得られます。

$$\left(\sigma - \frac{\sigma_x + \sigma_y}{2}\right)^2 + \tau^2 = \frac{1}{4}\left(\sigma_x - \sigma_y\right)^2 + \tau^2{}_{xy}$$

これは、σ_x、σ_y、τ_{xy}が与えられた応力状態における円の方程式であり、図1. 38のように次式で表す中心と半径の円で図示されます。これがモールの応力円となります。

$$中心点C：\frac{\sigma_x+\sigma_y}{2}, 0 \qquad 半径r：\left\{\frac{(\sigma_x-\sigma_y)^2}{4}+\tau^2{}_{xy}\right\}^{\frac{1}{2}}$$

モールの応力円の書き方は以下のようになります。なお、せん断力τは下側を正としてとります。

①σ軸上にそれぞれσ_x、σ_yの値に等しい点EとE′をとり、その中間点をCとします。

②EとE′点からτ軸に平行な線を引いて、τ_{xy}の値に等しい距離にある点Dを正側にとり、D′点を負側にとります。

③中心点をCとして、CDあるいはC′D′を半径とする円を描くと図1. 38となります。

(4) 降伏条件

単純な引張りや圧縮応力の場合には、σが降伏応力σ_yに達したときに材料が降伏したと定義しました。また、この節では、実際の機械や構造物では2軸以上の応力成分が生じる多軸応力状態を考えて、それらの応力成分の組合せによって材料の降伏や破壊が起こることを述べました。以下にそれぞれの説による降伏条件について説明します。

(a) 最大主応力説

部材内部に生じる3つの主応力σ_1、σ_2、σ_3のうちのいずれかの最大値が、その材料の限界値である降伏応力に達したときに破壊するという説で、次式で表されます。

$$\max\left(\left|\sigma_1\right|, \left|\sigma_2\right|, \left|\sigma_3\right|\right)=\sigma_y$$

(b) 最大せん断応力説

部材内部に生じる3つの主せん断応力τ_1、τ_2、τ_3のうちのいずれかの最大値が、その材料のせん断応力の限界値である降伏せん断応力に達したときに破壊するという説で、次式で表されます。

これはトレスカが提案したもので、トレスカの降伏条件といいます。

$$\max\left(\tau_1, \tau_2, \tau_3\right) = \max\frac{1}{2}\left(\left|\sigma_1 - \sigma_2\right|, \left|\sigma_2 - \sigma_3\right|, \left|\sigma_3 - \sigma_1\right|\right) = \tau_y = \frac{1}{2}\sigma_y$$

(c) 最大せん断ひずみエネルギー説

せん断ひずみエネルギーの値が、その材料の限界値に達すると破壊するという説で、次式で表されます。

この降伏条件は、ミーゼスの降伏条件と呼ばれていて、せん断ひずみエネルギーが降伏現象を支配して破壊するという説です。

$$\left(\sigma_1 - \sigma_2\right)^2 + \left(\sigma_2 - \sigma_3\right)^2 + \left(\sigma_3 - \sigma_1\right)^2 = 2\sigma_y{}^2$$

8. 弾性ひずみエネルギー

(1) ひずみエネルギーとは

物体に外力を加えると変形しますが、この変形に伴って物体が持っていた内部のエネルギーが増加したことにもなります。このように物体に外力が作用して、その変形により物体内部に蓄えられるエネルギーをひずみエネルギーと呼びます。物体が弾性体の場合には、外力を除くと元の形に戻ります。すなわち、エネルギーは物体内部から放出したことになります。弾性体のひずみエネルギーは、弾性ひずみエネルギーといいます。

(2) ばねに蓄えられるエネルギー

弾性ばねの伸びをx、ばね定数をkとすれば、それに必要な荷重Fは、$F = kx$となります。

また、無負荷状態から、静かに荷重Fまで増加させたときに伸びがxになったとすれば、外部からこのばねを伸ばすのになされた仕事Wは、次式となります。

$$W = \frac{1}{2}Fx = \frac{1}{2}kx^2$$

この仕事がばねに蓄えられていますので、ばねに蓄えられている弾性ひずみエネルギーUは、次式のように表されます。

$$U = W = \frac{1}{2}Fx = \frac{1}{2}kx^2$$

(3) 垂直応力によるひずみエネルギー

最も単純な場合として、引張りによる垂直応力のみが作用する棒のひずみエネルギーを考えます。

外力 F が作用したときに、棒が λ だけ伸びるとすれば、棒に蓄えられている弾性ひずみエネルギー U は、次式のように表されます。

$$U = \frac{1}{2} F\lambda$$

棒の断面積を A、長さを L、垂直応力を σ、垂直ひずみを ε、部材の縦弾性係数を E とすれば、フックの法則から次式が得られます。

$$F = A\sigma \qquad \lambda = \varepsilon L \qquad \sigma = E\varepsilon$$

これを上の U の式に代入して整理すれば、棒に蓄えられている弾性ひずみエネルギー U は、次式のようになります。

$$U = \frac{1}{2} AL\sigma\varepsilon = \frac{1}{2} ALE\varepsilon^2 = \frac{1}{2E} AL\sigma^2 = \frac{1}{2EA} F^2 L$$

上式を棒の体積 AL で割れば、単位体積あたりの弾性ひずみエネルギー $\bar{U}$（ひずみエネルギー密度）となります。

$$\bar{U} = \frac{U}{V} = \frac{U}{AL} = \frac{1}{2}\sigma\varepsilon = \frac{1}{2} E\varepsilon^2 = \frac{1}{2E}\sigma^2$$

この式は、垂直応力 σ と垂直ひずみ ε による単位体積あたりの弾性ひずみエネルギーですが、物体内の1点で定義されています。一般的には応力やひずみは位置の関数で表されますので、この式を物体全体にわたって積分することにより、物体に蓄えられる弾性ひずみエネルギーを計算することができます。

(4) せん断応力によるひずみエネルギー

外力 F が作用したときに、長さ L の区間で λ のずれが生じたとすれば、垂直応力と同様に弾性ひずみエネルギー U は、次式のように表されます。

$$U = \frac{1}{2} F\lambda$$

棒の断面積を A、長さを L、せん断応力を τ、せん断ひずみを γ、部材の横弾性係数を G とすれば、フックの法則から次式が得られます。

$$F = A\tau \qquad \lambda = \gamma L \qquad \tau = G\gamma$$

これを上の U の式に代入して整理すれば、弾性ひずみエネルギー U は、

$$U = \frac{1}{2} AL\tau\gamma = \frac{1}{2} ALG\gamma^2 = \frac{1}{2G} AL\tau^2 = \frac{1}{2GA} F^2 L$$

単位体積あたりの弾性ひずみエネルギー$\bar{U}$（ひずみエネルギー密度）は、以下のようになります。

$$\bar{U}=\frac{U}{V}=\frac{U}{AL}=\frac{1}{2}\tau\gamma=\frac{1}{2}G\gamma^2=\frac{1}{2G}\tau^2$$

(5) はりの曲げ応力によるひずみエネルギー

はりに単純曲げの荷重が作用しているとすれば、軸方向に垂直応力のみが生じている状態にあります。

はりの任意の位置にある部分的な長さdx、断面積dAの微小体積dvの中に蓄えられるひずみエネルギーdUは、上記（3）項から次式のように表されます。

$$dU=\frac{1}{2E}\sigma^2dv=\frac{1}{2E}\sigma^2dxdA$$

また、断面に生じる曲げ応力は、第4節（4）項で説明しましたように次式となります。

$$\sigma=\frac{M}{I}y \qquad \text{ここで} I=\int_A y^2dA$$

これらの式から、支持点からxの距離にある長さdxの両横断面、すなわちxと$x+dx$に囲まれた微小長さのはりに蓄えられるひずみエネルギーは、次式となります。

$$dU_1=\int_A dU=\int_A\frac{1}{2E}\sigma^2dxdA=\int_A\frac{M^2}{2EI^2}y^2dxdA=\frac{M^2}{2EI^2}dx\int_A y^2dA=\frac{M^2}{2EI}dx$$

したがって、はり全体に蓄えられる弾性ひずみエネルギーは、上式をはりの軸方向の長さLで積分すれば求められます。

$$U=\int_0^L dU_1=\int_0^L\frac{M^2}{2EI}dx$$

なお、曲げ剛性が、$x=0\sim L$で一定の場合には、次式となります。

$$U=\frac{1}{2EI}\int_0^L M^2dx$$

(6) カスチリアノの定理

部材の全ひずみエネルギーUをその部材に負荷された荷重で偏微分すると、その荷重点における荷重と同じ作用方向の変位（たわみ）が得られます。この関係をカスチリアノの定理と呼んでいます。式で表せば、n個の荷重を受ける弾性体において、荷重W_j点における荷重方向の変位量をy_jとすれば、次式のように表せます。

$$\frac{\partial U}{\partial W_j} = y_j$$

一例として、第4節（5）項の図1. 27に示す片持ちはりの先端に荷重Pが作用したときを考えてみます。

荷重点から、xの距離における曲げモーメントは、$M = Px$で与えられます。

はりに蓄えられるひずみエネルギーは、はりの曲げ剛性が一定ですから次式で求められます。

$$U = \frac{1}{2EI}\int_0^L M^2 dx = \frac{1}{2EI}\int_0^L P^2 x^2 dx = \frac{P^2 L^3}{6EI}$$

これから、荷重点におけるたわみyは、カスチリアノの定理より次式のとおりに求められます。

$$y = \frac{\partial U}{\partial P} = \frac{PL^3}{3EI}$$

この結果は、第4節（5）項に示したはりのたわみの基礎式から求めた値と一致します。

このように荷重点でのたわみを計算するには、第4節（5）項で説明したたわみ曲線の微分方程式を解くよりも簡単に求めることができる場合があります。

ここで、もう一例として図1. 16に示す集中荷重を受ける単純支持はりの荷重点でのたわみを求めてみます。

図のA点を$x = 0$として、曲げモーメントは以下の式となります（図1. 16の説明参照)。

$0 \leqq x \leqq a$　では、$M = \dfrac{Pbx}{L}$

$a \leqq x \leqq L$　では、$M = \dfrac{Pa(L-x)}{L}$

よって、はりの曲げによるひずみエネルギーは、次式で計算できます。

$$U = \frac{1}{2EI}\int_0^L M^2 dx = \frac{1}{2EI}\int_0^a \frac{P^2 b^2 x^2}{L^2} dx + \frac{1}{2EI}\int_a^L \frac{P^2 a^2 (L-x)^2}{L^2} dx = \frac{P^2 a^2 b^2 (a+b)}{6EIL^2}$$

荷重点におけるたわみyは、カスチリアノの定理より次式のとおりに求められます。

$$y = \frac{\partial U}{\partial P} = \frac{Pa^2b^2(a+b)}{3EIL^2}$$

また、はりなどの部材の弾性エネルギーが与えられた場合の荷重点のたわみを計算する方法として、記憶しておくべき重要な定理です。

9. 不静定の問題

部材に発生する内力と外力の釣合い、あるいはモーメントの釣合いの式を考えるだけで応力を求めることができる問題を**静定問題**といいますが、これらの式だけでは応力が求められない問題を**不静定問題**といいます。

求める反力の数と釣合い式の数には、以下の関係があります。

静定問題　：釣合いの式の数＝求める反力の数

不静定問題：釣合いの式の数＜求める反力の数

ここでは、幾つかの例を挙げて問題を解いてみます。

(1) 軸力の不静定問題

図1. 39に示すように長さLの、断面積Aの棒が両端剛体壁に固定されていて、C点に荷重Pが作用する場合のBC間の応力σ_{BC}およびCD間の応力σ_{CD}を求めてみます。

棒の縦弾性係数をEとします。

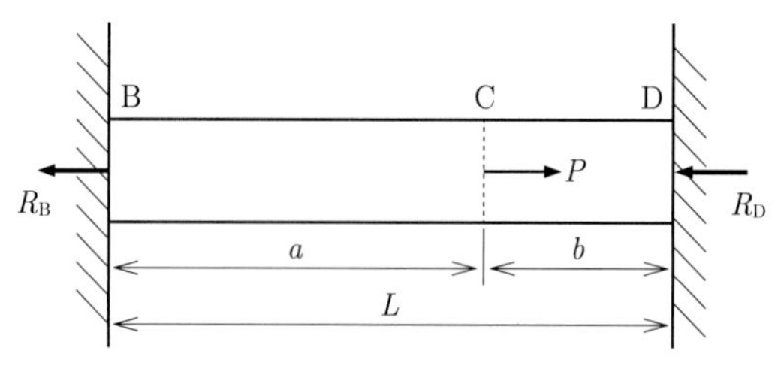

図1. 39

B端には引張反力R_B、D端には圧縮反力R_Dが発生します。

これらの反力は、力の釣合いから以下の式になります。

$$R_{\mathrm{B}} + R_{\mathrm{D}} = P$$

釣合いの式は、この式1つのみで求める反力が2つあるため、この式から反力を求めることはできません。そのため、伸びを考える必要があります。

長さa部分の伸びは、$\delta_a = \dfrac{R_{\mathrm{B}}a}{AE}$

また、長さb部分の縮みは、$-\delta_b = -\dfrac{R_{\mathrm{D}}b}{AE}$

全体の長さLは変化しないから、$\delta_a + \delta_b = 0$となります。また、伸びと縮みの絶対値が等しいことから、以下の関係式が与えられます。

$$\delta_a = \delta_b = \frac{R_{\mathrm{B}}a}{AE} = \frac{R_{\mathrm{D}}b}{AE} \qquad \therefore R_{\mathrm{B}}a = R_{\mathrm{D}}b$$

これらの式から、以下のとおり計算できます。

$$R_{\mathrm{B}} + R_{\mathrm{B}}\frac{a}{b} = P \quad \Rightarrow \quad R_{\mathrm{B}} = P\frac{b}{L} \quad \Rightarrow \quad \sigma_{\mathrm{BC}} = \frac{Pb}{AL}$$

$R_{\mathrm{D}}\dfrac{b}{a} + R_{\mathrm{D}} = P \quad \Rightarrow \quad R_{\mathrm{D}} = P\dfrac{a}{L} \quad \Rightarrow$ 圧縮応力なので $\sigma_{\mathrm{CD}} = -\dfrac{Pa}{AL}$

(2) はりの不静定問題

図1. 40に示すように図1. 17に示す等分布荷重を受ける単純支持はりの中間に支点Cがあるはりの A、BおよびC点の反力を求めてみます。

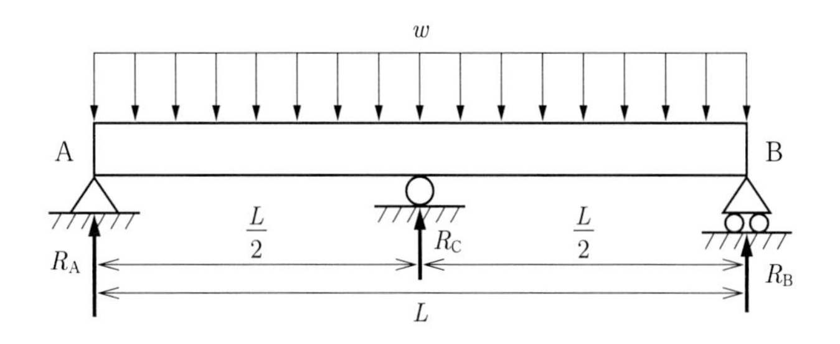

図1. 40

荷重とモーメントの釣合いのみでは反力を求めることはできません。そこで、たわみを考える必要があります。

C点に支点がないとき、すなわち図1. 17に示すはりの中間点（C点の位置）のたわみは、第4節（5）項のはりのたわみに記載したとおり、次式になります。

$$y_{\max} = y_{x=\frac{1}{2}l} = \frac{5wL^4}{384EI}$$

同様に、単純支持はりの中間点に集中荷重R_Cを作用させたときのたわみは以下の式になります。

$$y_{\max} = y_{x=\frac{1}{2}l} = \frac{R_C L^3}{48EI}$$

C支点でのたわみは0になりますので、条件式は次式となります。

$$\frac{5wL^4}{384EI} - \frac{R_C L^3}{48EI} = 0 \quad この式から、\quad R_C = \frac{5}{8}wL$$

荷重と各支点の反力の釣合いから、$R_A + R_C + R_B = wL$および$R_A = R_B$から次式が得られます。

$$R_A = R_B = \frac{3}{16}wL$$

(3) 軸のねじりの不静定問題

図1. 41に示すように、両端を固定された段付き丸棒の段部にねじりモーメントTが作用している場合の両端に発生するねじりモーメントおよび段部のねじれ角を求めてみます。

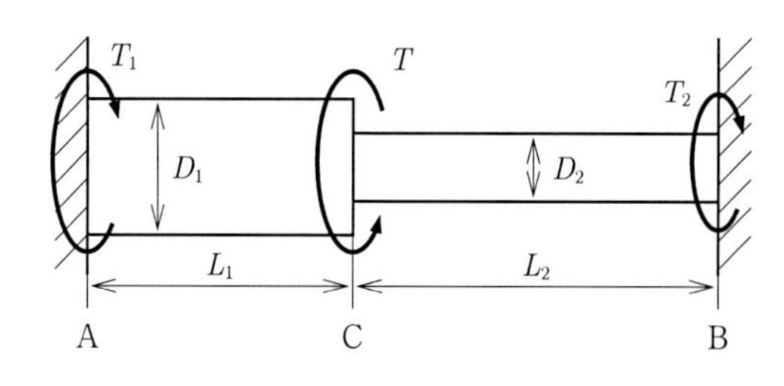

図1. 41

固定端に発生する抵抗ねじりモーメントをT_1およびT_2とすると釣合いから次式が得られます。

$$T_1 + T_2 = T$$

この式から2つの未知のモーメントを求めることはできません。

そこで、ねじれ角を考える必要があります。

ねじりモーメントT_1およびT_2によるねじれ角は、次式で計算できます。

$$\phi_1 = \frac{T_1 L_1}{G I_{p1}} \qquad \phi_2 = \frac{T_2 L_2}{G I_{p2}}$$

ここで、$I_{p1} = \dfrac{\pi D_1^4}{32}$　$I_{p2} = \dfrac{\pi D_2^4}{32}$ で断面二次極モーメントです。

C点におけるねじれ角は等しくなることから、次式となります。

$$\phi = \phi_1 = \phi_2 = \frac{T_1 L_1}{G I_{p1}} = \frac{T_2 L_2}{G I_{p2}} \qquad \therefore \frac{T_1 L_1}{D_1^4} = \frac{T_2 L_2}{D_2^4}$$

これらの式から、両端のねじりモーメントおよびC点のねじれ角は、以下のとおりとなります。

$$T_1 = \frac{D_1^4 L_2}{D_1^4 L_2 + D_2^4 L_1} T, \quad T_2 = -\frac{D_2^4 L_1}{D_1^4 L_2 + D_2^4 L_1} T$$

$$\phi = \phi_1 = \phi_2 = \frac{32 T_1 L_1}{G \pi D_1^4} = \frac{32 L_1 L_2 T}{G \pi (D_1^4 L_2 + D_2^4 L_1)}$$

10. そ の 他

(1) 骨組構造

クレーンや橋のように、棒状の材料を結合して荷重を支えている構造物を骨組構造と呼び、鉄骨などで組まれています。骨組みを構成する各々の棒を部材と呼び、部材の結合部を節点といいます。図1. 42に示すように、この節点がピンで結合されているように自由に回転するものを滑節といい、溶接やリベットなどで固く固定されているものを剛節といいます。

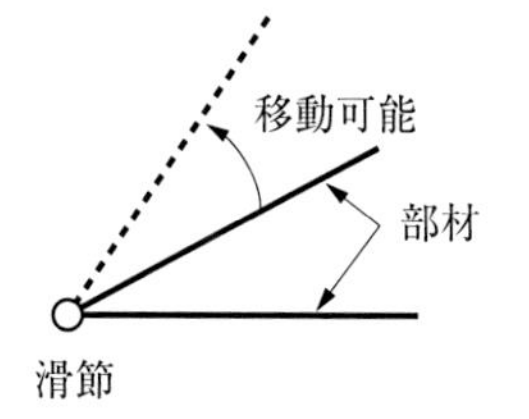

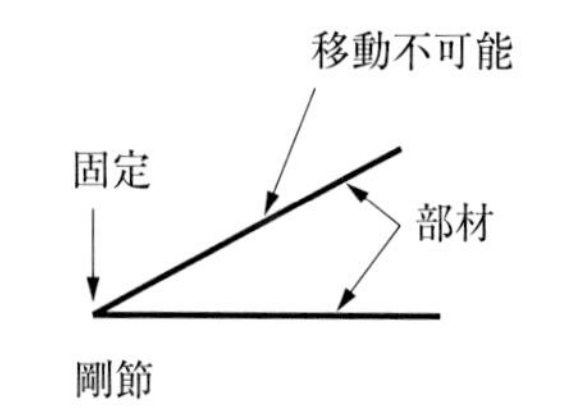

図1. 42　節点の種類

また、各部材の結合が滑節のみからなる骨組構造をトラスといい、一部の部材でも剛節からなる骨組構造をラーメンといいます。

ここでは、簡単な骨組構造の例題として、図1. 43（a）に示すように2本の部材が滑節で結合されているトラスを考えて、荷重Pが図のように作用してい

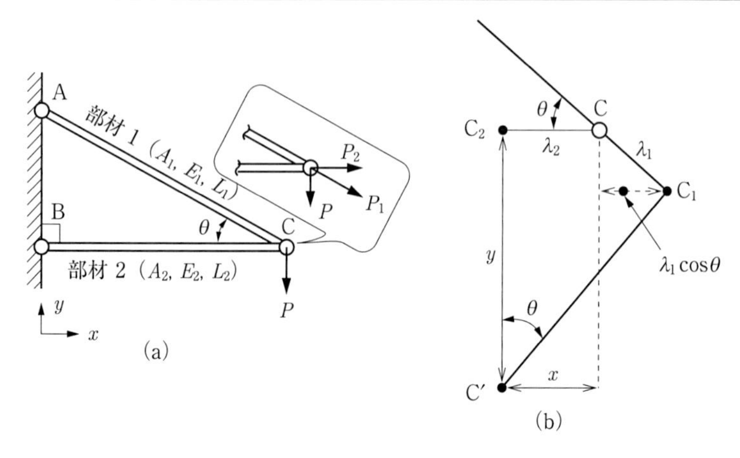

図1. 43　骨組構造の例題

るときのC点の変位を求めます。

部材1と2の断面積、縦弾性係数、長さはそれぞれA_1、E_1、L_1とA_2、E_2、L_2とします。

部材1、2に作用する軸力をP_1、P_2とすると、力の釣合いから、

x方向：$P_1 \cos\theta + P_2 = 0$　　y方向：$P_1 \sin\theta - P = 0$

これより、

$$P_1 = \frac{P}{\sin\theta} \quad \text{（引張力）} \qquad P_2 = \frac{-P\cos\theta}{\sin\theta} = -P\cot\theta \quad \text{（圧縮力）}$$

したがって、部材1、2に生じる応力σ、ひずみε、伸びλは以下のようになります。

$$\sigma_1 = \frac{P_1}{A_1} = \frac{P}{A_1 \sin\theta} \qquad \sigma_2 = \frac{P_2}{A_2} = -\frac{P\cot\theta}{A_2}$$

$$\varepsilon_1 = \frac{\sigma_1}{E_1} = \frac{P}{A_1 E_1 \sin\theta} \qquad \varepsilon_2 = \frac{\sigma_2}{E_2} = -\frac{P\cot\theta}{A_2 E_2}$$

$$\lambda_1 = L_1 \varepsilon_1 = \frac{PL_1}{A_1 E_1 \sin\theta} \qquad \lambda_2 = L_2 \varepsilon_2 = -\frac{PL_2 \cot\theta}{A_2 E_2}$$

力の作用点Cは、部材1の伸びλ_1と部材2の縮みλ_2により、A点を中心とする半径（$L_1 + \lambda_1$）の円と、B点を中心とする半径（$L_2 + \lambda_2$）の円との交点に移動すると考えられます。しかし、それぞれの変化量は元の長さに比べて微小であることから、同図（b）に示すようにACの延長上λ_1の位置と、BCの延長上λ_2の位置からのそれぞれの垂線の交点C′に移動するものと考えることができます。

よって、C点の変位x、yは次式のように求められます。

$$x = \lambda_2$$

$$y = \lambda_1 \sin\theta + \frac{\lambda_1 \cos\theta + |\lambda_2|}{\tan\theta} = \frac{PL_1}{A_1 E_1 \sin^2\theta} + \frac{PL_2}{A_2 E_2}\cot^2\theta$$

(2) 薄肉円筒容器

薄肉円筒容器に内圧Pが作用している場合、円筒を構成する壁の内部には、円周方向に作用する円周応力σ_1、軸方向に作用する軸応力σ_2が生じます。このうち円周応力をフープ応力と呼んでいます。薄肉円筒の場合には、肉厚方向におけるσ_1とσ_2の変化が小さく無視できるので、これらの応力は肉厚方向に一様に分布しているとみなして計算しています。

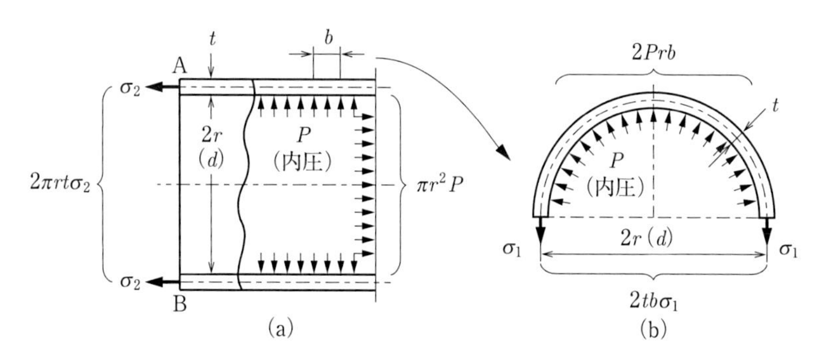

図1. 44 薄肉円筒の応力

図1. 44 (a) のように、平均半径r $(=\frac{d}{2})$、壁の厚さtの円筒に内圧Pが作用している場合を考えます。図中のAB断面を考えると、軸方向の内圧による力は$\pi r^2 P$となり、これに釣り合うようにσ_2が生じています。円筒の面積は$2\pi rt$ですから、次式のように軸方向の力の釣合いにより、軸応力σ_2が計算できます。

$$2\pi rt\sigma_2 = \pi r^2 P \qquad \therefore \sigma_2 = \frac{rP}{2t} = \frac{dP}{4t} \qquad (d\text{は内直径})$$

次に、図1. 44 (b) のように、幅bの円筒部分の上半分のみを切り出してみると、円筒胴の内壁に圧力が作用することにより、円周応力σ_1が生じています。これから、内圧による垂直方向の分力の合計が、円周応力σ_1により壁に発生した力と釣り合うことから、次式のように計算できます。

$$2tb\sigma_1 = 2\int_0^{\pi/2} Pbr\sin\theta d\theta = 2Prb\left[-\cos\theta\right]_0^{\pi/2} = 2Prb$$

$$\therefore \sigma_1 = \frac{rP}{t} = \frac{dP}{2t}$$

以上の式から、$\sigma_1 = 2\sigma_2$となることがわかります。すなわち、円周方向の応力は軸方向の応力の2倍になります。そのため、薄肉円筒の設計をする場合には、円周応力（フープ応力）のみを計算すればよいことになります。

次に、内圧Pによる応力によって生じる薄肉円筒のひずみを求めます。

円周応力σ_1と軸応力σ_2が、平面応力状態で作用しているとしてひずみを考えます。

円周方向のひずみε_1は、σ_1による縦ひずみとσ_2の横ひずみの和となるので応力とひずみの関係式、および上記で算出した応力から以下のとおり求められます。Eは縦弾性係数、νはポアソン比です（応力とひずみの関係は、第2節（1）項参照)。

$$\varepsilon_1 = \frac{1}{E}(\sigma_1 - \nu\sigma_2) = \frac{\sigma_1}{E}\left(1 - \frac{\nu}{2}\right) = \frac{Pr}{2Et}(2-\nu)$$

同様に、軸方向ひずみε_2は、以下のとおり求められます。

$$\varepsilon_2 = \frac{1}{E}(\sigma_2 - \nu\sigma_1) = \frac{\sigma_1}{E}\left(\frac{1}{2} - \nu\right) = \frac{Pr}{2Et}(1-2\nu)$$

一方で、内圧による半径rの増加をdrとすれば、以下の式が成り立ちます。

$$\varepsilon_1 = \frac{2\pi(r+dr) - 2\pi r}{2\pi r} = \frac{dr}{r}$$

したがって伸びdrは、以下の式となります。

$$dr = r\varepsilon_1 = \frac{Pr^2}{2Et}(2-\nu)$$

また、円筒胴の長さをLとして伸びをdLとすれば、以下の式となります。

$$\varepsilon_2 = \frac{dL}{L}$$

$$dL = L\varepsilon_2 = \frac{PrL}{2Et}(1-2\nu)$$

(3) 薄肉球殻

球殻はその中心に対して対称の形状をしているため、中心を含むどの断面でも同一となります。すなわち、上記の薄肉円筒の場合の円周方向に相当する応力と軸方向に相当する応力は、同じ値になります。

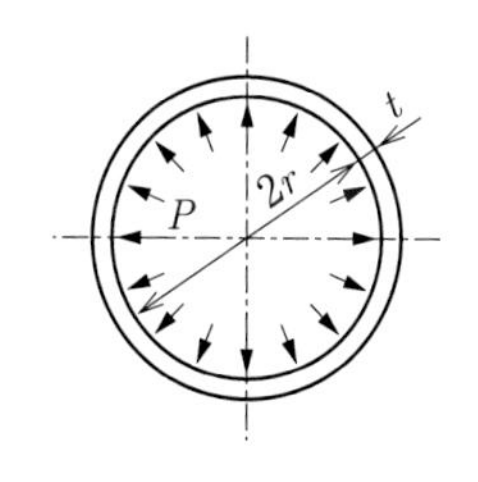

薄肉円筒の場合と同様に、肉厚方向における応力の変化が小さく無視できるので、発生する応力は肉厚方向に一様に分布しているとみなして計算します。

図1.45のように、内半径r（$= d/2$)、壁の厚さtの球殻に内圧Pが作用している場合を考えます。図に示すように中心を含む断面で切断して、断面に垂直な軸方向の力の釣合いを考えます。

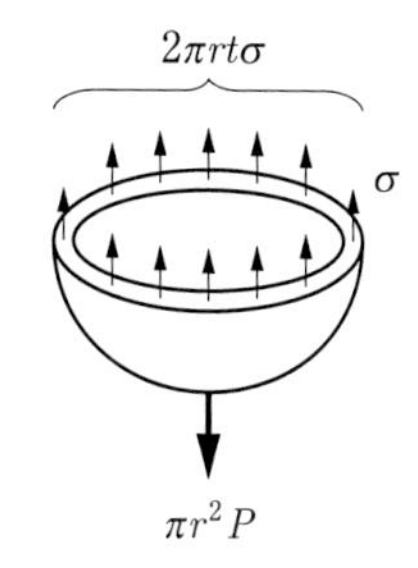

図1.45　薄肉球殻の応力

内圧による力は$\pi r^2 P$となり、これに釣り合うように球殻を構成する板に円周応力σが生じています。これから次式のように、発生する円周応力σが計算できます。

$$2\pi rt\sigma = \pi r^2 P \qquad \therefore \sigma = \frac{rP}{2t} = \frac{dP}{4t} \qquad (d\text{は内直径})$$

この式からわかるように、球殻に発生する円周応力は、直径が同じで同じ圧力を受ける薄肉円筒に生じる円周応力の半分（1/2）になります。

次に、内圧Pによる応力によって生じる薄肉球殻のひずみを求めます。

円筒胴の場合と同様に平面応力状態で作用しているとしてひずみを考えます。

球殻の場合の円周方向の応力は中心軸をとおるどの断面でも同じσになるので、応力とひずみの関係式から以下のとおり求められます。

$$\varepsilon = \frac{1}{E}(\sigma - \nu\sigma) = \frac{\sigma}{E}(1-\nu) = \frac{Pr}{2Et}(1-\nu)$$

(4) 破壊力学の基礎

機械部品を製造する場合、素材の内部が理想的に均質で、きずがまったくないもの、あるいは製作途中の機械加工や溶接などによりまったくきずの無い部品を製作することは、現実的にはかなり難しいです。一方、きずの中にも割れや球状のブローホール等、さまざまな種類がありますが、中でも部材の強度に最も悪影響を及ぼすのは先端が鋭いき裂です。

そのため、き裂が存在すると前提して、その機械部品や構造物の強度や変形などの挙動を定量的に取り扱う材料強度学を**破壊力学**と呼んでいます。このうち、主として弾性論に基づくものを**線形破壊力学**といいます。線形破壊力学が主に扱うのは、割れが急速に進展する「脆性破壊」と呼ばれる破壊形態です。ここでは、線形破壊力学の基本事項の概要を以下に記載します。

図1. 46に示すように、無限大の板の中に長さ$2a$のき裂があり、そのき裂と垂直の方向（き裂を広げるように作用する方向）に引張応力σが作用するとき、以下の式で与えられるものを**応力拡大係数**Kといいます。

$$K = \sigma\sqrt{\pi a}$$

応力拡大係数は、き裂先端における応力の特異性を表すものであり、線形破壊力学の基本的なパラメータです。単位は「応力×長さ$^{1/2}$」で、$\mathrm{MPa \cdot m^{\frac{1}{2}}}$となります。

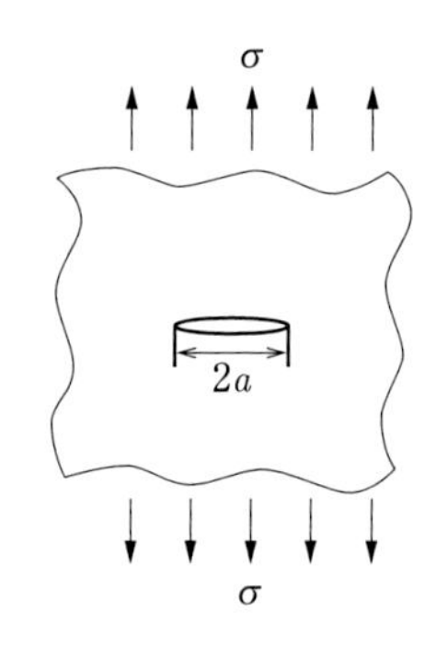

図1. 46　無限板中のき裂

また、き裂が急速に進展する条件、すなわち、脆性破壊が発生する条件は、以下の式で与えられます。

$$K > K_C$$

ここで、K_Cは、**破壊じん性**と呼ばれる値であり、材料固有の特性値です。通常K_C値は、破壊じん性試験によって求められますが、材料の破壊じん性値とシャルピー衝撃試験値には相関性があることが知られており、試験の簡便性などから、シャルピー衝撃値を用いて破壊じん性値を推定する手法も用いられています。一般にこの値は、温度が低温になるほど小さい値となります。また、一般的には、強度が高く破壊までのひずみが小さい材料ほど破壊じん性値は小さくなりますので、き裂が発生すると予想される部材には、なるべく低強度の延性材料を使用するのがよいことになります。

また、応力拡大係数は、負荷条件、き裂の寸法や形状、部材の寸法形状などによってさまざまな値となりますので、一般的には次式のように表されます。

$$K = F\sigma\sqrt{\pi a}$$

ここで、Fは、種々の応力状態、部材の寸法形状、き裂の寸法や形状、ポアソン比による無次元係数で、計算結果がハンドブックなどに示されています。

ここまでは、応力拡大係数は単にKで表しましたが、破壊の変形モードに対応して表示する場合には、K_{I}、K_{II}、K_{III}と表すことがあります。これは、図1.47に示すそれぞれの破壊モードにおける応力拡大係数を意味しています。モードⅠは開口型、モードⅡは面内せん断型、モードⅢは面外せん断型です。破壊じん性値K_Cもこれに対応し、モードごとに$K_{\mathrm{I}C}$、$K_{\mathrm{II}C}$、$K_{\mathrm{III}C}$という値がありますが、一般の金属材料で破壊を支配するのは、通常は開口型のモードⅠ（K_{I}と$K_{\mathrm{I}C}$）になります。

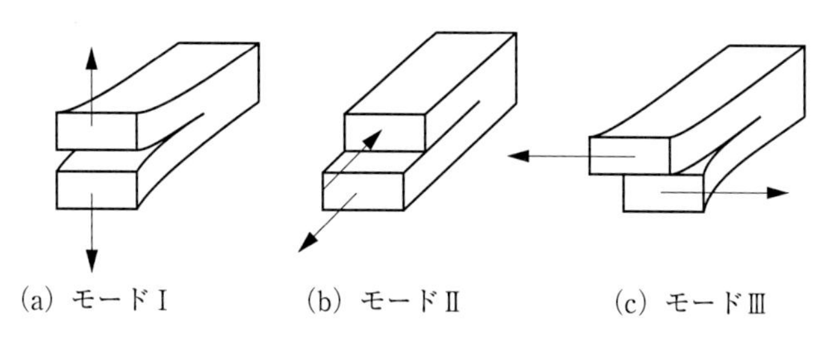

(a) モードⅠ　(b) モードⅡ　(c) モードⅢ

図1.47　き裂の3つの破壊様式

また、線形破壊力学では、応力拡大係数のほかにエネルギー解放率が、き裂が進展する評価パラメータとして用いられます。詳細は紙面の関係から省略しますが、このエネルギー解放率はグリフィスの脆性破壊の理論に基づくもので、き裂が進展するためにはき裂進展によって解放される弾性ひずみエネルギーが、新規の破壊が進展する破面の形成に必要とされるエネルギーよりも大きいことが必要条件とするものです。

(5) 材料の力学的性質と試験方法

ここ数年の試験問題では、材料力学の問題として材料の力学的性質と試験方法に関する問題が出題されています。

材料の力学的な性質については、この章（材料力学）の各項目で説明したとおりです。

例えば、第2節で説明した縦弾性係数（ヤング率）、降伏点、引張強さ、ポアソン比など、また、第3節で説明した疲労強度、クリープ強さなどです。

材料の試験方法については、第5章の第3節「機械材料」の（3）材料試験および（6）非破壊試験に記載してありますので、それらを参照してください。

第2章

機械力学・制御

技術士第一次試験では、機械力学・制御の基礎となる問題が出題されていますが、過去に出題された問題の内容を分析すると、静力学、質点系の力学、剛体の力学、摩擦、振動、制御およびその他に分類することができます。

以下にこれらの技術項目ごとに、機械力学・制御の基礎的知識として習得すべきものを記載します。

1. 静　力　学

(1) 力の釣合い

物体にある力が作用していても、その物体が位置を変えずに静止状態を保っているときには、それらの力は釣り合っているといい、物体は平衡状態にあるといいます。

物体Aが物体Bから力を受けるとき、物体Bは物体Aから、大きさが等しく正反対の方向の力を受けます。これを作用・反作用の法則といいます。

図2. 1は物体Oの重心の右にF_1、左にF_2の2つの力が作用しています。

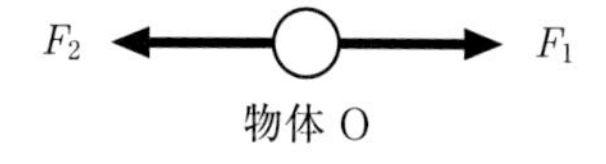

図2. 1　2力の釣合い

$F_1 > F_2$のとき、物体Oは右側に移動し、$F_1 < F_2$のとき、物体Oは左側に移動します。$F_1 = F_2$のとき物体Oは静止状態となり、左右の力F_1とF_2は釣り合っているといいます。

図2. 2は物体Oの重心に3力が作用しているものですが、この3つの力F_1、F_2、F_3が釣り合うと物体Oは静止状態となります。F_3がF_1とF_2の合わさった力と釣り合うためには、F_3の力と大きさが等しく正反対の方向の力が必要となります。このF_1とF_2の合わさった力を合力といいます。

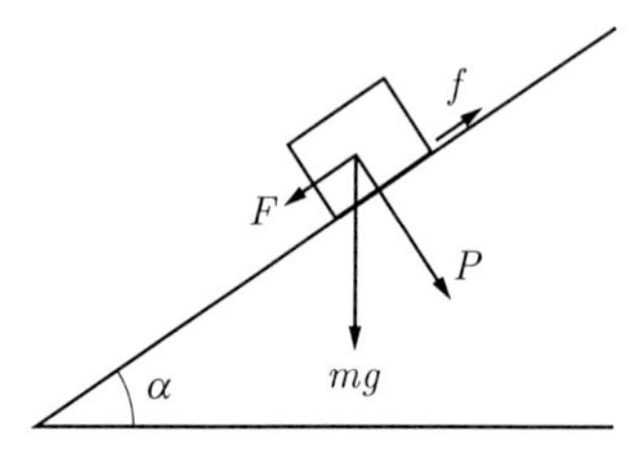

図2. 2　3力の釣合い

物体Oの重心において、3力F_1、F_2、F_3とそれぞれの角度を図2. 3に示すとおりとして、物体Oが静止状態で釣り合うときに次式が成り立ちます。

$$\frac{F_1}{\sin\theta_1} = \frac{F_2}{\sin\theta_2} = \frac{F_3}{\sin\theta_3}$$

これをラミーの定理といいます。

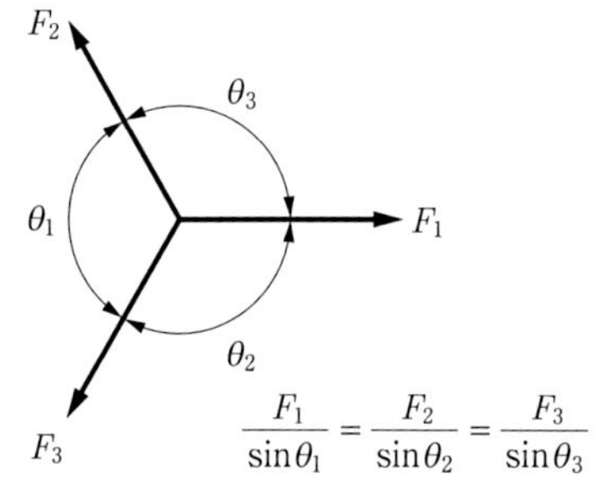

図2. 3　ラミーの定理

(2) 力の釣合いと運動

例として、図2. 4に示すように、斜面に物体が置かれた場合を考えます。斜面に置かれた物体は、斜面から垂直な反力Pを受けます。斜面がなめらかでない場合、物体を動かそうとすれば摩擦力fが作用します。物体が静止した状態および運動している状態について、摩擦力fと反力Pとの間には、次の関係が成り立ちます。

物体が静止しているときは、$f \leqq \mu_s P$

物体が運動しているときは、$f \geqq \mu_k P$

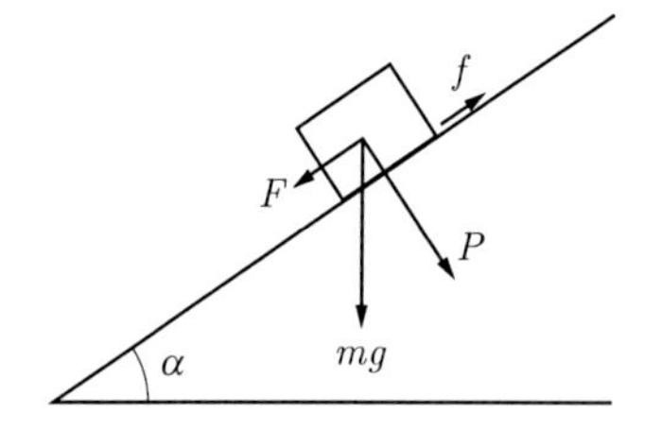

図2. 4　斜面に置かれた物体

ここで、μ_sを静摩擦係数あるいは静止摩擦係数、μ_kを動摩擦係数あるいは運動摩擦係数と呼びます。

また、この斜面に置かれた質量mの物体に働く力は、以下の式となります。

$$P = mg\cos\alpha$$

$$F = mg\sin\alpha$$

物体がすべり落ちようとするときは、力Fが斜面上向きに働く静止摩擦による力fと釣り合うので、以下の式となります。

$$F = f = \mu_s P$$

そのときの斜面の角度をθ_sとすると、$\mu_s = \tan\theta_s$となります。

このすべりだすときの角度θ_sを摩擦角あるいは静摩擦角といいます。

$\alpha > \theta_s$の場合、物体は斜面に沿ってすべり落ちますが、これを止めるためには斜面に沿って上向きに以下の力が必要となります。

$$mg(\sin\alpha - \mu_s\cos\alpha)$$

なお、物体を斜面に沿って上向きに引き上げるときに必要な力は以下となります。

$$mg(\sin\alpha + \mu_s\cos\alpha)$$

図2. 4において、斜面に沿って平行に左方向の座標をxとし、物体が$+x$方向（斜面に沿って落ちる）に運動している場合、物体の運動方程式は次式で表せます。

$$m\frac{d^2x}{dt^2} = mg\left(\sin\alpha - \mu_d\cos\alpha\right)$$

物体が静止している場合、$mg\left(\sin\alpha - \mu_s\cos\alpha\right) \leq 0$であり、$mg\left(\sin\alpha - \mu_s\cos\alpha\right) > 0$の場合に物体に加わる力が静摩擦力より大きくなり、物体は運動を開始します。なお、物体を斜面に沿って引き上げる場合、摩擦力の向きは逆方向になります。

(3) 力のモーメント

力のモーメントは、物体に回転運動を与える力の働きであり、図2. 5に示すように点Aに力Fが加わる場合、点Oまわりの力のモーメントMは、次式で表されます。

$$M = FR\sin\theta$$

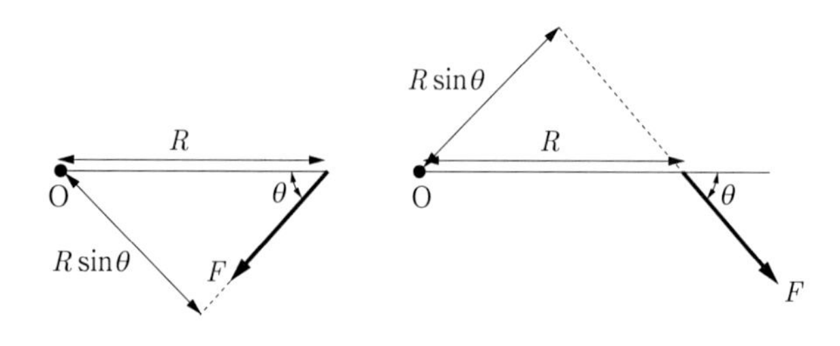

図2.5　力のモーメント

$R\sin\theta$は点Oから力の作用線までの垂線の長さであり、モーメントの腕といいます。

複数の力が物体に作用する場合の点Oまわりの力のモーメントは、次式に示すように各力のモーメントの和で表すことができます。

$$M = M_1 + M_2 + , \cdots, = F_1R_1 \sin\theta_1 + F_2R_2 \sin\theta_2 + , \cdots,$$

物体がある固定点のまわりを回転運動する場合、加わるモーメントの和に応じて、角加速度が増減します。モーメントの和が0の場合は等角速度で回転運動し、さらに角速度が0の場合、物体は回転しないことになります。

図2.6に示すように、大きさが等しく、力の方向が平行で反対向きであり、作用線が一致しない一対の力を偶力といい、作用線間の距離を偶力の腕、Fdを偶力のモーメントといいます。偶力は、作用する物体を特定の方向へ動かすようには作用せず、ある点を中心として物体を回転させる作用のみを行います。

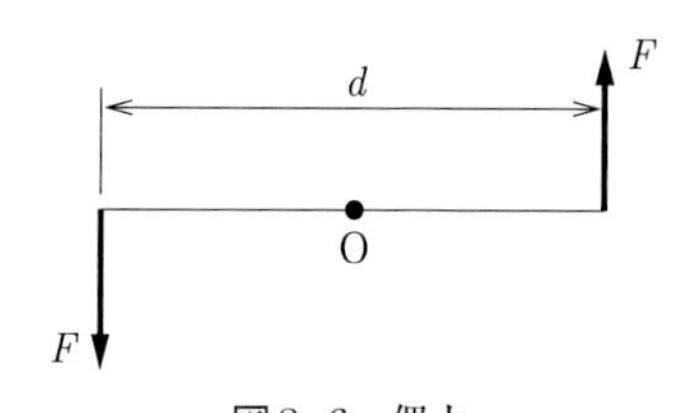

図2.6　偶力

2. 質点系の力学

(1) 質点の力学

質点とは、物体の形や大きさを考慮せず、点で表し質量のみを考慮した物理モデルです。物体の変形や回転を無視して、物体の重心に質量が集中したと考えることができる場合に、その物体を質点とみなすことができます。

質点の位置は、原点Oからの位置ベクトル$\mathbf{r}$で表されます。

速度$\mathbf{v}$は、次式で示すように質点の位置$\mathbf{r}$を時間tで微分することにより求まります。図2. 7に位置と速度との関係を示します。

$$\mathbf{v} = \frac{d\mathbf{r}}{dt}$$

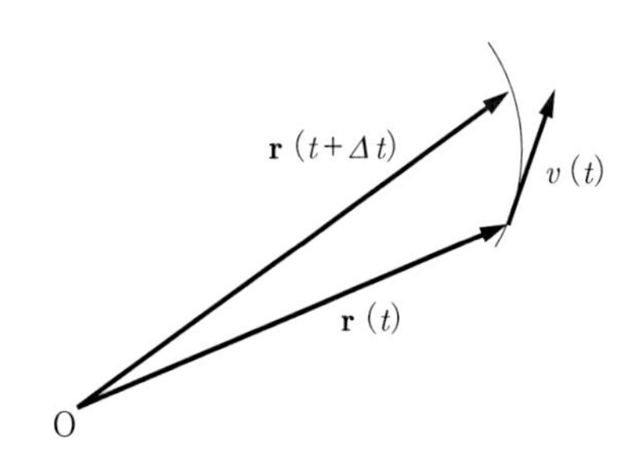

図2. 7　位置と速度

加速度$\mathbf{a}$は、次式で示すように、質点の速度$\mathbf{v}$を時間tで微分することにより求まります。

$$\mathbf{a} = \frac{d\mathbf{v}}{dt} = \frac{d^2\mathbf{r}}{dt^2}$$

注記：英文字の太字は、ベクトルを表します。速度、加速度はベクトル量です。なお、以下の項目でも同様に、太字はベクトルを表します。

(2) 質点系の運動

複数の質点からなり、それらが互いに関連付けられて1つの系とみなされるとき、これを質点系といいます。各質点は、質点間に作用する内力によって連結し、また外力を受けます。質点間の距離が固定されていて変化しないものが剛体です。

質点系においては、その重心（質量中心）の位置は、次式で求まります。

$$\mathbf{r}_C = \frac{1}{m}\sum m_i\mathbf{r}_i\ , \quad m = \sum m_i$$

ここで、iはi番目の質点を、Σは全質点の総和を、$\mathbf{r}_C$は質点系の重心、mは質点系の質量（各質点の質量の総和)、$\mathbf{r}_i$は各質点の位置ベクトル、m_iは各質点の質量です。質点系の運動方程式は、外力を$\mathbf{F}_{Ei}$および内力を$\mathbf{F}_{Ii}$として、次式で表されます。

$$m_i \frac{d^2\mathbf{r}_i}{dt^2} = \mathbf{F}_{Ei} + \mathbf{F}_{Ii}$$

この運動方程式は、質点ごとに成り立ちます。この運動方程式の総和をとり、質点間の内力 $\mathbf{F}_{Ii}$ は、作用反作用の法則から逆向きとなり相殺する関係を利用すると、次式が導かれます。

$$m \frac{d^2\mathbf{r}_C}{dt^2} = \sum \mathbf{F}_{Ei} = \mathbf{F}_E$$

ここで、$\mathbf{F}_E$ は外力の総和です。この式より、外力と全質量が重心に集中しているように運動することを表しています。ただし、外力については、作用点と重心の位置との違いから、重心まわりの外力のモーメントが存在することになります。

(3) 運動量と角運動量

質点の運動方程式は、運動量 $m\mathbf{v}$（質量と速度の積）を用いて、次式で表すことができます。

$$\mathbf{F} = \frac{d(m\mathbf{v})}{dt}$$

この式を、時間について積分すると次式が得られます。

$$\int_{t_1}^{t_2} \mathbf{F} dt = (m\mathbf{v})_2 - (m\mathbf{v})_1$$

左辺は力積であり、右辺は運動量の変化です。したがって、この式は、力積が運動量の変化に等しいことを意味しています。

質点の運動方程式に、原点からの位置ベクトル $\mathbf{r}$ を乗じることにより（外積を求める）、次式が得られます。

$$\mathbf{M} = \mathbf{r} \times \mathbf{F} = \frac{d(\mathbf{r} \times m\mathbf{v})}{dt}$$

ここで、$\mathbf{M}$ は原点まわりのモーメントであり、$\mathbf{r} \times m\mathbf{v}$ は原点に関する角運動量です。この式は、固定点まわりの角運動量の時間的変化割合は、その点まわりのモーメントに等しいことを意味しており、角運動量方程式といいます。

この式を時間について積分すると、次式が得られます。

$$\int_{t_1}^{t_2} \mathbf{M} dt = (\mathbf{r} \times m\mathbf{v})_2 - (\mathbf{r} \times m\mathbf{v})_1$$

この式は、角力積（左辺、力積モーメントともいう）が、角運動量の変化に等しいことを表しています。

(4) 力学エネルギーの法則

質点が力$\mathbf{F}$を受け、なめらかな経路に沿ってわずかに移動する（微小変位$d\mathbf{r}$）場合を考えます。このとき、力と微小変位の内積が仕事となり、次式で表されます。

$$dW = \mathbf{F} \cdot d\mathbf{r}$$

$\mathbf{F} = m\dfrac{d^2\mathbf{r}}{dt^2}$の関係を代入して積分すると、次式が導かれます。

$$W = \int_{r_1}^{r_2} \mathbf{F} \cdot d\mathbf{r} = \int_{r_1}^{r_2} m\frac{d^2\mathbf{r}}{dt^2} \cdot d\mathbf{r} = \int_{t_1}^{t_2} m\frac{d\mathbf{v}}{dt} \cdot \mathbf{v} dt = \int_{t_1}^{t_2} \frac{d}{dt}\left(\frac{1}{2} m\mathbf{v} \cdot \mathbf{v}\right) dt = \left[\frac{1}{2} mv^2\right]_{v_1}^{v_2}$$

この式は、なめらかな経路に沿って質点が運動する場合、仕事が運動エネルギーの変化に等しくなることを表しています。仕事と運動エネルギーは、ともにスカラーです。

運動を起こさせる力には、物体表面に発生する表面力と、物体の質量に作用する物体力の2種類の力に区別できます。重力や電磁力は物体力であり、位置のみの関数として表され、保存力と呼ばれます。ばね定数kのばねで支持された質点を想定し、ばねの復元力による仕事は、次式で表されます。

$$\int \mathbf{F} \cdot d\mathbf{r} = \int_{x_1}^{x_2} (-kx)\, dx = -\left[\frac{1}{2} kx^2\right]_{x_1}^{x_2}$$

$U = \dfrac{1}{2} kx^2$で表し、このUをばねの復元力によるポテンシャルエネルギーといいます。ポテンシャルエネルギーUをxで微分すると、復元力$-kx$が求まります。このように、ポテンシャルエネルギーを、位置ベクトルで微分すると力が求まり、その関係は次式で表されます。

$$\mathbf{F} = -\frac{\partial U}{\partial \mathbf{r}}$$

同様に、重力によるポテンシャルエネルギーは、$U=-mgx$で表されます。ここで、gは重力加速度であり、xは鉛直下向きの座標です。

保存力下では、運動エネルギーとポテンシャルエネルギーの総和は保存されます。これを力学的エネルギー保存の法則といいます。例えば、ばね定数kのばねで支えられた質量mの質点がx方向に速度vで運動する場合は、力学的エネルギー保存の法則は次式で表されます。

$$\frac{1}{2}mv^2+\frac{1}{2}kx^2=E=\text{一定}$$

ここで、Eはこの系の全エネルギーに対応します。

3. 剛体の力学

(1) 剛体の運動

物体中の任意の2点間の距離が変わらないとき、その物体を剛体といいます。

剛体の各点が1つの平面に平行に運動するとき、この運動を平面運動または並進運動といいます。また、剛体がある軸のまわりに対して、回転する方向に運動するとき、この運動を回転運動といいます。一般の剛体の運動は、平面運動と回転運動の合成として表すことができます。

(2) 剛体の重心と慣性モーメント

剛体がN個の質点の集まりである場合、重心は次式で表されます。

$$\mathbf{r}_c=\frac{1}{m}\sum_{i=1}^{N}m_i\mathbf{r}_i\,,\quad m=\sum_{i=1}^{N}m_i$$

ここで、$\mathbf{r}_c$は重心、mは剛体の質量（各質点の質量の総和)、$\mathbf{r}_i$は各質点の位置、m_iは各質点の質量です。剛体が分布質量の集まりである場合は、質点の総和の代わりに、積分形で重心と質量を次式で表します。

$$\mathbf{r}_c=\frac{1}{m}\int_V\mathbf{r}dm\,,\quad m=\int_V dm$$

ここで、$\int_V$は剛体の全領域にわたる積分を、dmは微小要素の質量を表します。

剛体がN個の質点の集まりである場合、剛体上に1本の軸を定め、その軸と各質点の距離をr_i、各質点の質量をm_iとして、次式で表されるJをこの軸に関する剛体の慣性モーメントといいます。

$$J = \sum_{i=1}^{N} m_i r_i^2$$

慣性モーメントは、物体が回転運動する場合、回転しにくさの程度を表す量です。

剛体の全質量をmとするとき、次式が成り立つ場合のxを回転半径といいます。

$$J = mx^2$$

剛体が分布質量の集まりである場合は、慣性モーメントは以下の積分形で表されます。

$$J = \int_V r^2 dm = \int_V \rho r^2 dV$$

ここで、rは中心軸からの距離、ρは密度、dVは微小体積です。

各種物体の慣性モーメント（重心を通る軸まわり、物体の質量はm）は、次のように表せます。

円板／円柱：$J = \dfrac{1}{2} mr^2$　（rは半径、円板／円柱の中心軸まわり）

$J = \dfrac{1}{12} m (3r^2 + t^2)$

（tは円板の厚さor円柱の高さ、円板／円柱の直径を通る軸まわり）

球：$J = \dfrac{2}{5} mr^2$　（rは半径）

正方形：$J = \dfrac{1}{6} mw^2$　（wは辺の長さ、正方形の中心軸まわり）

角柱：$J = \dfrac{1}{12} m (w^2 + l^2)$　（wとlは中心軸に直交する方向の各辺の長さ）

重心を通る軸に関する慣性モーメントがJ_Gであるとき、この軸に平行で距離がhである軸まわりの慣性モーメントは、次式で求まります。この関係を平行軸の定理といいます。

$$J = J_G + mh^2$$

(3) 剛体の運動量と角運動量

剛体がN個の質点の集まりである場合を考えます。各質点の運動量$\mathbf{p}_i$は、次式で表されます。

$$\mathbf{p}_i = m_i \frac{d\mathbf{r}_i}{dt} = m_i \mathbf{v}_i$$

ここで、m_iは各質点の質量を、$\mathbf{r}_i$は各質点の位置ベクトルを、$\mathbf{v}_i$は各質点の速度を表します。剛体を構成する全質点の運動量を加え合わせると次式が得られます。

$$\mathbf{P} = \sum_{i=1}^{N} \mathbf{p}_i = \sum_{i=1}^{N} m_i \frac{d\mathbf{r}_i}{dt} = \sum_{i=1}^{N} m_i \mathbf{v}_i$$

ここで、$\mathbf{P}$を剛体の運動量といいます。

重心の式を時間tで微分すると、次式が得られます。

$$\frac{d\mathbf{r}_c}{dt} = \frac{1}{m} \sum_{i=1}^{N} m_i \frac{d\mathbf{r}_i}{dt}$$

この関係を、剛体の運動量の式に代入することにより、次式が得られます。

$$\mathbf{P} = \sum_{i=1}^{N} m_i \frac{d\mathbf{r}_i}{dt} = m \frac{d\mathbf{r}_c}{dt}$$

ここで、mは剛体の全質量です。この式より、剛体の運動量は、全質量が重心に集中したときの重心の運動量に等しいことがわかります。

点Oから各質点までの位置ベクトルを$\mathbf{r}_i$として、剛体を構成する全質点について$\mathbf{r}_i$と運動量の積（モーメント）を加え合わせたものを、剛体の角運動量といい、次式で表します。

$$\mathbf{L} = \sum_{i=1}^{N} m_i \left(\mathbf{r}_i \times \mathbf{v}_i \right)$$

(4) 剛体の運動エネルギー

剛体がN個の質点の集まりである場合を考えます。剛体の運動エネルギーTは、剛体を構成する各質点の速度を$\mathbf{v}_i$として、次式で表されます。

$$T = \frac{1}{2} \sum_{i=1}^{N} m_i \mathbf{v}_i \cdot \mathbf{v}_i$$

各質点の速度$\mathbf{v}_i$を、重心の速度$\mathbf{v}_c$と、重心に対する相対速度$\mathbf{v}_i'$の和で表すと、$\mathbf{v}_i = \mathbf{v}_c + \mathbf{v}_i'$となります。$\mathbf{v}_i'$は重心に対する回転運動を表し、重心から質点までの位置ベクトルを$\mathbf{r}_i$、角速度ベクトルを$\boldsymbol{\omega}$として、$\mathbf{v}_i' = \boldsymbol{\omega} \times \mathbf{r}_i$となります。上式に$\mathbf{v}_i = \mathbf{v}_c + \mathbf{v}_i'$を代入して次式が得られます。

$$T = \frac{1}{2} m \mathbf{v}_c \cdot \mathbf{v}_c + \frac{1}{2} \sum_{i=1}^{N} m_i \mathbf{v}_i' \cdot \mathbf{v}_i' + 2\mathbf{v}_c \cdot \sum_{i=1}^{N} m_i \mathbf{v}_i'$$

ここで、mは剛体の全質量です。右辺第3項は、重心の定義より0となるので、剛体の運動エネルギーは、次式で表されます。

$$T = T_c + T_r \,, \quad T_c = \frac{1}{2} m \mathbf{v}_c \cdot \mathbf{v}_c \,, \quad T_r = \frac{1}{2} \sum_{i=1}^{N} m_i \mathbf{v}_i' \cdot \mathbf{v}_i'$$

ここで、T_cは剛体の重心の並進運動に基づくエネルギー、T_rは回転運動に基づくエネルギーを表しています。剛体が一方向に回転している場合、回転軸方向の慣性モーメントをJ、角速度をωとして、T_rは次式で表されます。

$$T_r = \left(\frac{1}{2} \sum_{i=1}^{N} m_i r_i^2 \right) \omega^2 = \frac{1}{2} J \omega^2$$

物体の運動において、摩擦、衝突などによりエネルギーが消失しない場合、運動エネルギーTと位置エネルギーUの和は保存されます（エネルギー保存の法則）。運動エネルギーTは、並進運動のエネルギーT_cと回転運動のエネルギーT_rの和であるので、この関係は、次式で表されます。

$$U + T = U + \frac{1}{2} m v^2 + \frac{1}{2} J \omega^2 = \text{一定}$$

(5) 剛体の運動方程式

運動量の変化率が、外力に等しくなる関係から、運動方程式は次式で表されます。

$$\frac{d\mathbf{P}}{dt} = \mathbf{F} = \sum_{i=1}^{N} \mathbf{F}_i$$

ここで、$\mathbf{P}$は剛体の運動量、$\mathbf{F}$は剛体に加わる外力の総和、$\mathbf{F}_i$は剛体を構成する各質点に加わる外力を表します。重心の位置ベクトルを$\mathbf{r}_c$で表すと、運動方程式は次式となります。

$$m \frac{d^2 \mathbf{r}_c}{dt^2} = \mathbf{F}$$

物体の運動が一方向である場合、変位をx、外力をFとして、運動方程式は次式で表されます。

$$m\frac{d^2x}{dt^2}=F$$

角運動量方程式は、剛体を構成する各質点の位置ベクトル$\mathbf{r}_i$と運動方程式の外積に対し、全質点の総和をとることにより導かれ、次式で表されます。

$$\frac{d\mathbf{L}}{dt}=\mathbf{N},\quad \mathbf{L}=\sum_{i=1}^{N}m_i\left(\mathbf{r}_i\times\mathbf{v}_i\right),\quad \mathbf{N}=\sum_{i=1}^{N}\mathbf{r}_i\times\mathbf{F}_i$$

ここで、$\mathbf{L}$は剛体の角運動量、$\mathbf{N}$は剛体に加わる外力によるモーメントです。

剛体が一定の軸まわりに回転するとき、この軸まわりの慣性モーメントをJ、角速度をω、軸まわりに加わるトルクをTとすると、角運動量方程式は次式で表されます。

$$\frac{d\left(\sum_{i=1}^{N}m_ir_i^2\right)\omega}{dt}=J\frac{d\omega}{dt}=T$$

(6)　並進運動と回転運動

(a)　並進運動

質量mの円板が、ある面に接触しながらx方向に並進運動する場合、運動方程式は次式で表せます。

$$m\frac{d^2x}{dt^2}=F_A+F$$

ここで、F_Aは円板にx方向に加わる外力、Fは接触部で接線方向に加わる力です。

(b)　回転運動

慣性モーメントI、半径rの円板が、ある面に接触しながらθ方向に回転運動する場合、回転の運動方程式は次式で表せます。

$$I\frac{d^2\theta}{dt^2}=N_A-Fr$$

ここで、N_Aは物体にθ方向に加わるトルク、rは回転中心から接触部までの距離です。

(c) 円板の運動

質量m、半径rの円板が床の上を滑りなしで転がる場合、並進運動と回転運動を行います。運動する並進方向をx、回転方向をθとすると、$x = r\theta$の関係が成り立ちます。円板と床との接触部に円周方向に加わる力をFとすると、上述の並進および回転の運動方程式より、Fおよびθを消去して次式が求まります。

$$\left(m + \frac{I}{r^2}\right)\frac{d^2x}{dt^2} = F_A + \frac{N_A}{r}$$

この式から、回転運動により質量が見かけ上I/r^2増加したことがわかります。この関係式を、並進運動の方程式に代入して整理することにより、接触部に加わる力Fは次のように求まります。

$$F = \frac{N_A - \dfrac{IF_A}{mr}}{r + \dfrac{I}{mr}}$$

(d) 定滑車の運動

図2.8に示す、慣性モーメントI、半径rの定滑車を考えます。定滑車にまかれたロープの先端には、質量mのおもりがついています。

おもりの運動方程式は、おもりの座標をx（下向きを正とする)、ロープの張力をFとして、次式で表せます。

$$m\frac{d^2x}{dt^2} = mg - F$$

定滑車の回転の運動方程式は、回転角度をθ（おもりが落ちる方向を正とする）として、次式で表せます。

$$I\frac{d^2\theta}{dt^2} = Fr$$

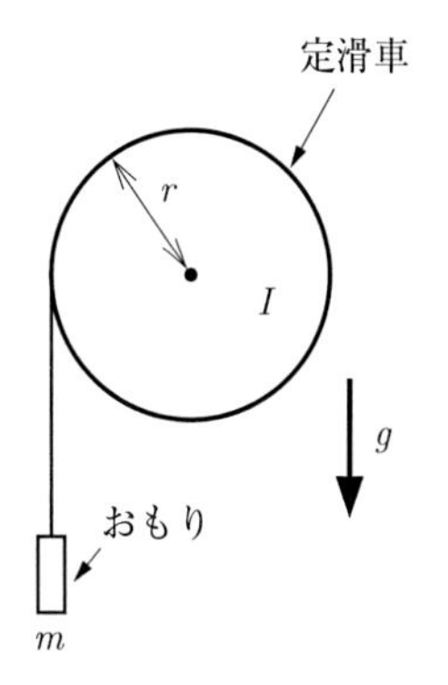

図2.8　定滑車の運動

この2つの方程式から、Fを消去し、また$x = r\theta$の関係を用いて整理することにより、おもりの加速度は次のように求まります

$$m\frac{d^2x}{dt^2} = mg - F = mg - \frac{I}{r}\frac{d^2\theta}{dt^2} = mg - \frac{I}{r^2}\frac{d^2x}{dt^2}$$

$$\left(m+\frac{I}{r^2}\right)\frac{d^2x}{dt^2}=mg\text{、}\qquad \frac{d^2x}{dt^2}=\frac{mr^2g}{mr^2+I}$$

また、張力Fは以下のように求まります。

$$F=mg\left(1-\frac{1}{g}\frac{d^2x}{dt^2}\right)=mg\left(1-\frac{mr^2}{mr^2+I}\right)$$

4. 摩　　擦

(1) 滑り摩擦

2つの面が接触した状態で相対的に動こうとするときに、その動きを止める方向に力が加わります。この、相対的な動きに起因して、その動きに抵抗する現象を摩擦といい、その力を摩擦力といいます。この現象は、面と面とがすべる方向への運動に関するものであるため、滑り摩擦とも呼ばれます。摩擦には、この滑り摩擦と、後述の転がり摩擦の2種類の現象がありますが、単に摩擦というと、一般的には滑り摩擦のことを指します。

図2. 9に示すように、平面の上に物体を置き、物体に水平方向に力を加えた場合、左から力を加えた場合には摩擦力は右方向に、右から力を加えた場合には摩擦力は左方向に働きます。物体に水平方向に力を加えない場合には、摩擦力は働きません。このように、摩擦力は物体を動かす方向に力を加えたときに初めて現れる力であり、物体が静止している場合には加えた力に等しく、加えた力と反対方向に働く特徴があります。

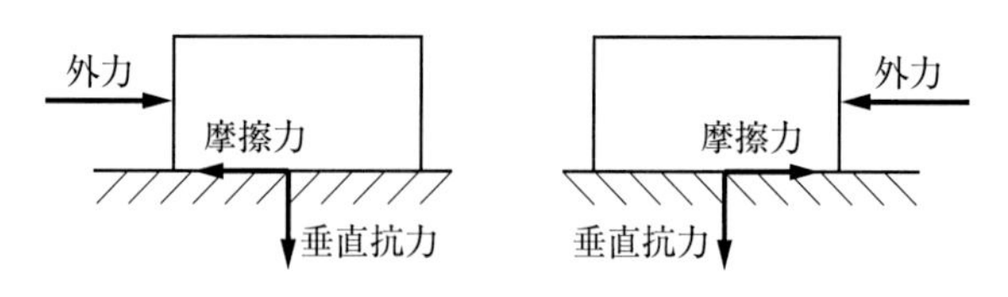

図2. 9　摩擦力

図2. 9において、物体に加える水平方向の力を大きくしていくと、物体が動き出します。この動き出す直前の摩擦力を**最大静摩擦力**といいます。最大静摩擦力は、面に対して加わる垂直抗力に比例する特徴があります。垂直抗力に対する最大静摩擦力の比を、静摩擦係数といい、次式で関係を表します。

$$F_m = \mu_s P_n$$

ここで、F_mは最大静摩擦力、μ_sは静摩擦係数、P_nは垂直抗力です。重力場では、$P_n = mg$となります。ここで、mは物体の質量、gは重力加速度です。

物体に加えた外力Fが、最大静摩擦力より小さいときに、すなわち$F \leq \mu_s P_n$である場合に物体は静止することになります。物体に加えた外力が最大静摩擦力より大きいときに、すなわち$F > \mu_s P_n$である場合に物体は動き出します。物体が動き出した後、外力を加えるのを止めると、やがて物体は静止します。これは、運動している状態においても、摩擦力が物体を停止させる方向に作用するためです。この運動している状態での摩擦を**動摩擦**といい、その力を**動摩擦力**といいます。動摩擦力F_dは、垂直抗力P_nに動摩擦係数μ_dを乗ずることにより、次式で表されます。

$$F_d = \mu_d P_n$$

摩擦に関しては、以下の法則が広く知られています。

i）摩擦力は、接触面に作用する垂直抗力に比例し、接触面積には無関係である

ii）動摩擦力は、滑り速度に無関係である

iii）一般に静摩擦力は、動摩擦力より大きい

摩擦力を小さくするために、接触する2つの面の間に流体（潤滑剤）を介在させる方法があります。流体（潤滑剤）が介在しない摩擦を**無潤滑摩擦**または**乾燥摩擦**といい、流体（潤滑剤）が介在する場合を**潤滑摩擦**といいます。潤滑摩擦においては、2つの面が直接接触しないため、摩擦力が低減します。この潤滑摩擦では、2つの面を接触させないために、垂直荷重を支える流体圧力を保つ必要があります。外部から加圧した流体を供給して垂直荷重を支える場合を**静圧流体潤滑**といい、2つの面の相対速度により圧力を発生させる場合を**動圧流体潤滑**といいます。

(2) 転がり摩擦

摩擦のもう1つの形態として、**転がり摩擦**があります。車輪が地面に接触しながら回転する場合、車輪と地面との間に発生して、転がる運動を妨げる力が加わる現象が転がり摩擦です。接触面に変形が生じない理想的な状態を想定す

れば、転がり摩擦は発生しませんが、実際には車輪の弾性変形などにより接触圧力分布が回転に伴い非対称となり、摩擦力が発生するといわれています。転がり摩擦の摩擦力は、無潤滑摩擦に比べて非常に小さくなります。転がり摩擦の摩擦係数μ_rについては、いくつかの定義があります。滑り摩擦と同様に摩擦力F_rと垂直抗力P_nとの比で転がり摩擦の摩擦係数を表す、すなわち$F_r = \mu_r P_n$で表すことが多いようです。また、回転に対する抵抗のモーメントを用いて摩擦係数を定義する場合もあります。

5. 振　動

(1) 振動の種類

振動とは、ある物理量がその平均値または基準値に対して、変動を繰り返す現象です。ここでは、機械系の振動を取り扱いますが、機械系に加わる加振源として流体力、電磁力などもあり、多くの物理現象が振動に関与しています。

外部からの周期的な強制力により振動が発生する現象を**強制振動**と呼び、外部から周期性のないエネルギーが加わり振動が発生する現象を**自励振動**と呼びます。また、振動が発生した状態において、外部からの力を取り除いた状態において生じる振動を**自由振動**と呼びます。自由振動は、系の持つ**固有振動数**により振動が発生する特徴があります。強制振動の場合は加える加振力の周波数により振動が発生するのに対し、自励振動の場合は系の固有振動数により振動が発生します。

(2) 1自由度系の自由振動（減衰がない場合）

図2.10に示すように、質量mの質点が、ばね定数kのばねで支えられている系を考えます。この系に、質点が運動することによる慣性力と、ばねによる復元力が作用し、減衰力とばねの質量が無視できる場合を考

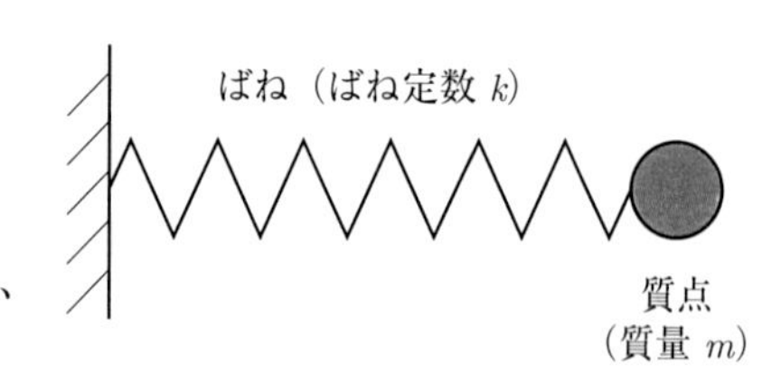

図2.10　1自由度振動系

えると、運動方程式は次式で表されます。

$$m\frac{d^2x}{dt^2}+kx=0$$

ここで、xは質点の変位、tは時間です。この式が、減衰のない1自由度系の自由振動を表す運動方程式です。この方程式の一般解は、次式で表されます。

$$x=A\sin\omega_n t+B\cos\omega_n t\,,\quad \omega_n=\sqrt{\frac{k}{m}}$$

ここで、ω_nは系の**固有角振動数**、AおよびBは初期条件により決まる積分定数です。系の**固有振動数**は$f=\dfrac{\omega_n}{2\pi}$であり、**周期**は$T=\dfrac{1}{f}=\dfrac{2\pi}{\omega_n}$で表せます。

この振動の方程式は、重力場が作用しない条件で導き出しましたが、重力が作用している条件では、重力によるばねの変形と、振動によるばねの変形を分離して考え、振動による変形をxで表すことにより、全く同じ方程式系に帰着します。同様に、一定の外力によりばねが一定の変形をしている場合も、振動による変形にのみ着目して同じ方程式に帰着します。

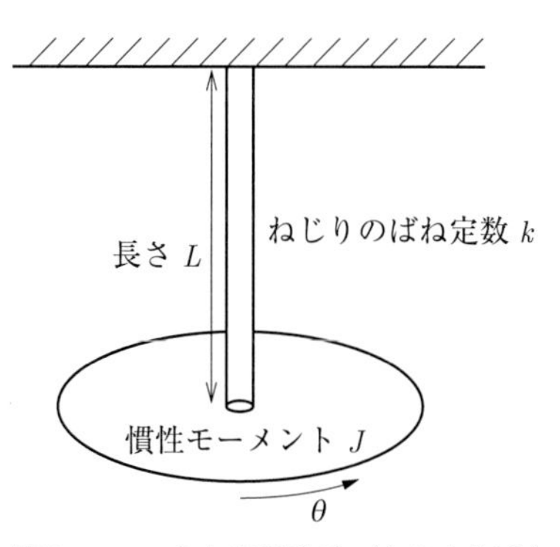

図2. 11　1自由度振動系（ねじり振動）

図2. 11に示すように、慣性モーメントJの物体が、回転（軸のねじり）に対するばね定数kの弾性軸に取り付けられている場合のねじり振動に対する運動方程式は、次式で表せます。

$$J\frac{d^2\theta}{dt^2}+k\theta=0$$

ここで、弾性体の慣性モーメントは無視できるものとし、θは回転角です。この運動方程式より、系の固有振動数は、$\dfrac{1}{2\pi}\sqrt{\dfrac{k}{J}}$であり、周期は$2\pi\sqrt{\dfrac{J}{k}}$となります。

図2. 12に示すように、質量mで、回転軸のまわりの慣性モーメントがJである振り子の運動方程式は次式で表せます。

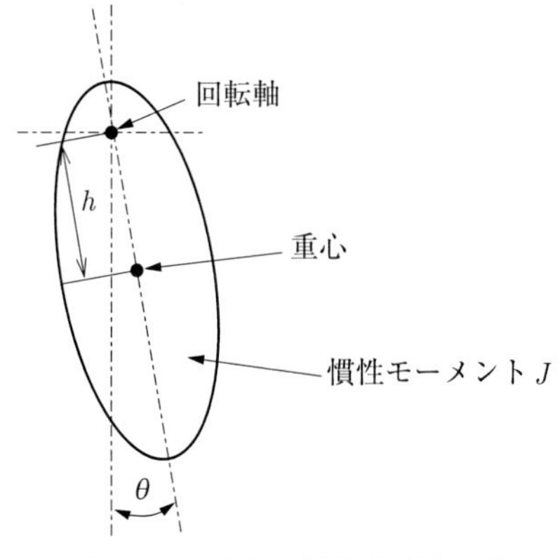

図2. 12　1自由度振動系（振り子）

$$J\frac{d^2\theta}{dt^2}+mgh\theta=0$$

ここで、hは重心から回転軸までの距離であり、θは回転角、gは重力加速度です。また、θは微小であり、$\sin\theta\cong\theta$と近似できるものとしています。この運動方程式より、系の固有振動数は$\frac{1}{2\pi}\sqrt{\frac{mgh}{J}}$であり、周期は$2\pi\sqrt{\frac{J}{mgh}}$となります。

上端をピン支持された質量m、長さLの棒の場合、慣性モーメントJは、次のように表せます。

$$J=\frac{1}{12}mL^2+m\left(\frac{L}{2}\right)^2=\frac{1}{3}mL^2$$

上に説明した振り子の式に、この関係式と、$h=\frac{L}{2}$を代入することにより、系の固有振動数は$\frac{1}{2\pi}\sqrt{\frac{3g}{2L}}$、周期は$2\pi\sqrt{\frac{2L}{3g}}$となります。

図2.13に示すように、管の断面積がA、液体の全長がL、液体の密度がρであるU字管を考えます。釣合い点から右側の液面がxだけ上昇している状態を考えると、液面差により$2\rho Agx$の復元力がU字管内の液に加わります。一方、液の慣性力は$\rho AL\frac{d^2x}{dt^2}$で表されるので、U字管内の液の運動方程式は次式で表されます。

$$\rho AL\frac{d^2x}{dt^2}+2\rho Agx=0$$

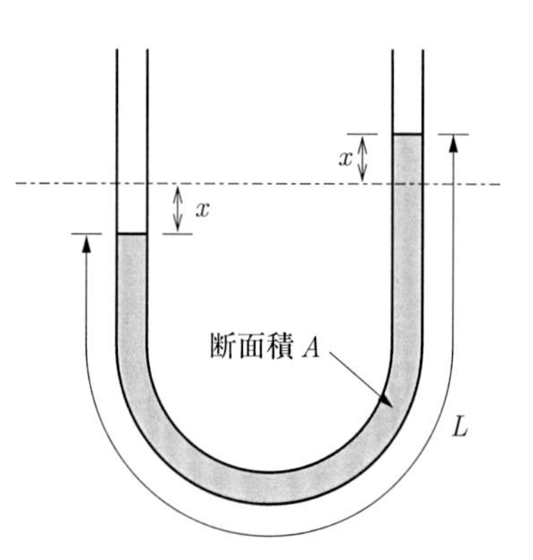

図2.13　1自由度振動系（U字管）

この運動方程式より、系の固有振動数は$\frac{1}{2\pi}\sqrt{\frac{2g}{L}}$であり、周期は$2\pi\sqrt{\frac{L}{2g}}$となります。

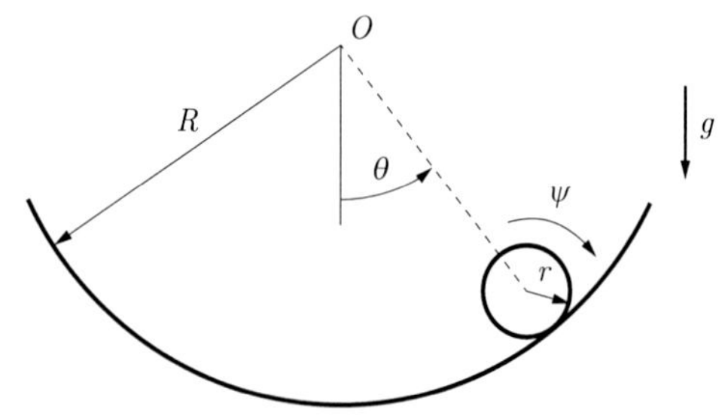

図2.14　転がり振り子

図2. 14に示すように、半径r、質量mの円筒（または球）が、半径Rの外筒（円筒）面内を滑らずに転がる場合を考えます。この転がり振子の振動は、前述の並進運動と回転運動と同様に、重心の並進運動と回転運動とを連成させて考えます。回転する円筒（または球）の中心に沿って円筒が移動する座標をx、円筒の固定座標に対する回転角をϕとすると、以下の関係が成り立ちます。

$$x = (R - r)\theta , \quad \psi = \theta + \phi$$

この関係式と、$R\theta = r\psi$の関係を用いて、ϕとxの関係は以下のように表せます。

$$\phi = \psi - \theta = \frac{R - r}{r}\theta = \frac{x}{r}$$

円筒が外筒内面に接触している部分から受ける力をF、円筒の慣性モーメントをIとすると、円筒のx方向と回転の運動方程式は次式で表せます。

$$m\frac{d^2x}{dt^2} = -mg\sin\theta - F , \quad I\frac{d^2\phi}{dt^2} = Fr$$

これらの運動方程式と、$\phi = x / r$の関係を用い、ϕを消去すると、次式が得られます。

$$\left(m + \frac{I}{r^2}\right)\frac{d^2x}{dt^2} = -mg\sin\theta$$

微小振動を仮定すると、$\sin\theta \cong \theta$と近似でき、$\theta = x / (R - r)$の関係式を用いて、x方向の運動方程式を変形すると、次式となります。

$$\left(m + \frac{I}{r^2}\right)\frac{d^2x}{dt^2} + \frac{mg}{R - r}x = 0$$

この式から固有振動数f_nは、次のように求まります。

$$f_n = \frac{1}{2\pi}\sqrt{\frac{mg / (R - r)}{m + I / r^2}}$$

図2. 15に示すように、質量m、半径rの円板が、壁とばね定数kのばねとで接続され、床面を滑らずに運動する系を考えます。円板の並進運動の運動方程式は、円盤中心の座標をx（図の右向

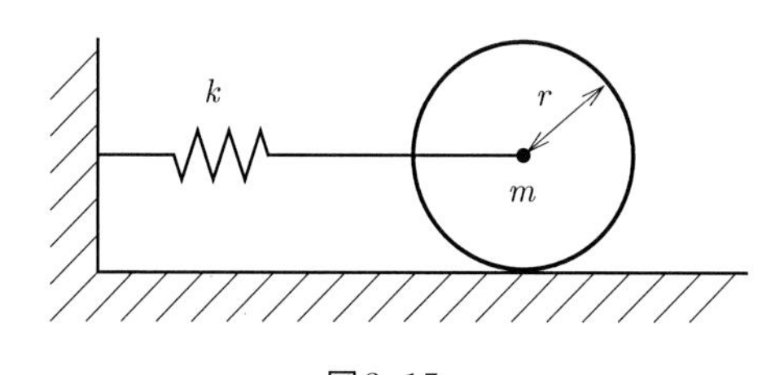

図2. 15

きを正とする)、接触面に加わる力をFとして、次式で表せます。

$$m\frac{d^2x}{dt^2}+kx=-F$$

円盤の回転運動の運動方程式は、回転角度をθ（右回り方向を正とする)、円盤の慣性モーメントをJとして、次式で表せます。

$$J\frac{d^2\theta}{dt^2}=Fr$$

この2つの方程式から、Fを消去し、また$x=r\theta$の関係を用いて整理することにより、次の式が求まります。

$$m\frac{d^2x}{dt^2}+kx=-\frac{J}{r}\frac{d^2\theta}{dt^2}=\frac{J}{r^2}\frac{d^2x}{dt^2}$$

$$\left(m+\frac{J}{r^2}\right)\frac{d^2x}{dt^2}+kx=0$$

この式より、固有振動数は$\dfrac{1}{2\pi}\sqrt{\dfrac{k}{m+\dfrac{J}{r^2}}}$、周期は$2\pi\sqrt{\dfrac{m+\dfrac{J}{r^2}}{k}}$となります。

図2. 16に示すように、定滑車、ばね、おもりからなる系を考えます。おもりの運動方程式は、おもりの座標をx（下向きを正とする)、ロープの張力をTとして、次式で表せます。

$$m\frac{d^2x}{dt^2}=mg-T$$

定滑車の回転運動の運動方程式は、回転角度をθ（おもりが落ちる方向を正とする)、円盤の慣性モーメントをJとして、次式で表せます。

$$J\frac{d^2\theta}{dt^2}=(T-kx)a$$

図2. 16　定滑車を含む系の振動

この2つの方程式から、Tを消去し、また$x=a\theta$の関係を用いて整理することにより、次の式が求まります。

$$m\frac{d^2x}{dt^2}=mg-T=mg-\frac{J}{a}\frac{d^2\theta}{dt^2}-kx=mg-\frac{J}{a^2}\frac{d^2x}{dt^2}-kx$$

$$\left(m+\frac{J}{a^2}\right)\frac{d^2x}{dt^2}+kx=mg$$

この式より、固有振動数は$\dfrac{1}{2\pi}\sqrt{\dfrac{k}{m+\dfrac{J}{a^2}}}$、周期は$2\pi\sqrt{\dfrac{m+\dfrac{J}{a^2}}{k}}$となります。

(3) 1自由度系の自由振動（減衰がある場合）

図2. 17に示すように、質量mの質点がばね定数kのばねで支えられている系に、速度に比例する減衰力が働く場合を考えます。そのときの運動方程式は、次式で表されます。

$$m\frac{d^2x}{dt^2}+c\frac{dx}{dt}+kx=0$$

ここで、cは減衰係数（減衰定数または粘性減衰係数という場合もある）で正の定数です。この運動方程式の解は、次式で表されます。

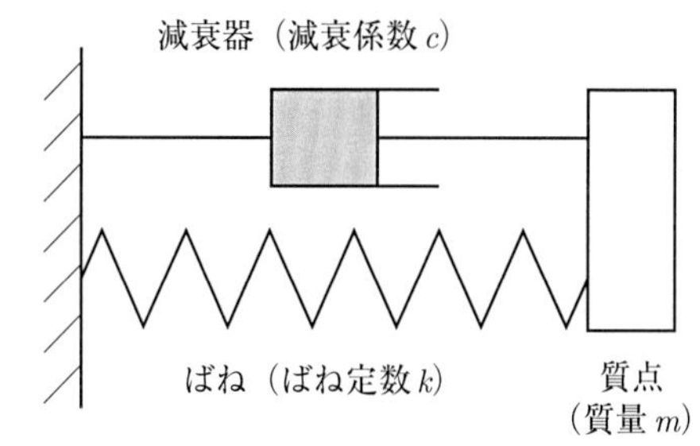

図2. 17　減衰のある1自由度振動系

$$x=Ae^{\lambda_1 t}+Be^{\lambda_2 t}\ ,\qquad \lambda_1,\lambda_2=\frac{-c\pm\sqrt{c^2-4mk}}{2m}$$

減衰係数cは一般的に正ですが、cが負の場合には負減衰となり、変位は時間の経過とともに増加する、いわゆる負減衰による不安定な状態となります。cが正の場合、振動の状態は、c^2-4mkの符号により、以下の3種類に分けられます。

(a) 過減衰

$c^2>4mk$の場合、λ_1、λ_2は負の実数となり、振動は発生せずに図2. 18に示すように時間の経過とともに変位および速度とも0に近づきます。このように、振動が発生せずに減衰していく状態を過減衰と呼びます。

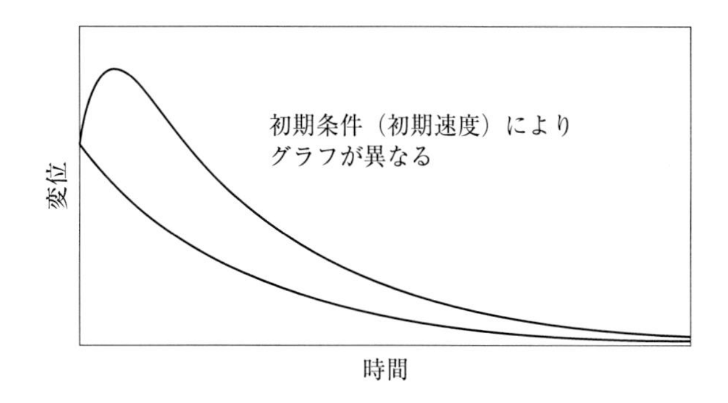

図2. 18　変位の時刻歴変化（過減衰）

(b) 不足減衰

$c^2 < 4mk$の場合、λ_1、λ_2は複素数となり次式で表されます。

$$\lambda_1, \lambda_2 = -\frac{c}{2m} \pm i\omega_D \,, \quad \omega_D = \frac{\sqrt{4mk - c^2}}{2m}$$

その実数部は負となるので、初期の変位と速度に対して図2. 19に示すように振動しながら減衰していく、いわゆる減衰振動が発生します。この現象を不足減衰といい、ω_Dを減衰固有角振動数といいます。

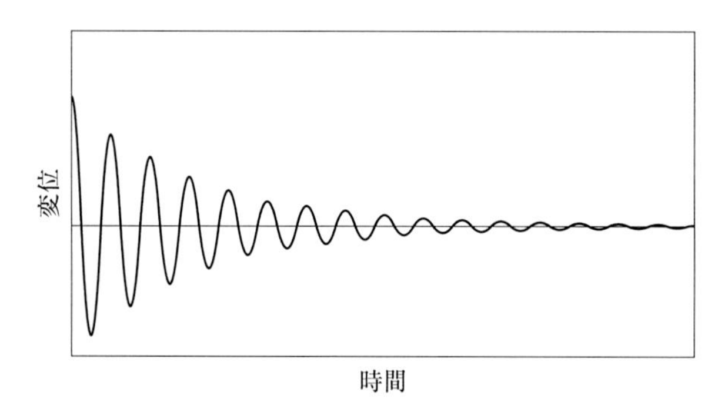

図2. 19　変位の時刻歴変化（不足減衰）

(c) 臨界減衰

$c^2 = 4mk$の場合、$\lambda_1 = \lambda_2$となり、方程式の一般解は、次式となります。

$$x = (A + B)e^{-\frac{c}{2m}t}$$

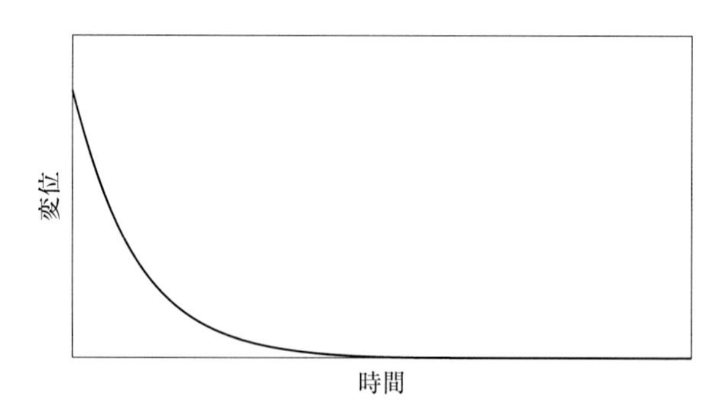

図2. 20　変位の時刻歴変化（臨界減衰）

変位は、図2. 20に示すように時間の経過とともに0に近づきますが、この条件から減衰係数が少しでも小さくなると、不足減衰となり振動が発生することから、この状態を臨界減衰といいます。また、$c_c = 2\sqrt{mk}$ を臨界減衰係数と呼びます。

減衰係数cとc_cとの比を減衰比と呼び、$\zeta = \dfrac{c}{c_c}$ で表します。この減衰比ζを用いて、$\zeta > 1$のとき過減衰、$\zeta = 1$のとき臨界減衰、$\zeta < 1$のとき不足減衰になります。不足減衰の場合の減衰固有角振動数ω_Dは、減衰のない場合の固有角振動数$\omega_n = \sqrt{\dfrac{k}{m}}$ と、減衰比ζを用いて、次式で表すことができます。

$$\omega_D = \omega_n \sqrt{1 - \zeta^2}$$

一般の構造物の場合、減衰比は1より十分に小さく不足減衰となることが多く、減衰による固有振動数の低下は、非常に小さくなります。

減衰の程度を表す用語として、対数減衰率があります。対数減衰率δは、1周期の間の振幅の低下に対して、ある時刻の振幅をx_n、1周期後の振幅をx_{n+1}とすると、次式で定義されます。

$$\delta = \ln \frac{x_n}{x_{n+1}} = \frac{\pi c}{m\omega_D} = \frac{2\pi\zeta}{\sqrt{1 - \zeta^2}}$$

対数減衰率は減衰の程度を示すパラメータで、減衰がないときに0となり、減衰が大きくなるにしたがってその数値も大きくなります。

ばねと減衰器が複数ある場合、それらを合成して1つのばねと減衰器で表すことができます。その合成したばね定数と減衰係数は以下のように表せます。

ｉ）並列接続の場合

$$k = k_1 + k_2 , \quad c = c_1 + c_2$$

ii）直列接続の場合

$$\frac{1}{k} = \frac{1}{k_1} + \frac{1}{k_2} , \quad \frac{1}{c} = \frac{1}{c_1} + \frac{1}{c_2}$$

ここで、k_1、k_2、c_1、c_2は個々のばね定数、減衰係数、k、cは合成したばね定数、減衰係数です。

(4) 1自由度系の強制振動

図2. 21に示すように質量mの質点が、ばね定数kのばね、および減衰係数cの減衰器で支えられている系に、外部から周期的に変動する加振力$f(t)$ を受ける系を考えます。この系の運動方程式は、次式で表されます。

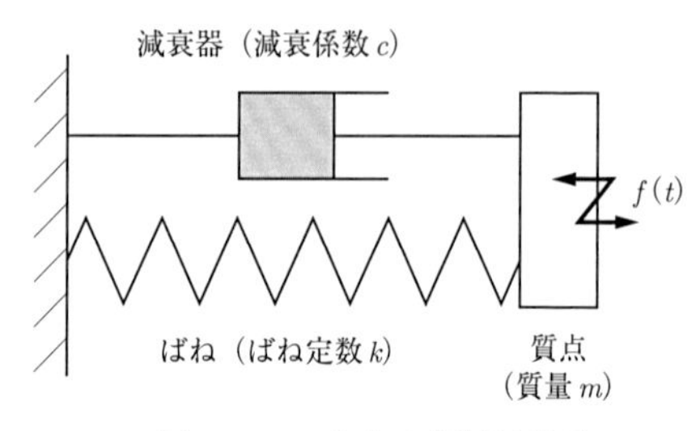

図2. 21　1自由度強制振動系

$$m\frac{d^2x}{dt^2}+c\frac{dx}{dt}+kx=f(x)$$

この式が、1自由度系の強制振動を表す運動方程式です。外力が1つの周波数のみを有する場合、その振幅をf_0、角振動数をωとすると、振動の方程式は次式となります。

$$m\frac{d^2x}{dt^2}+c\frac{dx}{dt}+kx=f_0\cos\omega t$$

この方程式の解は、次式で表されます。

$$x=\frac{\dfrac{f_0}{k}}{\left[1-\left(\dfrac{\omega}{\omega_n}\right)^2\right]^2+\left(\dfrac{2\zeta\omega}{\omega_n}\right)^2}\left\{\left[1-\left(\dfrac{\omega}{\omega_n}\right)^2\right]\cos\omega t+\left(\dfrac{2\zeta\omega}{\omega_n}\right)\sin\omega t\right\}$$

ここで、$\omega_n=\sqrt{\dfrac{k}{m}}$ 、$\zeta=\dfrac{c}{c_c}$ 、$c_c=2\sqrt{mk}$ です。この式にみられるように、この応答は、外力振動数と同期して発生することになるので、調和応答とも呼ばれます。この振動変位の式は、次の形式で書き直せます。

$$x=\frac{Af_0}{k}\cos(\omega t-\varphi)=x_d\cos(\omega t-\varphi)$$

ここで、φは位相であり、Aは静的変位$\dfrac{f_0}{k}$に対する応答振幅x_dの比であり振幅倍率と呼ばれ、それぞれ次式で表されます。

$$A=\frac{1}{\sqrt{\left[1-\left(\dfrac{\omega}{\omega_n}\right)^2\right]^2+\left(\dfrac{2\zeta\omega}{\omega_n}\right)^2}},\quad \varphi=\tan^{-1}\left[\frac{2\zeta\dfrac{\omega}{\omega_n}}{1-\left(\dfrac{\omega}{\omega_n}\right)^2}\right]$$

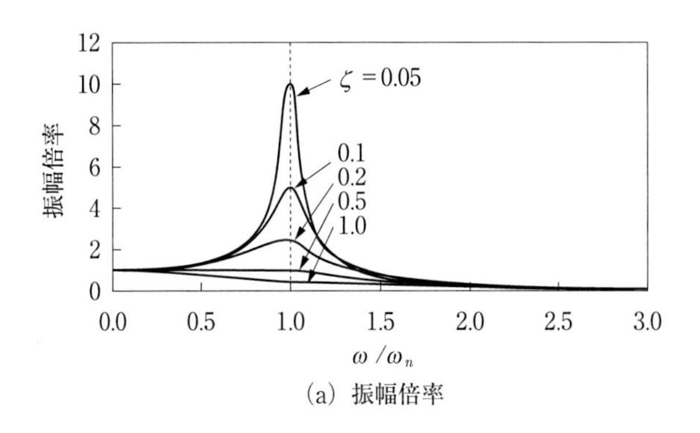

（a）振幅倍率

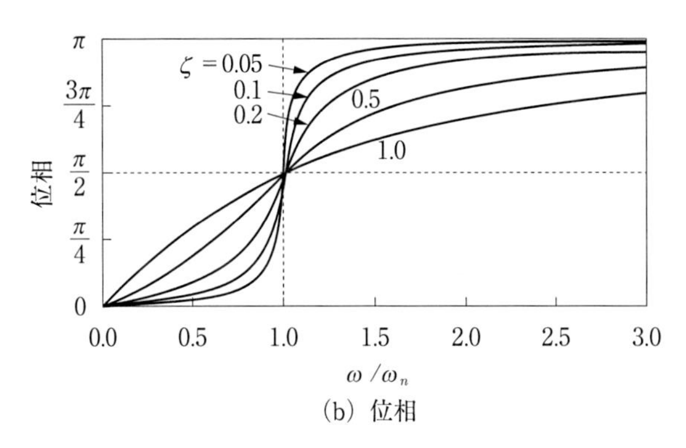

（b）位相

図2. 22　変位の周波数応答曲線

図2. 22に、振幅倍率Aおよび位相φと、$\dfrac{\omega}{\omega_n}$との関係を示します。これらの関係は、**周波数応答曲線**と呼ばれます。加振周波数ωが無減衰の固有振動数ω_nより十分に小さいと、すなわち$\dfrac{\omega}{\omega_n}\ll 1$である場合、振幅倍率$A$は1に、位相$\varphi$は0に近づきます。これは、加振力に振動変位が位相遅れなく追従し、最大振幅は静的変位$\dfrac{f_0}{k}$に一致することを示しています。ωがω_nに近くなると、すなわち$\dfrac{\omega}{\omega_n}$が1に近づくと、応答振幅は急激に増大し、φは$\dfrac{\pi}{2}$に近づきます。このように、加振周波数の変化に伴い急激に振動が大きくなる現象を**共振**といい、そのときの振動数を**共振振動数**といいます。ωがω_nより十分に大きくなると、すなわち$\dfrac{\omega}{\omega_n}\gg 1$である場合、振幅は小さくなり、$\varphi$は$\pi$に近づきます。$\varphi$が$\pi$に近づくということは、変位の位相が加振力に対して180°遅れることを示しており、すなわち、固有振動数より高い振動数で加振すると、加振力と変位が

逆応答する（加振力が大きくなるときに変位が小さくなり、加振力が小さくなるときに変位が大きくなる）ことを意味しています。

共振状態では、図2. 22に示すように、減衰比ζが小さいときに振幅倍率が大きくなり、$\dfrac{\omega}{\omega_n}$は1にほぼ一致します。減衰比ζの増加に伴い振幅倍率が小さくなり、$\dfrac{\omega}{\omega_n}$が1より小さくなっていきます。この共振状態における、振幅倍率A_Rは次式で表されます。

$$A_R = \frac{1}{2\zeta\sqrt{1-\zeta^2}}$$

減衰比が1より小さいときには、$A_R \cong \dfrac{1}{2\zeta}$で近似できます。

(5) 2自由度系の振動

振動系が複雑になると、系の位置を複数の変数で記述する必要が生じます。このように、複数の変数で記述する系を、多自由度系といいます。例えば、図2. 23に示すように、2つの質点が3つのばねを介して接続されている系のばね方向の変位を表すには、2つの質点の変位を個別に表す必要があり、2自由度系となります。

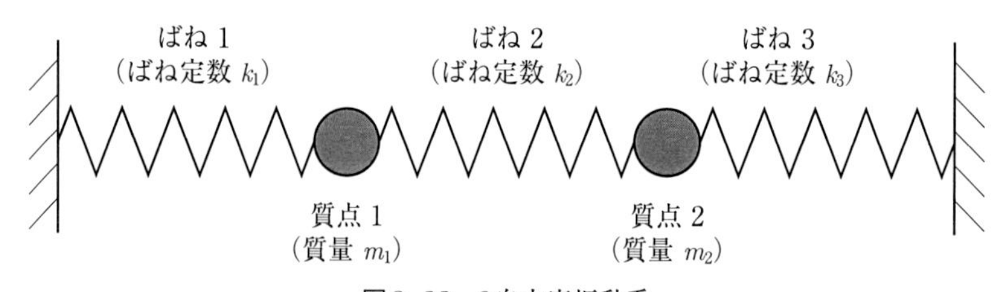

図2. 23　2自由度振動系

この図に示す2自由度系の振動を考えます。この場合、質点1と質点2の運動方程式は、以下のようになります。

$$m_1\frac{d^2x_1}{dt^2} = -k_1x_1 - k_2\left(x_1 - x_2\right) + f_1$$

$$m_2\frac{d^2x_2}{dt^2} = -k_3x_2 - k_2\left(x_2 - x_1\right) + f_2$$

ここで、mは質量、xは変位、kはばね定数、fは質点に加わる外力を、添字は質点の番号、またはばねの番号を示します。これらの方程式を整理すると、次式となります。

$$m_1 \frac{d^2 x_1}{dt^2} + (k_1 + k_2) x_1 - k_2 x_2 = f_1$$

$$m_2 \frac{d^2 x_2}{dt^2} - k_2 x_1 + (k_2 + k_3) x_2 = f_2$$

この式は、行列式の形で以下のように表せます。

$$\mathbf{M}\frac{d^2\mathbf{x}}{dt^2} + \mathbf{K}\mathbf{x} = \mathbf{F}, \quad \mathbf{M} = \begin{bmatrix} m_1 & 0 \\ 0 & m_2 \end{bmatrix}, \quad \mathbf{K} = \begin{bmatrix} k_1 + k_2 & -k_2 \\ -k_2 & k_2 + k_3 \end{bmatrix}, \quad \mathbf{x} = \begin{bmatrix} x_1 \\ x_2 \end{bmatrix}, \quad \mathbf{F} = \begin{bmatrix} f_1 \\ f_2 \end{bmatrix}$$

ここで、$\mathbf{M}$は質量行列、$\mathbf{K}$は剛性行列と呼ばれ、$\mathbf{x}$は変位ベクトル、$\mathbf{F}$は外力ベクトルです。この式において、外力がないとき、すなわち振動系が自由振動するときの運動方程式は、次式となります。

$$\mathbf{M}\frac{d^2\mathbf{x}}{dt^2} + \mathbf{K}\mathbf{x} = 0$$

振動している状態を考えると、変位ベクトル$\mathbf{x}$は、振幅ベクトル$\mathbf{u}$と$e^{i\omega t}$の積で表すことができるので、自由振動を表す運動方程式は、次式のように変形できます。

$$\mathbf{A}\mathbf{u} = 0, \quad \mathbf{A} = -\omega^2\mathbf{M} + \mathbf{K}$$

この方程式の解の1つとして$\mathbf{u} = 0$が考えられますが、この解は全質点が静止している状態を示しています。質点が振動している状態において、恒等的に$\mathbf{A}\mathbf{u} = 0$が成立するための条件として、行列式$\mathbf{A}$が0に等しくなる必要があります。この条件は、図2. 23に示した問題では、以下のようになります。

$$\left|\mathbf{A}\right| = \left|-\omega^2\mathbf{M} + \mathbf{K}\right| = \begin{vmatrix} k_1 + k_2 - m_1\omega^2 & -k_2 \\ -k_2 & k_2 + k_3 - m_2\omega^2 \end{vmatrix} = 0$$

行列式を展開して整理すると、次式が得られます。

$$m_1 m_2 \omega^4 - \left[m_1(k_2 + k_3) + m_2(k_1 + k_2)\right]\omega^2 + k_1k_2 + k_2k_3 + k_3k_1 = 0$$

この式より、2つの固有角振動数ω_1、ω_2が次式のように求まります。

$$\omega_1^2, \omega_2^2 = \frac{1}{2}\left(\frac{k_2 + k_3}{m_2} + \frac{k_1 + k_2}{m_1}\right) \pm \frac{1}{2}\sqrt{\left(\frac{k_2 + k_3}{m_2} + \frac{k_1 + k_2}{m_1}\right)^2 + \frac{4(k_1k_2 + k_2k_3 + k_3k_1)}{m_1 m_2}}$$

図2. 24に示す、2つのばねに支持された棒も、棒の上下方向と、回転方向に運動するため、2自由度を持つ振動の問題になります。

上下方向の並進運動については、ばね定数が$2k$、質量がmなので、固有角振動数は$\sqrt{\dfrac{2k}{m}}$となります。回転運動については、剛体棒の中心点回りの慣性モーメントが$\dfrac{ma^2}{3}$であり、左回りの角回転度をθとするとばねの変位は$a\theta$となるので、運動方程式は次式で表せ、固有角振動数は$\sqrt{\dfrac{6k}{m}}$となります。

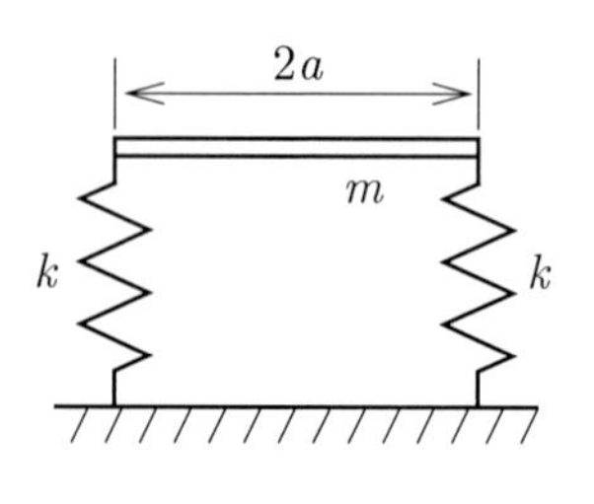

図2. 24　2つのばねに支持された棒の振動

$$\frac{ma^2}{3}\frac{d^2\theta}{dt^2}+a^2k\theta+a^2k\theta=0$$

$$\frac{d^2\theta}{dt^2}+\frac{6k}{m}\theta=0$$

(6) 動吸振器

図2. 25に示すように、ばね定数k_1のばねに支持された質量m_1の主系の上部に、ばね定数k_2で支持された質量m_2の付加系がある2自由度系の振動系を考えます。m_2がm_1に比べて小さく、主系の外力による振動応答を付加系により抑制することを目的としたものを動吸振器と呼びます。この2自由度系の振動の方程式は、次式で表されます。

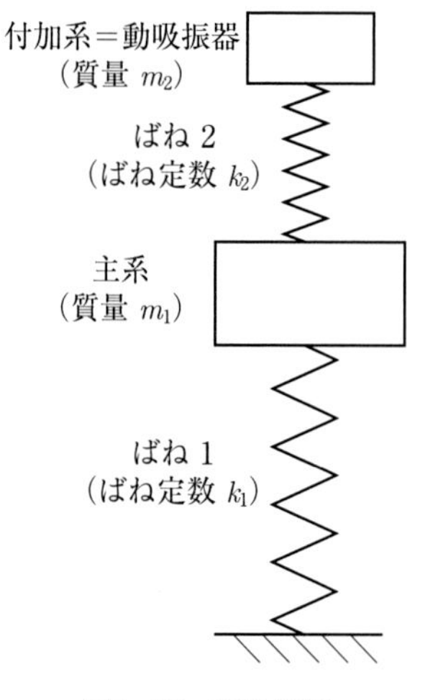

図2. 25　動吸振器

$$m_1\frac{d^2x_1}{dt^2}+\left(k_1+k_2\right)x_1-k_2x_2=f_1$$

$$m_2\frac{d^2x_2}{dt^2}+k_2\left(x_2-x_1\right)=0$$

ここで、f_1は主系に加わる外力です。$f_1=f_0e^{i\omega t}$、$x_1=X_1e^{i\omega t}$、$x_2=X_2e^{i\omega t}$とおくと、次式が得られます。

$$\begin{bmatrix} k_1+k_2-m_1\omega^2 & -k_2 \\ -k_2 & k_2-m_2\omega^2 \end{bmatrix}\begin{bmatrix} X_1 \\ X_2 \end{bmatrix}=\begin{bmatrix} f_0 \\ 0 \end{bmatrix}$$

この方程式の解は次式となります。

$$\begin{bmatrix} X_1 \\ X_2 \end{bmatrix} = \frac{1}{B} \begin{bmatrix} 1-\left(\dfrac{\omega}{\omega_2}\right)^2 \\ 1 \end{bmatrix} \frac{f_0}{k_1}$$

$$B = \left[1+\frac{k_2}{k_1}-\left(\frac{\omega}{\omega_1}\right)^2\right]\left[1-\left(\frac{\omega}{\omega_2}\right)^2\right]-\frac{k_2}{k_1}, \quad \omega_1=\sqrt{\frac{k_1}{m_1}}, \quad \omega_2=\sqrt{\frac{k_2}{m_2}}$$

この解より、$\omega=\omega_2$のときに、すなわち動吸振器の固有振動数が外力の加振周波数に一致する場合に、$X_1=0$となり、主系は全く振動しないことになり、外力のエネルギーはすべて動吸振器に吸収されることになります。

動吸振器は、主系がその固有振動数で共振することを防止することを目的に設計します。したがって、$\omega_1=\omega_2$になるように設計します。その場合、解は次式となります。

$$\begin{bmatrix} X_1 \\ X_2 \end{bmatrix} = \frac{1}{B} \begin{bmatrix} 1-\left(\dfrac{\omega}{\omega_1}\right)^2 \\ 1 \end{bmatrix} \frac{f_0}{k_1}, \quad B=\left[1-\left(\frac{\omega}{\omega_1}\right)^2\right]^2-\mu\left(\frac{\omega}{\omega_1}\right)^2$$

ここで、μは主系に対する動吸振器の**質量比**m_2/m_1です。動吸振器の効果により、加振力の周波数が主系の固有振動数に一致した場合、すなわち$\omega=\omega_1$であるときに、応答は0となります。この系の主系の固有振動数ω_1に対する固有振動数ω_nの比は、次式で表されます。

$$\frac{\omega_n}{\omega_1}=\sqrt{1+\frac{\mu}{2}\pm\sqrt{\mu\left(1+\frac{\mu}{4}\right)}}$$

このように、動吸振器の効果により、固有振動数が主系の固有振動数より高いものと低いものの2個となり、主系の固有振動数から変化することがわかります。図2. 26に、$\mu=0.1$および$\mu=0.5$である場合の主系の変位応答を示します。この図から、動吸振器の効果によって固有

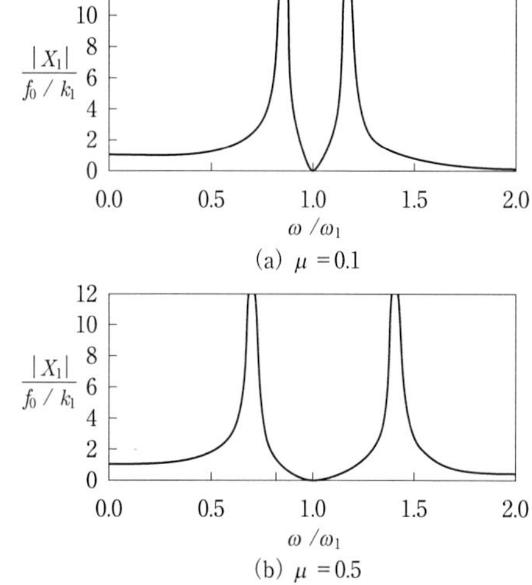

出典：日本機械学会 JSME テキスト振動学

図2. 26　動吸振器の主系の応答倍率（減衰のない場合）

振動数が主系の固有振動数から変化することにより、共振点$\omega = \omega_1$において応答しなくなることがわかります。また、質量比μが大きくなると、固有振動数の変化が大きくなることがわかります。

（7）連続体の振動

一般的な構造物が変形して振動する場合、ばねと質量が構造物全体にわたって連続的に分布している状態となります。このように、系全体にわたって質量とばね（剛性）が連続的に分布している系を**連続体**と呼びます。

図2. 27に示すような、棒が棒の軸方向に力を受け振動する（伸び縮みする）**棒の縦振動**を考えます。棒の要素の初期位置からの変位をu、軸方向の座標をx、時間をt、棒の材料の縦弾性係数をE、密度をρとして、運動方程式は次式となります。

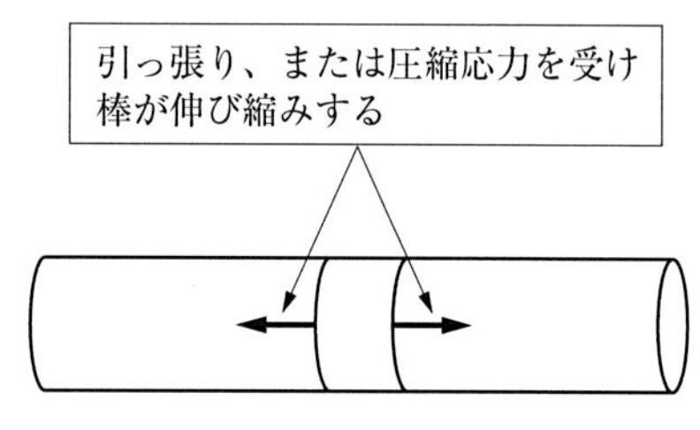

図2. 27　棒の縦振動

$$\frac{\partial^2 u}{\partial x^2} - \frac{1}{c^2}\frac{\partial^2 u}{\partial t^2} = 0, \quad c^2 = \frac{E}{\rho}$$

ここで、cは後述するように振動の波の速度になります。

この方程式は、uをxとtの関数に変数分離して、$u(x, t) = U(x)\,T(t)$で表し、運動方程式は次式に変形できます。

$$\frac{\left(\dfrac{d^2T}{dt^2}\right)}{T} = c^2\frac{\left(\dfrac{d^2U}{dx^2}\right)}{U} = -\omega^2$$

この方程式の解は、次式となります。

$$T = C_1 \sin \omega t + C_2 \cos \omega t$$

$$U = C_3 \sin \frac{\omega x}{c} + C_4 \cos \frac{\omega x}{c}$$

C_1、C_2は初期条件により定まる積分定数で、C_3、C_4は境界条件から定まる積分定数です。境界条件は、自由端では応力が0となるので$dU/dx = 0$、固定端では変位が0となるので$U = 0$となります。

固有角振動数ω_nは、次式となります。

$$\omega_n = \frac{\lambda_n}{L}\sqrt{\frac{E}{\rho}}$$

両端固定、または両端自由の場合：$\lambda_n = n\pi \quad (n = 1, 2, 3, \cdots)$

片端固定、片端自由の場合　　　：$\lambda_n = \frac{(2n-1)\pi}{2} \quad (n = 1, 2, 3, \cdots)$

また、上で求めたUとTから、変位uは一般的に次式で表されます。

$$u(x,t) = A\left[g(x+ct) + h(x-ct)\right]$$

この式より、$g(x+ct)$ は、$x-ct$の関係に沿って一定となる関数であり、変化がxの負方向に速度cで移動していく波動を表しています。同様に、$h(x-ct)$ はxの正方向に速度cで移動していく波動を表しています。

次に、図2. 28に示すようなはりの曲げ振動を考えます。運動方程式は、はりの軸直角方向の変位をw、断面二次モーメントをI、断面積をA、密度をρ、はりの位置をx、時間をtとして、次式で表されます。

$$EI\frac{\partial^4 w}{\partial x^4} + \rho A\frac{\partial^2 w}{\partial t^2} = 0$$

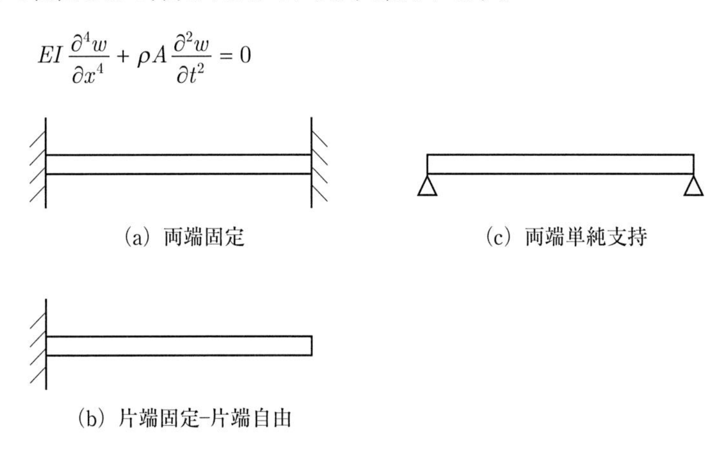

図2. 28　はりの振動

断面二次モーメントIは、断面の形状による剛性への寄与を示すもので、辺の長さが$b \times h$（hの方向に振動）の四角形断面の場合で$I = bh^3/12$、中実の直径dの円形断面の場合で$I = \pi d^4/64$となります（第1章4節（4）項参照）。

この曲げ振動の自由振動の解を$w(x, t) = W(x)\sin\omega t$と置くと、$W$に関して次式が得られます。

$$\frac{d^4W}{dx^4} - \alpha^4 W = 0\,,\quad \alpha^4 = \frac{\rho A \omega^2}{EI}$$

Wの解は、次式で表されます。

$$W = C_1 \cos\alpha x + C_2 \sin\alpha x + C_3 \cosh\alpha x + C_4 \sinh\alpha x$$

ここで、$C_1 \sim C_4$は境界条件により定まる積分定数です。境界条件は、以下の3種類があります。

①自由端

全く拘束がない条件です。曲げモーメントとせん断力が0となります。したがって、

$$\frac{d^2W}{dx^2} = 0\,,\quad \frac{d^3W}{dx^3} = 0$$

②単純支持端

変位はなく自由に回転できる条件です。変位（たわみ）と曲げモーメントが0となります。したがって、

$$W = 0\,,\quad \frac{d^2W}{dx^2} = 0$$

③固定端

変位も回転（たわみ角）も0となる条件です。したがって、

$$W = 0\,,\quad \frac{dW}{dx} = 0$$

また、固有角振動数ω_nは次式となります。

$$\omega_n = \frac{\lambda_n{}^2}{L^2}\sqrt{\frac{EI}{\rho A}}$$

両端単純支持の場合　　　　　　：$\lambda_n = n\pi$　$(n = 1, 2, 3, \cdots,)$

両端固定、または両端自由の場合：$\lambda_1 = 4.730\,,\ \lambda_2 = 7.853\,,\ \lambda_3 = 11.00\,,\ \cdots$

片端固定、片端自由の場合　　　：$\lambda_1 = 1.875\,,\ \lambda_2 = 4.694\,,\ \lambda_3 = 7.855\,,\ \cdots$

次に、図2. 29に示す弦の振動を考えます。釣合い点からの弦の変位をu（図において上下方向の位置）、水平（長さ）方向の座標をx、張力をT、単位長さあたりの

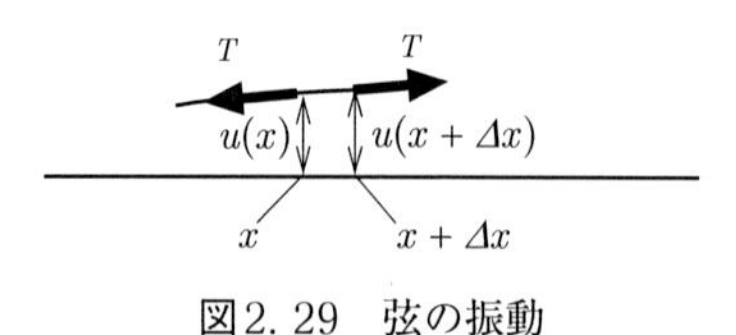

図2. 29　弦の振動

弦の質量をρとすると、張力の水平方向成分と上下方向成分は、

$T\left(\frac{1}{\sqrt{1+\left(\frac{\partial u}{\partial x}\right)^2}}\right)$、$T\left(\frac{\frac{\partial u}{\partial x}}{\sqrt{1+\left(\frac{\partial u}{\partial x}\right)^2}}\right)$となります。弦の変位が小さいとすると、

$\frac{\partial u}{\partial x} \ll 1$となり、張力はそれぞれ、$T$、$T\left(\frac{\partial u}{\partial x}\right)$と表せます。$\Delta x$の微小要素について、垂直方向の運動方程式は、次のように表せます。

$$\rho \Delta x \frac{\partial^2 u}{\partial t^2} = -T\left(\frac{\partial u}{\partial x}\right) + T\left[\left(\frac{\partial u}{\partial x}\right) + \left(\frac{\partial^2 u}{\partial x^2}\right)\Delta x\right] = T\left(\frac{\partial^2 u}{\partial x^2}\right)\Delta x$$

$$\rho \frac{\partial^2 u}{\partial t^2} - T\left(\frac{\partial^2 u}{\partial x^2}\right) = 0$$

この方程式の一般解は、棒の縦振動と同じように求まり、以下のように表せます。

$$u = TT(t)X(x)$$

$$TT = C_1 \sin \omega t + C_2 \cos \omega t$$

$$X = C_3 \sin \frac{\omega x}{c} + C_4 \cos \frac{\omega x}{c}$$

$$c = \sqrt{\frac{T}{\rho}}$$

長さLで両端が固定されている弦の場合、上の方程式の解に境界条件$u = 0$ at $x = 0$ and $x = L$を適用することにより、固有角振動数ω_nは次のように表せます。

$$\omega_n = \frac{\lambda_n}{L}\sqrt{\frac{T}{\rho}}, \quad \lambda_n = n\pi, \quad n = 0, 1, 2, 3, \cdots$$

複雑な連続体の振動を解析する方法として、レイリー法があります。これは、減衰のない振動の運動エネルギーの最大値が構造物の変形による弾性ひずみエネルギーの最大値に等しいことを利用して、運動の近似解を求める方法です。ばねで支持された質点系nであれば、エネルギーの最大値が$\frac{1}{2}kA^2 \sin^2 \omega_n t$、弾性ひずみエネルギーの最大値が$\frac{1}{2}m{\omega_n}^2 A^2 \cos^2 \omega_n t$となり、両者が等しい関係から${\omega_n}^2 = \frac{k}{m}$が求まります。ここで、$k$はばね定数、$A$は振動振幅、$\omega_n$が固有振動数、$m$が質点の質量です。断面積$A$、密度$\rho$、縦弾性係数$E$、断面二次モーメント$I$のはりの場合は、はりの変位を$y$として、運動エネルギー$T$および弾性

ひずみエネルギーUは、次式により表せます。

$$T=\frac{1}{2}\int\rho A\left(\frac{\partial y}{\partial t}\right)^2 dx\,,\quad U=\frac{1}{2}\int EI\left(\frac{\partial^2 y}{\partial x^2}\right)^2 dx$$

ここで、はりの変位yの分布を関数で近似することにより、簡易的に固有振動数を求めることができます。この場合、求めた固有振動数の値は若干高めになりますが、yの近似がかなり粗くても1次の固有振動数については精度の良い近似解が得られることが知られています。リッツ法（またはレイリー・リッツ法）では、yを多数の関数の和で表すことにより精度の向上を図る方法で、2次以上の高次の固有振動数に対しても適用できる利点があります。

有限要素法は、解析対象の領域を多数の要素に分割し、要素内の力学的関係を定式化して、各要素の力学的関係式を境界条件下で解く方法です。要素内の力学的関数は、内挿関数を用います。ガルレキン法は、領域内の方程式の解を重み付き関数を用いて近似する方法で、有限要素法の内挿関数としてよく用いられます。

(8) 回転体の振動

モータ、エンジン、遠心ポンプ、遠心圧縮機などは、回転軸に取り付けられた回転体が高速で回転します。この回転軸と回転体を含めてロータと呼びます。ロータはある特定の回転速度で激しく横振動を起こすことがあり、この回転速度を危険速度といいます。回転体の重心の位置は、静止状態においても回転軸からわずかな不一致があり、この重心のずれを偏重心といいます。偏重心が存在することにより不釣合いが生じ、回転体が回転するときに回転軸に対して重心の位置が振動するふれ回りが生じます。

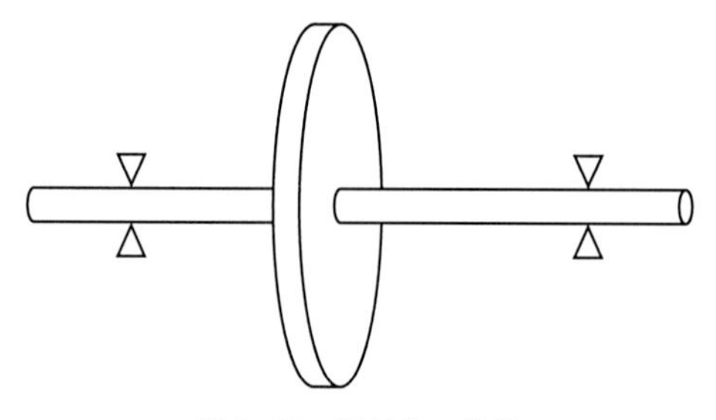

図2. 30　回転体の振動

図2. 30に示す回転体を考えます。回転体がふれ回りを起こす状態を考え、回転体の重心を通り回転軸に垂直な座標をx、y、回転体の質量をm、偏重心をe、不釣合いの大きさをme、回転の角速度をωとすると、回転軸の運動方程式は次式で表されます。

$$m\frac{d^2x}{dt^2}+c\frac{dx}{dt}+kx=me\omega^2\cos\omega t$$
$$m\frac{d^2y}{dt^2}+c\frac{dy}{dt}+ky=me\omega^2\sin\omega t$$

この式から、回転体には$me\omega^2$の強制力が働いていることがわかります。回転体に加わる遠心力$me\omega^2$のx方向およびy方向の成分として、$me\omega^2\cos\omega t$および$me\omega^2\sin\omega t$が加わっていることになります。この方程式の解は、次式で表されます。

$$x=R\cos(\omega t-\alpha),\quad y=R\sin(\omega t-\alpha)$$
$$R=\frac{me\omega^2}{\sqrt{(k-m\omega^2)^2+(c\omega)^2}},\quad \alpha=\tan^{-1}\left(\frac{c\omega}{k-m\omega^2}\right)$$

ロータはある特定の回転速度で激しく横振動を起こすことがあり、この回転速度を**危険速度**といいます。

回転体の危険速度ω_cは、$k-m\omega^2=0$の条件より求まり、次式で表されます。

$$\omega_c=\sqrt{\frac{k}{m}}$$

回転体のばね定数kは、両端単純支持の場合を想定し、次式で表せます。

$$k=\frac{48EI}{L^3}$$

ここで、Eは縦弾性係数、Iは回転軸の断面二次モーメント、Lは軸の長さです。

Rはたわみの振幅でふれ回りの大きさを表します、Rは、$\omega<\omega_c$の場合には、ωの増加とともに徐々に大きくなり、$\omega=\omega_c$で最大となります。さらに角速度が大きくなると、Rは徐々に小さくなり偏重心eに漸近していきます。この現象を**自動調心作用**といいます。洗濯機が脱水運転時に高速回転すると安定するのは、この自動調心作用によるものです。

(9) 非線形振動

今までは、加速度、速度、変位が、質量、減衰、ばねに比例する線形振動について扱ってきました。これらのどれかが非線形の挙動を示すとき、すなわち比例関係にないときの振動を、非線形振動といいます。

非線形振動の例としては、変形が弾性域から塑性域に入った場合、機械摩擦のように減衰が速度に比例しない場合、振り子が大振幅で振動する場合などがあります。

減衰が負になった場合、線形の振動理論では振幅は無限大に増大することになります。しかしながら、実際には有限の振幅で収まることが多く、これは振動系の非線形性によるものです。たとえば、次式で表されるような、負減衰を有する振動系に対して、速度の3乗に比例する減衰が加わる系を考えます。

$$m\frac{d^2x}{dt^2}-c\frac{dx}{dt}+c'\left(\frac{dx}{dt}\right)^3+kx=0$$

速度の3乗に比例する項 $c'\left(\frac{dx}{dt}\right)^3$ は、振動の起きはじめには速度が小さいため負減衰に比べて小さく、振動系は不安定となり振幅が増大します。振幅が増大すると、$c'\left(\frac{dx}{dt}\right)^3$ は次第に大きくなり $c\left(\frac{dx}{dt}\right)$ とバランスした状態で、一定の振動振幅になります。この定常振幅より振動振幅が大きくなると $\left|c'\left(\frac{dx}{dt}\right)^3\right|>\left|c\left(\frac{dx}{dt}\right)\right|$ となり振動は減衰し、定常振幅より振動振幅が小さくなると $\left|c'\left(\frac{dx}{dt}\right)^3\right|<\left|c\left(\frac{dx}{dt}\right)\right|$ となり振動は増幅します。このように、非線形性によりある一定の振動振幅に落ち着く現象をリミットサイクルと呼びます。次式で表されるレイリーの式は、上述の説明と同様に速度の3乗に比例する減衰を有しており、リミットサイクルを形成します。

$$\frac{d^2x}{dt^2}-\varepsilon\left[\frac{dx}{dt}-\frac{1}{3}\left(\frac{dx}{dt}\right)^3\right]+\omega^2x=0$$

次式で表されるファンデルポールの式も、減衰が変位の2乗と速度の積に比例する振動を表していて、振動振幅の増大とともに減衰が大きくなり、リミットサイクルを形成します。

$$\frac{d^2x}{dt^2}-\varepsilon\left(1-x^2\right)\frac{dx}{dt}+\omega^2x=0$$

振動系を記述するばね定数、減衰定数などが一定でなく、周期的に変化するような特徴を有する振動系をパラメータ励振系（係数励振系）といい、この影響で発生する振動をパラメータ励振（係数励振）といいます。ブランコ、支点が上下する振り子、張力が周期的に変化する弦などは、パラメータ励振の事例です。ブランコでは、1周期の間に2回重心を変化させることにより振動が発生します。次式で表されるマシューの方程式は、このようなパラメータ励振が発生する系を表す例です。

$$\frac{d^2x}{dt^2}+\delta\left(1+2\varepsilon\cos 2t\right)x=0$$

摺動面のあるシステムでは、接触面がスティック（固着）とスリップ（滑り）を繰り返し、負減衰となり振動する非線形振動が発生します。この振動現象は、スティックスリップと呼ばれ、工作機械（ビビリ現象）、油圧装置のシリンダなどにおいて、しばしば問題となります。バイオリンの弦の振動、ワイパーのなめらかでない動きも、スティックスリップによるものです。

非線形振動の振動振幅は、一般的に図2. 31に示すように、振動数の変化に対して振幅が非線形に変化します。振動数を下から上げていった場合と、下げていった場合とでは、図に示すように同じ振動数であっても振動振幅が異なる場合が生じます。そのため、図中の矢印で示すように突然大きく振動振幅が変化する現象が生じますが、これを跳躍現象と呼びます。

大振幅で揺れる振り子も、非線形振動の一例です。長さLで先端の質量がmの振り子を考えます。この振り子の運動方程式は次式で表せます。

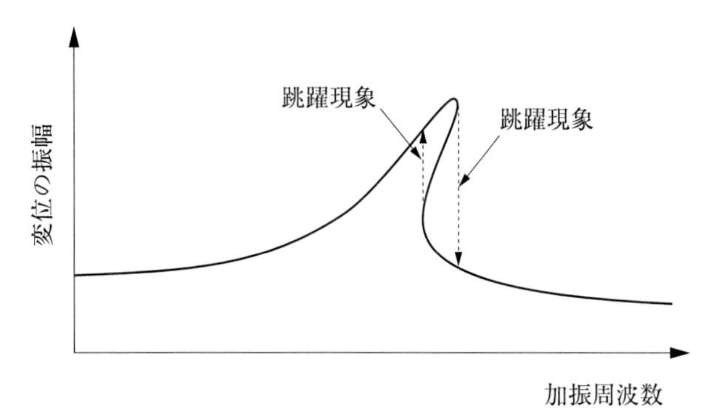

図2. 31　非線形振動の振動振幅と跳躍現象

$$mL\frac{d^2\theta}{dt^2}+mg\sin\theta=0$$

ここで、θは鉛直方向からの振り子の角度です。振幅が小さい場合は、$\sin\theta\cong\theta$と近似できるので、運動方程式は次式で表せます。

$$mL\frac{d^2\theta}{dt^2}+mg\theta=0$$

この方程式からわかるように、振幅が小さい場合は線形の振動となり、固有角振動数は$\sqrt{\frac{g}{L}}$となります。これに対して、振幅が大きくなり、$\sin\theta\cong\theta-\frac{\theta^3}{6}$で近似できる場合を考えると、運動方程式は次式となります。

$$mL\frac{d^2\theta}{dt^2}+mg\left(\theta-\frac{1}{6}\theta^3\right)=mL\frac{d^2\theta}{dt^2}+mg\left(1-\frac{1}{6}\theta^2\right)\theta=0$$

この方程式から、復元力にθ^3に比例する非線形項が生じ、非線形の振動となります。上式からわかるように、復元力が$mg\left(1-\frac{\theta^2}{6}\right)\theta$となり、$\theta^2$は常に正であるので$\theta$の増加に伴い、非線形性の影響で復元力が小さくなり、そのため固有振動数が小さくなることがわかります。

6. 制　　御

(1) 制御とは

制御とは、機械が目的の状態になるように、機械に操作を加えることです。言いかえれば、思いどおりに機械を操ることです。そのためには、制御しようとする機械の状態を知り、目的の状態からの違いを把握し、その違いを修正するための操作を加えます。この操作を繰り返すことによって、目的の状態に調整していきます。このように、目標値からの違いに対して操作を行い制御する方法をフィードバック制御といいます。

制御の対象とする機械に、何らかの外乱が加わった場合、目的の状態から違いが生じます、この違いを測定し、それに応じて制御するのがフィードバック制御です。

一方、外乱による変化量をあらかじめ予測し、その変化量に対する操作量を求め、制御を行う方法をフィードフォワード制御といいます。フィードフォワード制御は、目的の状態からの違いが生じるより前に操作を行うので、外乱に対してすばやく制御を行うことができます。その反面、外乱の発生が事前に予測できない場合、また外乱に対する予測の精度が低いと、十分な制御が行えません。したがって、通常、フィードフォワード制御は、フィードバック制御の補助として用いられます。

図2. 32に、フィードバック制御の基本構造を示します。基準量（目標値）と制御量との差である誤差に対し、制御器が演算し操作量を求めます。操作量に基づき制御対象（調節弁など）が動作し、その結果として制御量が変化します。適切に制御器を設計することにより、安定的に制御量を目標値に近づけることができます。

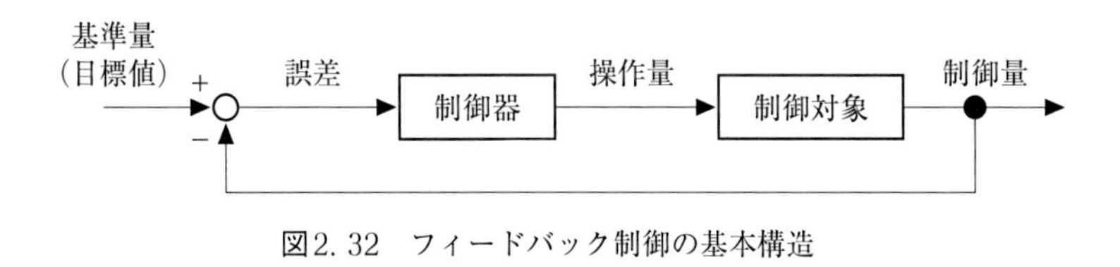

図2. 32　フィードバック制御の基本構造

制御を行うためには、以下の技術が必要となります。

a）制御対象の特性を数式化する技術（モデリング技術）

b）制御対象のモデルに基づいて操作量を決める技術（制御理論）

c）制御の対象とする状態量を測定する技術（センサ技術）

d）制御を行うための操作を行う技術（アクチュエータ技術）

入力が急に変化した場合について、出力の過渡応答特性を表す用語を、以下に示します。

遅れ時間：応答が定常状態の50%に達するまでの時間

立ち上がり時間：応答が最終値の10%から90%までに達する時間

整定時間：応答が定常状態の2%または5%以下になるまでの時間

オーバーシュート：制御量が目標値を超えて最大となる場合、最大値と目標値との差

行き過ぎ時間（ピーク時間）：オーバーシュートする場合、応答が最初の最大値となる時間

(2) ブロック線図

ブロック線図は、制御システムを構成する要素間の機能的、構造的関係をわかりやすく表現した図です。図2. 33に、ブロック線図を構成する3つの基本要素を示します。ブロックでは、入力uに対してGを乗じて出力yを得る演算を行います。加え合わせ点では、2つの入力を加える、あるいは差を求める演算を行います。引き出し点では、入力を、そのままの形で2つ以上の要素へ分割

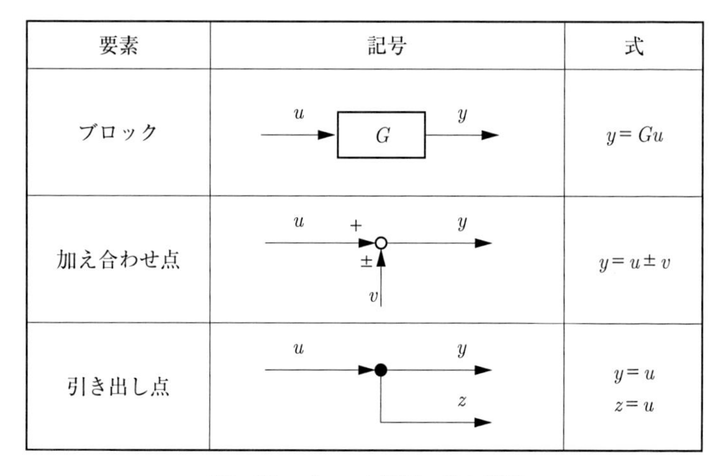

要素	記号	式
ブロック		$y=Gu$
加え合わせ点		$y=u\pm v$
引き出し点		$y=u$ $z=u$

図2. 33　ブロック線図の基本要素

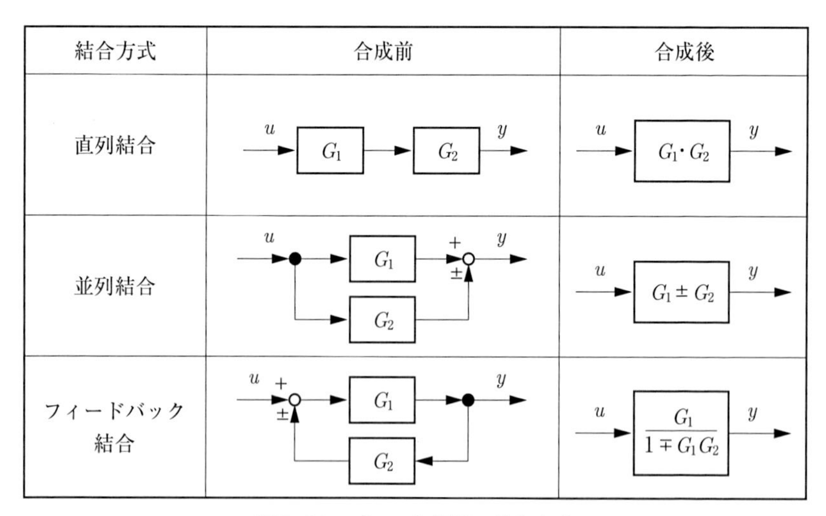

結合方式	合成前	合成後
直列結合		$G_1 \cdot G_2$
並列結合		$G_1 \pm G_2$
フィードバック結合		$\dfrac{G_1}{1 \mp G_1 G_2}$

図2. 34　ブロック線図の結合方式

する操作を行います。

図2. 34にブロック線図の結合方式を示します。基本的な結合方式として、直列結合、並列結合、フィードバック結合の3種類があります。

(3) 伝達関数とラプラス変換

制御システムを構成する要素の入力と出力の関係は、一般的に微分積分を含む形で表され、取り扱いが繁雑になります。この微分積分を含む関係式を線形化し、さらにラプラス変換を用いることにより、取り扱いが簡単になります。ラプラス変換した後の入力を$u(s)$、出力を$y(s)$ とし、次式で定義される$G(s)$を伝達関数といいます。

$$y(s) = G(s)u(s), \quad G(s) = \frac{y(s)}{u(s)}$$

伝達関数を用いることにより、微分方程式を含むシステムを代数式で取り扱うことができます。伝達関数は、以下の手順で求めることができます。

①入出力間の関係式を求める。

② ①項で求めた関係式をラプラス変換する。その際、初期値はすべて0とする。

③ラプラス変換した後の出力／入力から伝達関数を求める。

任意の時間の関数$f(t)$ のラプラス変換は、次式で表されます。

$$L\left[f(t)\right] = F(s) = \int_0^\infty f(t)e^{-st}dt$$

ここで、$f(t)$ を原関数、$F(s)$ を像関数といい、Lは$f(t)$ をラプラス変換することを意味しています。

逆ラプラス変換は、次式で表されます。

$$L^{-1}\left[F(s)\right] = f(t) = \frac{1}{2\pi j}\int_{c-j\infty}^{c+j\infty} F(s)e^{st}ds$$

ここで、L^{-1}は$F(s)$ を逆ラプラス変換することを意味しています。

以下に、主なラプラス変換を示します。

$$L\left[u_s(t)\right] = \frac{1}{s}$$ $u_s(t)$ はステップ関数

$$L\left[t\right] = \frac{1}{s^2}$$

$$L\left[t^n\right] = \frac{n!}{s^{n+1}}$$

$$L\left[e^{-at}\right] = \frac{1}{s+a}$$

$$L\left[te^{-at}\right] = \frac{1}{(s+a)^2}$$

$$L\left[t^n e^{-at}\right] = \frac{n!}{(s+a)^{n+1}}$$

$$L\left[\sin\omega t\right] = \frac{\omega}{s^2+\omega^2}$$

$$L\left[\cos\omega t\right] = \frac{s}{s^2+\omega^2}$$

$$L\left[e^{-at}\sin\omega t\right] = \frac{\omega}{(s+a)^2+\omega^2}$$

$$L\left[e^{-at}\cos\omega t\right] = \frac{s+a}{(s+a)^2+\omega^2}$$

$$L\left[\delta(t)\right] = 1$$ $\delta(t)$ はデルタ関数

また、以下にラプラス変換の主要な定理（法則）を示します。

(a) 線形性

$$L\left[af(t)+bg(t)\right] = aL\left[f(t)\right] + bL\left[g(t)\right]$$

(b) 微分

$$L\left[\frac{df(t)}{dt}\right] = sF(S) - f(0)$$

$$L\left[\frac{d^n f(t)}{dt^n}\right] = s^n F(S) - s^{n-1}f(0) - s^{n-2}f'(0) - s^{n-3}f''(0) - f^{(n-1)}(0)$$

(c) 積分

$$L\left[\int_0^t f(t)\,dt\right] = \frac{1}{s}F(S)$$

(d) たたみ込み積分

$$L\left[\int_0^t f(t-\tau)\,g(\tau)\,dt\right] = L\left[\int_0^t f(t)\,g(t-\tau)\,dt\right] = F(s)\,G(s)$$

(e) 初期値定理、最終値定理

$$\lim_{t\to 0} f(t) = \lim_{s\to\infty} sF(s)$$
$$\lim_{t\to\infty} f(t) = \lim_{s\to 0} sF(s)$$

(4) 伝達関数を用いた応答解析

伝達関数 $G(s)$ が与えられているシステムの応答は、以下の手順で求めることができます。

①入力信号 $u(t)$ に対するラプラス変換 $U(s)$ を求める。

②出力信号のラプラス変換 $Y(s) = G(s)\,U(s)$ を求める。

③ $Y(s)$ を逆ラプラス変換して、出力 $y(t)$ を求める。

入力としてインパルス関数（図2. 35参照）を選んだインパルス応答の場合は、$U(s) = 1$ となります。入力としてステップ関数（図2. 35参照）を選んだステップ応答の場合は、$U(s) = \frac{1}{s}$ となります。入力としてランプ関数（図2. 35参照）を選んだランプ応答の場合は、$U(s) = K\frac{1}{s^2}$ となります。

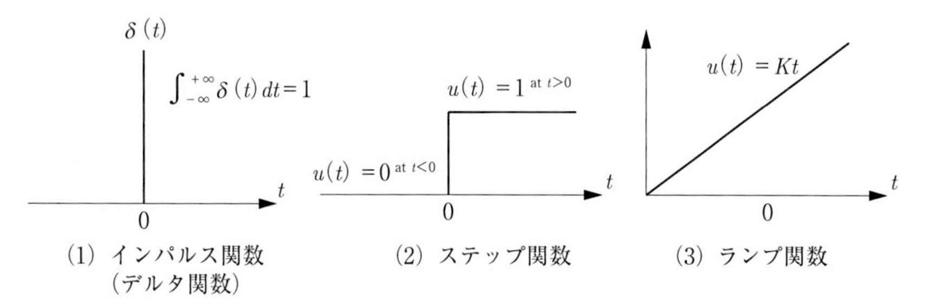

図2. 35　インパルス関数とステップ関数

たとえば、$G(s) = \frac{K}{Ts+1}$ で与えられる場合のステップ応答（またはインディシャル応答）は、以下のように求まります。

$$Y(s) = G(s)U(s) = \frac{K}{Ts+1}\frac{1}{s} = \frac{K}{s} - \frac{K}{s+\frac{1}{T}}$$

$$y(t) = L^{-1}\left[Y(s)\right] = L^{-1}\left[\frac{K}{s} - \frac{K}{s+\frac{1}{T}}\right] = K\left(1 - e^{-\frac{t}{T}}\right)$$

この結果より、時間が無限大のときの出力は、$t\to\infty$ を代入して、$y(t)\to K$ となることがわかります。時間が無限大のときの出力は、最終値定理を利用して、以下のように求めることもできます。

$$\lim_{t\to\infty} y(t) = \lim_{s\to 0} sY(s) = \lim_{s\to 0} s\frac{K}{Ts+1}\frac{1}{s} = K$$

1次遅れ系（時定数 T、ゲイン K）の伝達関数は次式で表されます。

$$G(s) = \frac{K}{1+Ts}$$

入力としてステップ応答（インディシャル応答）を選ぶと、出力は次のようになります。

$$E(s) = G(s)\frac{1}{s} = \frac{K}{1+Ts}\frac{1}{s}$$

時間領域に対する応答を求めると次のようになります。

$$L^{-1}\left[E(s)\right] = L^{-1}\left[\frac{K}{1+Ts}\frac{1}{s}\right] = L^{-1}\left[\frac{K}{s} - \frac{KT}{1+Ts}\right] = K\left(1-e^{-t/T}\right)$$

これより、応答は時定数が T、ゲインが K で、指数関数状に $t\to\infty$ で K に漸近することがわかります。

図2. 36に示すようなフィードバック制御系を考えます。この場合、入力 $u(t)$ と出力 $y(t)$ との差が偏差 $e(t) = u(t) - y(t)$ となります。時間が無限大のときの偏差を定常偏差または残留偏差と呼びます。この図に示すフィードバック制御系の定常偏差は、最終値定理を用いて、次式で求まります。

$$\begin{aligned}\lim_{t\to\infty} e(t) &= \lim_{t\to\infty}\left[u(t)-y(t)\right] = \lim_{s\to 0} s\left[U(s)-Y(s)\right]\\ &= \lim_{s\to 0}\left[s\left(U(s) - \frac{G(s)U(s)}{1+G(s)}\right)\right] = \lim_{s\to 0}\left[sU(s)\frac{1}{1+G(s)}\right]\end{aligned}$$

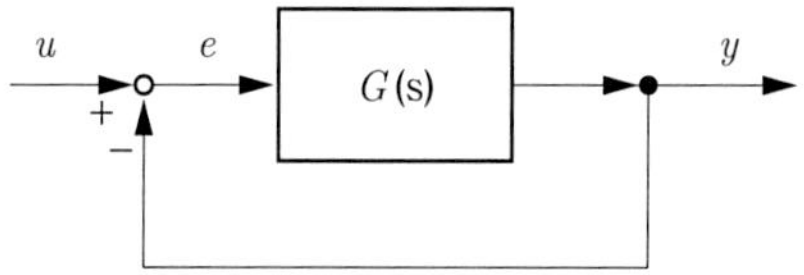

図2. 36　フィードバック制御系の偏差

(5) 応答の周波数特性

特性が $G(s)$ で与えられるシステムに、正弦波の入力 $u(t) = \sin\omega t$ を考えます。この系において、十分に時間が経過した後の定常状態の出力 $y(t)$ は、次式で表せます。

$$y(t) = \left|G(j\omega)\right|\sin\left[\omega t + \angle G(j\omega)\right]$$

ここで、jは虚数単位で、$\angle G(j\omega)$ は$G(j\omega)$ の偏角を表します。$G(s)$ に$s=j\omega$を代入して得られる$G(j\omega)$ は周波数伝達関数と呼ばれ、$|G(j\omega)|$ はゲイン、偏角$\angle G(j\omega)$ は位相と呼ばれます。

周波数伝達関数を図示する方法に、ベクトル軌跡とボード線図があります。ベクトル軌跡は、$G(j\omega)$ のωを0から$+\infty$に変化させたときに、$G(j\omega)$ を複素平面上にプロットしたものです。複素平面は、$G(j\omega)$ の実数部を横軸に、虚数部を縦軸にとって表す図です。ボード線図は、ゲイン線図と位相線図の2つの線図から構成されます。ゲイン線図は、横軸に角周波数ωを、縦軸にゲインとして$20\log_{10}|G(j\omega)|$ をとり表した線図で、位相線図は横軸に角周波数ωを、縦軸に位相$\angle G(j\omega)$ をとって表した線図です。ゲイン線図、位相線図とも、横軸は角周波数ωの対数$\log_{10}\omega$で表します。図2. 37に基本的な要素に対する

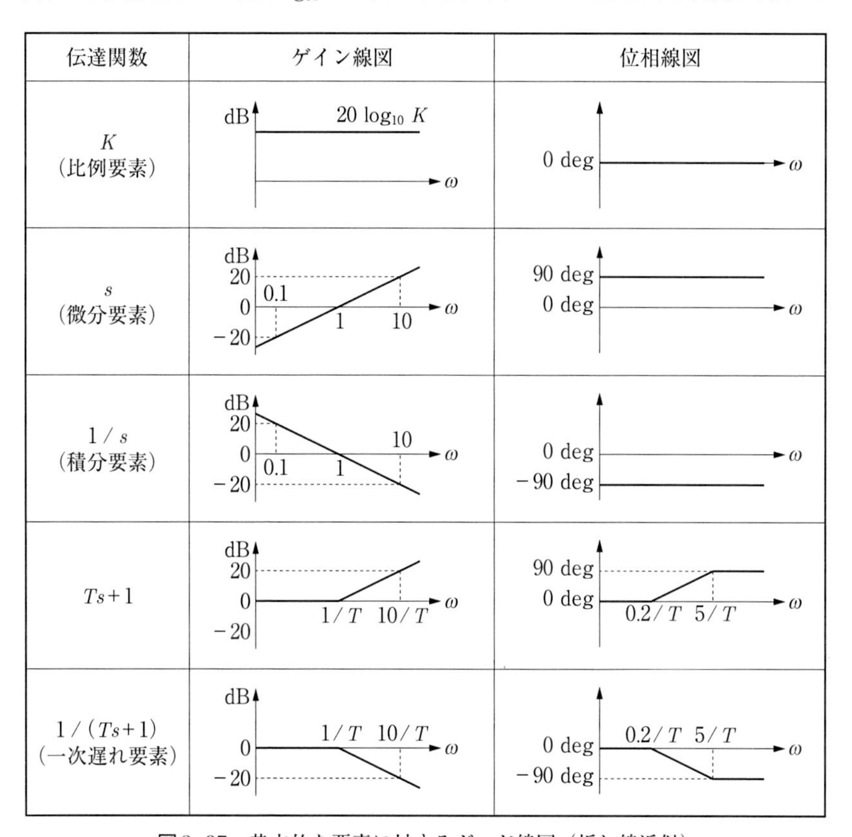

図2. 37　基本的な要素に対するボード線図（折れ線近似）

ボード線図を示します。この図において、伝達関数が $Ts+1$ と $\dfrac{1}{Ts+1}$ の場合は、ゲインおよび位相の傾きが変化する点があります。実際には、この傾きの変化は、変化点の近傍では緩やかになります。また図2. 37では、この傾きが変化する部分を折れ線近似により表しています。折れ線近似は、図に示すように、伝達関数の周波数特性を簡易的に把握することができ有用です。

ボード線図の作成は、伝達関数を基本的な要素の積で表し、要素ごとに求めたボード線図を加えることにより求めることができます。たとえば、図2. 38に示すように $G(s)=\dfrac{1}{s(s+1)}$ である場合は、 $G(s)=\dfrac{1}{s}\cdot\dfrac{1}{s+1}$ となるので、 $\dfrac{1}{s}$ と $\dfrac{1}{s+1}$ のボード線図を個別に求め、その和として $G(s)$ ボード線図を求めることができます。

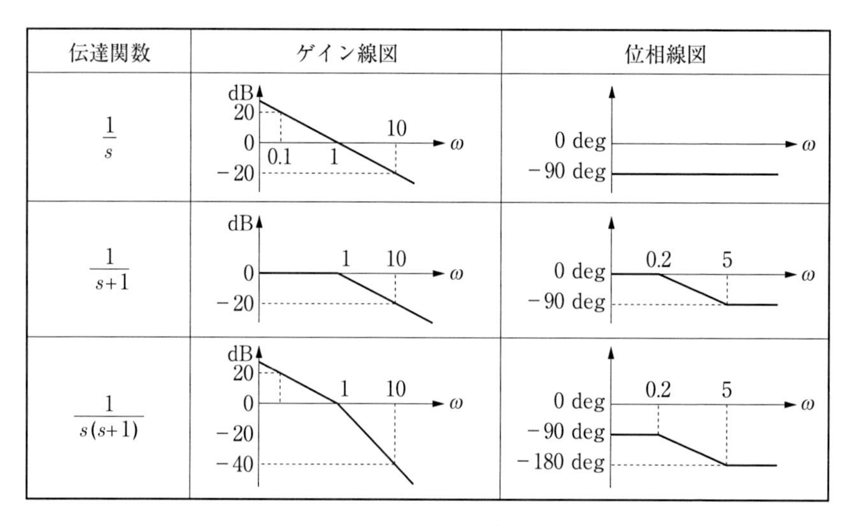

図2. 38　ボード線図の作成（$\dfrac{1}{s(s+1)}$ の折れ線近似）

(6) 制御システムの安定性

制御システムの応答を考えるとき、時間とともに一定値に落ち着くときにシステムは安定であるといい、一定値に落ち着かずに発散するときにシステムは不安定であるといいます。システムの安定性は、システムを記述する伝達関数から判別できます。

伝達関数 $G(s)$ は、一般的に次式の形式で表すことができます。

$$G(s)=\frac{A(s)}{B(s)}$$

ここで、分子および分母が0となる代数方程式、すなわち $A(s)=0$ および $B(s)=0$ を、**特性方程式**といい、$A(s)=0$ の解をゼロ点、$B(s)=0$ の解を**極**といいます。また、特性方程式の解、すなわちゼロ点および極を**特性根**といいます。特性方程式 $B(s)=0$ から求めたすべての極の実部が負であるときにシステムは安定であるといえます。言い換えれば、多数存在する極の実部が1つでも正であれば、システムは不安定になります。

例えば、伝達関数が $G(s)=\dfrac{1}{s+1}$ で表せるとき、極は $s=-1$ となり、システムは安定となります。一方、伝達関数が $G(s)=\dfrac{1}{s-1}$ で表せるとき、極は $s=1$ となり、システムは不安定となります。

特性方程式の次数が高次になった場合、コンピュータを用いずに代数方程式の一般的な解を求めることは困難になります。このような場合に、特性方程式の解を求めずに、解の実数部分の正負のみを判定して安定性を判別する方法として、ラウスとフルビッツの安定判別法があります。

ラウスの安定判別法は、次式で表される n 次の特性方程式を対象に、図2. 39に示すラウスの表を作ります。

$$s^n+a_{n-1}s^{n-1}+a_{n-2}s^{n-2}+,\cdots,+a_1s+a_0=0$$

このとき、特性方程式の特性根の実部がすべて負であるための必要十分条件は、以下の2つが成り立つことになります。

ラウス数列

	ラウス数列				
s^n	R_{11}	R_{12}	R_{13}	R_{14}	$\cdots$
s^{n-1}	R_{21}	R_{22}	R_{23}	R_{24}	$\cdots$
s^{n-2}	R_{31}	R_{32}	R_{33}	R_{34}	$\cdots$
s^{n-3}	R_{41}	R_{42}	R_{43}	R_{44}	$\cdots$
⋮	⋮	⋮	⋮	⋮	⋮
s^2	$R_{(n-1)1}$	$R_{(n-1)2}$	0		
s	R_{n1}	0	0		
1	$R_{(n+1)1}$	0	0		

$R_{11}=1,\quad R_{12}=a_{n-2},\ R_{13}=a_{n-4},\ \cdots$

$R_{21}=a_{n-1},\ R_{22}=a_{n-3},\ R_{23}=a_{n-5},\ \cdots$

$$R_{31}=\frac{R_{21}R_{12}-R_{11}R_{22}}{R_{21}},\ R_{32}=\frac{R_{21}R_{13}-R_{11}R_{23}}{R_{21}},\ R_{33}=\frac{R_{21}R_{14}-R_{11}R_{24}}{R_{21}},\ \cdots$$

$$R_{41}=\frac{R_{31}R_{22}-R_{21}R_{32}}{R_{31}},\ R_{42}=\frac{R_{31}R_{23}-R_{21}R_{33}}{R_{31}},\ R_{43}=\frac{R_{31}R_{24}-R_{21}R_{34}}{R_{31}},\ \cdots$$

$$R_{51}=\frac{R_{41}R_{32}-R_{31}R_{42}}{R_{41}},\ \cdots$$

図2. 39　ラウスの表

①係数 a_i（$i = 0, 1, 2, \cdots, n-1$）がすべて正であること。

②ラウス数列 R_{i1}（$i = 3, 4, \cdots, n$）がすべて正であること。

例えば、特性方程式が $s^5 + 4s^4 + 3s^3 + 2s^2 + s + 1 = 0$ であるとき、ラウスの表は次のようになります。

s^5	1	3	1
s^4	4	2	1
s^3	2.5	0.75	0
s^2	0.8	1	
s^1	−2.375	0	
s^0	1		

したがって、係数 a_i はすべて正となりますが、ラウス数列の $R_{51} = -2.375$ が負となり、システムは不安定であることがわかります。

フルビッツの安定判別法では、特性方程式 $s^n + a_{n-1}s^{n-1} + a_{n-2}s^{n-2} + , \cdots, + a_1 s + a_0 = 0$ から次の行列 H を作ります。

$$H = \begin{bmatrix} a_{n-1} & a_{n-3} & a_{n-5} & a_{n-7} & \cdots & 0 \\ 1 & a_{n-2} & a_{n-4} & a_{n-6} & \cdots & 0 \\ 0 & a_{n-1} & a_{n-3} & a_{n-5} & \cdots & 0 \\ 0 & 1 & a_{n-2} & a_{n-4} & \cdots & 0 \\ 0 & \vdots & \vdots & \vdots & \ddots & 0 \\ 0 & \cdots & \cdots & \cdots & \cdots & a_0 \end{bmatrix}$$

この H の部分行列から、以下のような行列式を考えます。

$$H_2 = \begin{vmatrix} a_{n-1} & a_{n-3} \\ 1 & a_{n-2} \end{vmatrix}$$

$$H_3 = \begin{vmatrix} a_{n-1} & a_{n-3} & a_{n-5} \\ 1 & a_{n-2} & a_{n-4} \\ 0 & a_{n-1} & a_{n-3} \end{vmatrix}$$

このとき、特性方程式の特性根の実部がすべて負であるための必要十分条件は、以下の2つが成り立つことになります。

①係数 a_i（$i = 0, 1, 2, \cdots, n-1$）がすべて正であること。

②行列式 H_i（$i = 2, 3, \cdots, n-1$）がすべて正であること。

たとえば、特性方程式が $s^5 + 4s^4 + 3s^3 + 2s^2 + s + 1 = 0$ であるとき、H_i は次

のようになります。

$$H_2 = \begin{vmatrix} 4 & 2 \\ 1 & 3 \end{vmatrix} = 10$$

$$H_3 = \begin{vmatrix} 4 & 2 & 1 \\ 1 & 3 & 1 \\ 0 & 4 & 2 \end{vmatrix} = 8$$

$$H_4 = \begin{vmatrix} 4 & 2 & 1 & 0 \\ 1 & 3 & 1 & 0 \\ 0 & 4 & 2 & 1 \\ 0 & 1 & 3 & 1 \end{vmatrix} = -19$$

$$H_5 = \begin{vmatrix} 4 & 2 & 1 & 0 & 0 \\ 1 & 3 & 1 & 0 & 0 \\ 0 & 4 & 2 & 1 & 0 \\ 0 & 1 & 3 & 1 & 0 \\ 0 & 0 & 4 & 2 & 1 \end{vmatrix} = -108$$

したがって、係数a_iはすべて正となりますが、H_4、H_5が負となるため、システムは不安定であることがわかります。

(7) フィードバック制御系の安定性

図2. 40にフィードバック制御系を示します。図中$K(s)$がコントローラであり、$G(s)$が制御対象の伝達関数です。図に示すように、外乱として、入力の変化に加えてコントローラと制御対象の間にdが入ることを想定します。この系において、以下の4つの伝達関数がすべて安定である場合に、フィードバック系は安定であるということができます。

a) rからuへの伝達関数：$G_{ru}(s) = \dfrac{K(s)}{1 + G(s)K(s)}$

b) dからuへの伝達関数：$G_{du}(s) = -\dfrac{G(s)K(s)}{1 + G(s)K(s)}$

c) rからyへの伝達関数：$G_{ry}(s) = \dfrac{G(s)K(s)}{1 + G(s)K(s)}$

d) dからyへの伝達関数：$G_{dy}(s) = \dfrac{G(s)}{1 + G(s)K(s)}$

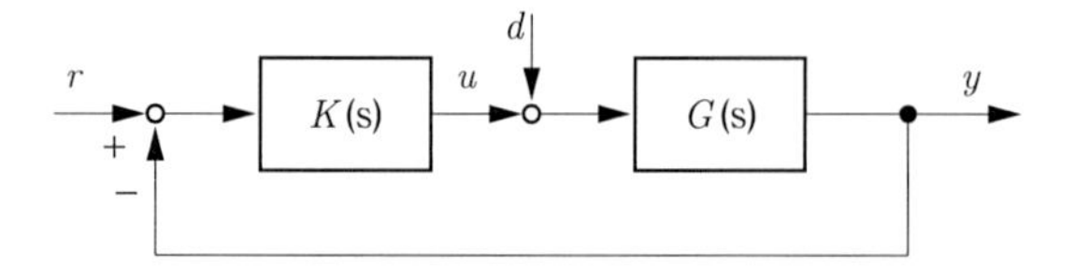

図2. 40　フィードバック制御系（外乱有）

いずれの伝達関数も分母は（$1 + G(s)K(s)$）であるので、分母＝0から求めた極の実部がすべて負であれば、システムは安定であるといえます。

$G(s) = \dfrac{n_G(s)}{d_G(s)}$、$K(s) = \dfrac{n_K(s)}{d_K(s)}$ とすると、安定条件（必要十分条件）は

$n_G(s)\,n_K(s) + d_G(s)\,d_K(s) = 0$のすべての根の実部が負であることになります。

フィードバック制御系のコントローラの伝達関数を$K(s)$、制御対象の伝達関数を$G(s)$ とすると、入力から出力までの伝達関数は、次式で表されます。

$$\frac{G(s)K(s)}{1+G(s)K(s)}$$

この伝達関数は閉ループ伝達関数です。これに対し、$G(s)K(s)$ を開ループ伝達関数（あるいは一巡伝達関数）と呼びます。ナイキストの安定判別法は、この開ループ伝達関数をナイキスト線図上に描き、開ループ関数の極の数と、ナイキスト線図上の軌跡から安定性を判断する方法です。ナイキスト線図は、図2. 41に示す閉曲線C（原点→$+j\infty$→（半径∞の半円＝実部が正の側）→$-j\infty$→0）上を動くsに対して、開ループ伝達関数$G(s)K(s)$ が複素平面上に描く軌跡を示す線図です。ナイキスト線図上では、複素共役の関係から虚数部については、実数軸（水平軸）に対して上下対称の形になります。例えば、$G(s)K(s) = \dfrac{1}{s+1}$ で表される場合は、ナイキスト線図は図2. 42に示すような円になります。

ナイキストの安定判別法は、以下の手順で行います。

①開ループ伝達関数の不安定極の数を調べる。その数をP個とする。

②開ループ伝達関数のナイキスト線図を描く。それが−1を反時計方向に回る数を調べ、その数をR回とする（時計方向に回った場合は−1回とカウントする）。

③$P = R$であれば、フィードバック系は安定である。そうでない場合は不安定となる。

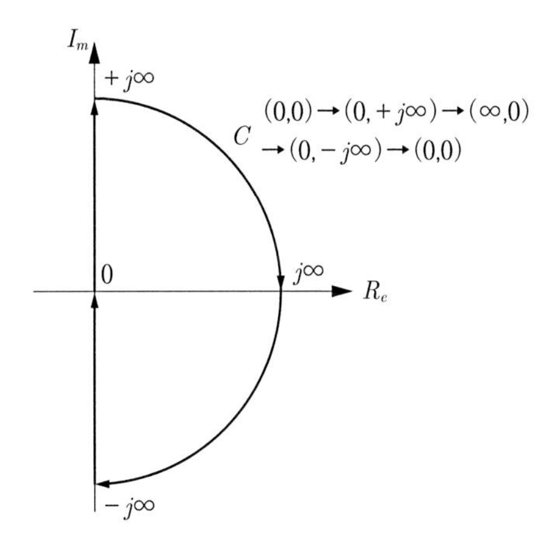

図2. 41　閉曲線 C（ナイキスト線図作成のための）

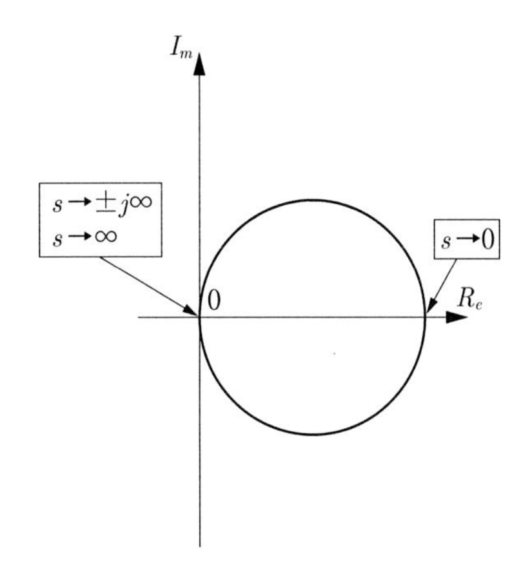

図2. 42　［1／(s＋1)］のナイキスト線図

フィードバック制御系の安定性は、ある程度の余裕を持って安定であることが望まれます。この安定性の余裕は、ボード線図を用いて調べることができます。対象とするフィードバックシステムのボード線図が図2. 43に示されるものとします。図において、位相が－180°となる角周波数 ω_p におけるゲインの値がゲイン余裕となり、ゲインが0となる角周波数 ω_g における位相から－180°を引いたものが位相余裕になります。一般に、余裕が大きいほどフィードバック制御系の安定性は向上しますが、応答性は低下します。

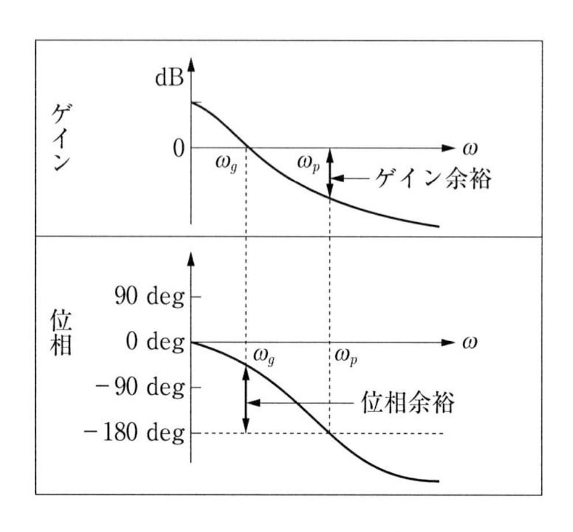

図2. 43　ボード線図同士のゲイン余裕と位相余裕

フィードバック系のゲインの調整により、閉ループ系の特性方程式がどのように変化するかを調べるために、根軌跡が用いられます。フィードバック系のゲインをKとし、Kを0から無限大に変化させ、根が複素平面状で動く軌跡を描いたものが、根軌跡です。根軌跡は、$K=0$のときに一巡伝達関数（開ループ関数）の極に一致し、$K=\infty$のときに一巡伝達関数のゼロ点となります。閉ループ伝達関数の極の数をn、ゼロ点の数をmとすると、根軌跡はn本あり、一巡伝達関数の極から出発し、m本は一巡伝達関数のゼロ点に達し、残りの$n-m$本は漸近線に沿って無限大となります。

(8)　古典制御と現代制御

今までに説明してきたように、システムを伝達関数で記述し、周波数応答などを評価して制御システムを構築していく方法を古典制御といいます。それに対して、システムの入出力の関係を常微分方程式で記述し、状態変数を導入して状態方程式を求め、制御システムを構築していく方法を現代制御といいます。状態変数は、システムを記述できる最小の変数の組を選び、システムが複雑になると状態変数の数が増えることになります。古典制御の場合は入力と出力が1個ずつですが、現代制御では複数の入出力に対応して制御システムを構築することができます。

古典制御の代表的な制御方法として、PID制御があります。PID制御では、入力に対して、その目標値との偏差を対象に、比例操作（P操作）、積分操作（I操作）、および微分操作（D操作）を行って出力を求め、フィードバックする制御方法です。ゲインK、積分時間T_I、微分時間T_Dの3つのパラメータを調整することにより安定的な制御が可能となります。PID制御の入出力の関係は、次式で表されます。

$$y = K\left(e + \frac{1}{T_I}\int_0^t edt + T_D\frac{de}{dt}\right), \quad e = \frac{u - u_{\mathrm{set}}}{u_{\max} - u_{\min}}$$

ここで、yは出力、eは制御偏差、tは時間、uは入力、u_{set}は目標値、$u_{\max} - u_{\min}$は入力の範囲です。PID制御をブロック線図で記述すると、図2. 44に示すようになります。

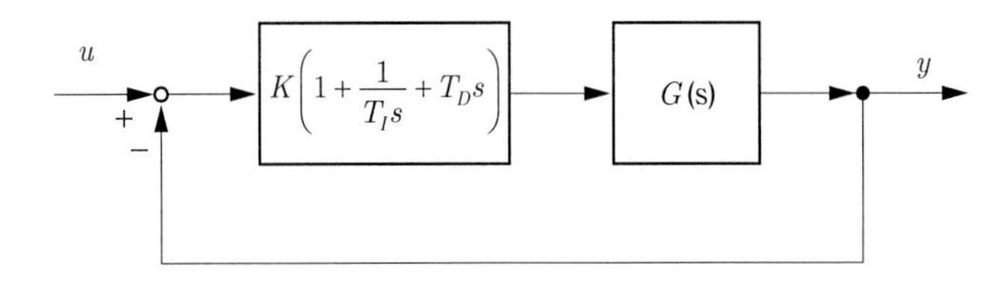

図2. 44　PID制御のブロック線図

Keで表される**比例制御（比例要素）**は、制御偏差の変化に対して、即時に出力を修正する働きを持ちます。$K\frac{1}{T_I}\int_0^t edt$で表される**積分制御（積分要素）**は、過去から現在に続く制御偏差の積分値を制御に利用するため、定常偏差の解消に効果的です。$y = KT_D\frac{de}{dt}$で表される**微分制御（微分要素）**は制御偏差の変化率を利用して制御するので予測的な機能を持ち、P操作・I操作との併用によって制御系の応答性を向上させる働きを持ちます。

現代制御は、システムを常微分方程式で記述し、状態変数を導入して状態方程式を求め、制御システムを構築していく制御です。複数の入出力系に対して、線形化することにより、行列や線形力学系の多くの知見が適用できます。このように線形化した方程式系を対象に展開していく制御理論を**線形システム論**といいます。複数の状態変数を各成分にもつ状態ベクトルを$\boldsymbol{x}(t)$、入力ベクトルを$\boldsymbol{u}(t)$で表すと、状態方程式は次式で表せます。$\boldsymbol{A}$と$\boldsymbol{B}$は係数行列です。

$$\boldsymbol{x}(t) = \boldsymbol{A}\boldsymbol{x}(t) + \boldsymbol{B}\boldsymbol{u}(t)$$

最適制御理論では、状態方程式をもとに評価関数を定義し、それを最小または最大にすることにより制御システムの最適化を行います。**H∞制御**は、外乱信号の影響を抑制する制御系を構築するための制御理論で、H∞ノルムと呼ばれる伝達関数の評価指標を導入して、外乱の影響を評価するものです。制御対象の不確定な部分を外乱信号として取り扱うことで、モデルの不確かさの影響を抑制する制御系となります。このように、不確実な状況に対しても安定性を失わず制御系が機能する性質をロバスト性と呼び、ロバスト性を有する制御を**ロバスト制御**と呼びます。**ファジィ制御**は、ファジィ集合論（Fuzzy Set Theory）に基づいて制御モデルや制御系を構成する方法です。ファジィ集合論では、ある集合に属するか否かについて、その中間を**メンバシップ関数**により許容する方法で、人の感覚に基づく制御など、あいまいな情報の制御に適しています。**ニューラルネットワーク制御**は、入出力関係が定式化できない場合に、実際の入出力のデータをもとにニューラルネットによって非線形な入出力関係モデルを構築し、そのモデルにより制御する手法です。

(9) 可制御性と可観測性

次の状態方程式で表せるシステムを考えます。

$$\dot{\mathbf{x}} = \mathbf{A}\mathbf{x} + \mathbf{B}\mathbf{u}$$

$$\mathbf{y} = \mathbf{C}\mathbf{x}$$

ここで、$\mathbf{x}$は状態ベクトル（n次元）、$\mathbf{u}$は入力ベクトル（m次元）、$\mathbf{y}$は出力ベクトル（l次元）、Aは$n \times n$の行列、Bは$n \times m$の行列、yは$l \times n$の行列です。

このシステムにおいて、ある制御入力$\mathbf{u}$によって、任意の初期状態（$\mathbf{x}_0$）から有限時間で任意の最終状態（$\mathbf{x}_f$）に到達できる場合、このシステムは**可制御**であるといいます。システムが可制御であるための必要十分条件は、次式で表されるように、**可制御行列**のランクが$\mathbf{x}$の次元数に一致することです。

$$\mathrm{rank}\left[\boldsymbol{B}\ \boldsymbol{AB}\ \boldsymbol{A}^2\boldsymbol{B}\cdots\boldsymbol{A}^{n-1}\boldsymbol{B}\right] = n$$

また、このシステムにおいて、出力$\mathbf{y}$を観測することにより、初期における$\mathbf{x}$を一意に決定できる場合、このシステムは**可観測**であるといいます。システムが可観測であるための必要十分条件は、次式で表されるように、**可観測行列**のランクが$\mathbf{x}$の次元数に一致することです。

$$\mathrm{rank}\left[\boldsymbol{C}^T\ \boldsymbol{A}^T\boldsymbol{C}^T\ (\boldsymbol{A}^T)^2\boldsymbol{C}^T \cdots (\boldsymbol{A}^T)^{n-1}\boldsymbol{C}^T\right] = n$$

(10) 測定

測定とは、位置、速度、加速度、温度、圧力、流量などさまざまな事象を、一定の基準でもってその大きさを数値化することです。機械の制御を行うためには、機械の状態量を把握するための測定が必要不可欠です。

測定には、誤差が必ず伴います。この計測の誤差は、系統誤差、偶然誤差、過失誤差の3種類に分類できます。**系統誤差**は、明確な原因によって、測定値全体にある一定の「かたより」をもたらす誤差です。**偶然誤差**は、誤算の原因は不明であるが、測定値に不規則な「ばらつき」が生じる誤差です。**過失誤差**は、測定者の不注意や知識不足によるもので、いわゆる測定ミスです。測定の精度は、これらの誤差要因に加えて、測定機器の分解能に依存しています。分解能とは、その測定に用いた機器によって識別できる対象の最小の値です。たとえば、長さの計測に物差しを用いる場合、最小目盛が1 mmであり、1 mm以下についても目分量で0.1 mmまで測定することが可能であるとすると、分解能は0.1 mmとなります。物差しの代わりにノギス、あるいはマイクロメータを用いれば、分解能は上がります。また、物差しで0.1 mm単位で測定を行った場合、測定者のくせにより実際の値より測定値が必ず高くなる、あるいは低くなる場合の誤差が系統誤差になります。この測定値が実際の値に対する差が正規分布で表せるような場合は、この誤差は偶然誤差となります。測定誤差の性質が把握でき、それが偶然誤差に基づくものであるとわかり、誤差の正規分布が把握できれば、測定回数を増やして測定値の平均処理を行うことにより、偶然誤差に起因した測定誤差を小さくすることができます。

誤差が小さい状態で測定が行えるように、測定器を校正する必要があります。JISの計測用語によれば、**校正**とは、標準器・標準試料などを用いて測定器の表す値とその真の値との関係を求めることとあります。したがって、測定器の出力の調整を行うことに加えて、すでに目盛がつけられているものに対して補正表を作成することも校正に含まれます。校正の種類として、ゼロ点など基準となる量に対して行う基準点校正、目盛の大きさに比例する目盛の間隔のずれを補正する傾斜校正などがあります。

第3章

熱　工　学

技術士第一次試験では、熱工学の基礎となる問題が出題されていますが、過去に出題された問題の内容を分析すると、熱力学の基礎、熱力学の法則、理想気体、サイクル、燃焼、伝熱およびその他に分類することができます。

以下にこれらの技術項目ごとに、熱工学の基礎的知識として習得すべきものを記載します。

1. 熱力学の基礎

(1) 熱エネルギー

エネルギーという言葉は、「仕事をする能力」という意味があります。

自動車はエンジンを動力としてタイヤを動かして走行していますし、飛行機はジェットエンジンが高速回転することによって推進力を出して飛行しています。エンジンでは燃料を燃焼させて、その熱エネルギーを機械エネルギーに変換することによって動力を得ています。言い換えれば、熱が仕事をしていることになります。

このように、人類は熱エネルギーを変換して有効利用することによって多くの利便性を得ていますが、熱エネルギーを物体を動かすことができる機械的な仕事に変換して、動力としている機械のことを熱機関といいます。

したがって、熱エネルギーの定義は、熱をエネルギー源として、それによって外部に何らかの仕事を行うことができる能力といえます。

仕事は、力×距離で表されます。SI単位系では、力の単位はN（ニュートン）を用いますが、1 Nは質量1 kgの物体に1 m/s^{2}の加速度を生じさせる力として定義されています。また、仕事の単位はJ（ジュール）で表して以下のようになります。

1 J＝1 N×1 m＝1 Nm

また、仕事はかかった時間の量に関係なく絶対量となりますが、同じ仕事をしてもかかった時間が異なると単位時間あたりの仕事は異なります。仕事÷時間を仕事率といい、これを動力と呼びます。動力の単位はW（ワット）で表して次式のようになります。

1 W＝1 J÷1 s＝1 J/s＝1 Nm/s

これから、m/sは距離÷時間で速度を表していることから、動力＝力×速度になります。

以上のようにSI単位では動力をWで表しますが、自動車の動力はPSやHPのように馬力で表す場合もあります。以下に単位を換算するときの数値を示します。

1 kW＝102 kgf・m/s＝1.36 PS

1 PS＝75 kgf・m/s＝0.7355 kW

1 HS＝76 kgf・m/s＝0.7461 kW

(2) 温度

熱は目で見ることができませんが、熱を帯びている物体に手をあてると皮膚の感覚で温度を感じることができます。物体の温かさや冷たさの程度は、熱の量によって異なりますが、熱という物理現象を定量的な数値で表したものが温度です。

熱を測定する方法としては、温度計があります。一般家庭にもあった温度計は、ガラス管内部に封入されたアルコールが熱によって膨張して、その体積変化により温度を測定する仕組みになっています。

機械工業の分野では、測定部分に直接接触させることによって温度を測定する、熱電対を用いた温度計が広く用いられています。熱電対は、電導性のある物質内の2点間の温度差によって生じる起電力を測定することによって温度を測定する装置です。原理としては、図3. 1のように2種類の金属を組み合わせて閉回路を作り、接点の一方を高温側にして、もう一方を低温側にすると、両接点間に電位差が生じて電流が流れます。温度と起電力がほぼ正比例するので、電流計により温度がわかります。この現象をゼーベック効果といいます。熱電対の材料としては、測定する温度範囲にもよりますが、鉄 / コンスタンタン、クロメル / アルメル、白金 / 白金ロジウムなどが使用されています。

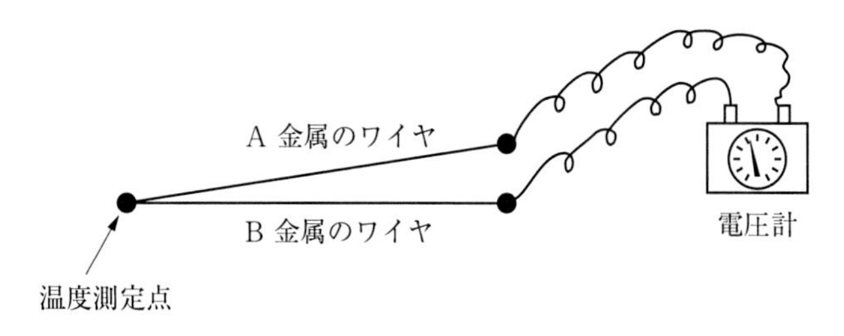

図3. 1　熱電対の原理

熱工学で一番多く出てくるのが温度の単位ですが、一般的なものとしては摂氏があります。この温度の単位は、標準気圧（1.0133 bar、760 mmHg）において氷点（氷の融解する温度）を0 ℃として、同じ圧力における蒸気点（沸騰するときの温度）を100 ℃と定めて、この間を100等分したときの温度を摂氏温度といいt［℃］で表します。0 ℃以下の場合には、氷点下x［℃］あるいはマイナスx［℃］として、プラスの温度と区別しています。

これに対して、氷点を32 °F、蒸気点を212 °Fとして、この間を180等分したときの温度を華氏温度といいF［°F］で表します。

同じ温度を摂氏のt［℃］、華氏のF［°F］とすれば、これらの関係は以下の式で計算できます。

$$t = \frac{5}{9}(F - 32)\ \ [℃] \qquad F = \left(\frac{9}{5}t + 32\right)\ \ [°F]$$

また、熱工学的によく用いられる温度としては、絶対温度があります。現代では、熱は分子のランダムな動きによって生じる物理現象であることがわかっていますが、分子が動いているから熱が発生するわけで、分子の活動が停止すれば熱は発生しないことになります。基準となるのは、すべての分子がその運動を停止する絶対零度で、この温度を0 °Kとしました。これを温度定点とし、目盛りの間隔を摂氏の目盛りと等しくした温度目盛りを絶対温度目盛りといい、この目盛りによる温度を T［°K］で表して、**絶対温度**といいます。0 °Kは、摂氏でいうと−273.15 ℃となり、同じ温度を摂氏の t［℃］と絶対温度の T［°K］とすれば、これらの関係は以下のようになります。

$t = (T - 273.15)$［℃］　　$T = (t + 273.15)$［°K］

摂氏というのはそれを提唱したセルシウス、華氏はファーレンハイトの中国表記に由来しています。また、絶対温度の°Kは、提唱したケルビンからとられています。

(3)　熱量と比熱

熱は、物体の温度変化という現象により認められます。高温の物体と低温の物体を接触すると、高温から低温にエネルギーが移動しますが、このエネルギーが熱であり、量として考えた場合を**熱量**といいます。

物体に熱を加えてその物体の温度を上昇させるときに、物体の温度を1 K上げるのに必要な熱量をその物体の**熱容量** C［J/K］といい、単位質量あたりの熱容量を**比熱** c［J/(kg・K)］と呼びます。

ある物体の質量が m、比熱が c で、その物体の温度を T_1 から T_2 まで上昇させるのに必要な熱量 Q は、次式で計算できます。

熱量 Q = 質量×比熱×温度変化 = $mc(T_2 - T_1)$

ここで単位は、熱量 Q：[J]、質量 m：[kg]、比熱 c：[J/(kg・K)]、温度 T_1、T_2：[K] が用いられます。

この式で比例定数 c が先に説明した比熱で、ある物質の単位質量1 kgの温度を1 K［℃］上昇させるのに必要な熱量です。

比熱は、物質によって異なる定数です。単位としては、[kJ/(kg・K)] あるいは [kJ/(kg・℃)] を用いますが、計算上の結果は同じになります。

熱量の単位は、工学的にはカロリー［cal］で計られて、標準気圧のもとで1 gの純粋な水を1 ℃高めるのに必要な熱量を1 calと定義しました。

通常は、SI単位系としてジュール［J］を用いますので、1 cal = 4.186 Jの換算式を用いますが、これを**熱の仕事当量**といいます。したがって、SI単位系で言えば1 gの純水を1 ℃高めるのに必要な熱量は、4.186 Jとなります。

比熱は、物体の温度や圧力などの条件によって異なりますが、圧力を一定に保つ場合の比熱を定圧比熱 c_p、体積を一定に保つ場合の比熱を定容比熱（あるいは定積比熱）c_v と呼びます。

後述の第3節（3）項で詳細に記載しましたように、一般に定圧比熱が定容比熱より大きくなりますが、液体や固体では温度上昇による体積変化が小さいことから、これらの差は無視できるほど小さくなるため単に比熱 c が用いられます。

物体の相変化、例えば氷が溶けて水になるような現象は、温度一定のもとで起こりますが、熱エネルギーの移動に伴って温度変化が見えないことから潜熱と呼ばれます。潜熱は、物質に熱を出入りさせて、その温度、圧力、化学組成が一定のままで相変化をさせた場合に出入りする熱量のことで、物質の種類と状態によって定まります。潜熱の単位は［J/kg］となります。

潜熱には、融解（固体から液体）に伴う融解熱と、蒸発（液体から気体）に伴う蒸発熱（気化熱）があります。

（4）圧力

圧力は、単位面積あたりの力の大きさで表され、SI単位系では圧力の単位はパスカル［Pa］が用いられます。

物理学での1気圧は、重力加速度 g が9.80665 m/s^{2}の場所で、密度13.595 g/cm^{3}の0 ℃の水銀柱が760 mmの高さを示す圧力で、これを標準気圧といい、1 atmで表します。

現在では、1気圧は101.3 kPaとされています。

熱工学では、絶対真空を基準（0ゼロ）として絶対圧によって圧力を表すことが一般的です。

これに対して、大気圧を基準として、現在の圧力が大気圧に比べてどのくらいあるかを表したものをゲージ圧と呼びます（第4章4節（1）項も参照）。

これまでに、熱工学の基礎的な項目を述べましたが、温度、圧力、比容積（単位重量あたりの容積）、密度、などのような物質の状態を表す量を状態量といいます。状態量は、物質の現在の状態のみによって定まる量であって、その過去においてどのような変化をしてきたかということは無関係です。

(5) 熱平衡

熱は、物質の分子の運動に基づくエネルギーの一形態です。温度の異なる2つの物体を接触させると、分子運動の激しい高温の物体から、分子運動の穏やかな低温の物体に分子運動のエネルギーである熱が伝えられます。

一般に、温度の異なる高温と低温の2個の物体を接触させておくと、はじめは高温の物体から低温の物体に熱エネルギーが移動しますが、十分に時間が経過すると、ついには同一の温度になって熱エネルギーの移動は停止してしまいます。このことを熱平衡の状態に達したといいます。

熱平衡の概念は、以下のように表されます。

「2個の物体がそれぞれ第三の物体と熱平衡の状態にあるときは、これらの2個の物体は相互に熱平衡の状態にある」。この概念を熱力学第0法則といいます。

わかりやすくするために、図3.2に示すように系Cの物体を温度計とすれば、それぞれの物体が温度計と熱平衡にある、すなわち同じ温度を示しているとすれば、2個の物体は同じ温度、すなわち熱平衡の状態にあるといえます。

温度は熱平衡の状態を示す基本的な物理量であって、温度の勾配が熱移動を引き起こしているといえます。また、熱エネルギーは、熱平衡の状態になるまでは温度の高いところから低いところに移動する、ということもできます。

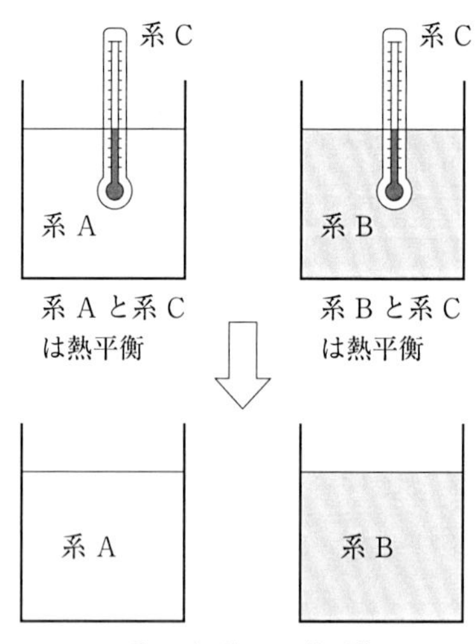

図3.2 熱力学第0法則

2. 熱力学第1法則

(1) 熱力学第1法則

第2章の機械力学・制御の2節 (4) 項で力学的エネルギー保存の法則について述べました。これによれば、「運動エネルギーとポテンシャルエネルギーの総和は常に変わらない」ということでした。

このエネルギー保存の法則は、熱についてもあてはまります。

ジュールは、これを水の中に設置した羽根車とおもりをつなげた装置で実験しました。おもりの重力運動で羽根車を回して水を攪拌して、停止した後の温度上昇を計測して、同じ温度変化は熱を加えることによっても可能であることから、熱と仕事は等しいものであることを示しました。

すなわち、「熱は本質的には仕事と同じエネルギーの一形態であり、仕事を熱に変えることもできるし、その逆に熱を仕事に変えることができ、熱と仕事の総和は変わらない」ということができます。これを熱力学第1法則といいます。

また、エネルギー保存の法則から、「ある状態で物体が保有するエネルギーの総和は、外部との間にエネルギーの交換がない限り一定不変であり、外部との間に交換がある場合には授受したエネルギーの量だけ減少あるいは増加する」といえます。

わかりやすくするために、この熱力学第1法則を数式的に表してみます。

ここで、図3.3に示すようなシリンダとピストンで囲まれた状態にある気体の系に、外部から熱量ΔQを加えて膨張した場合を考えてみます。

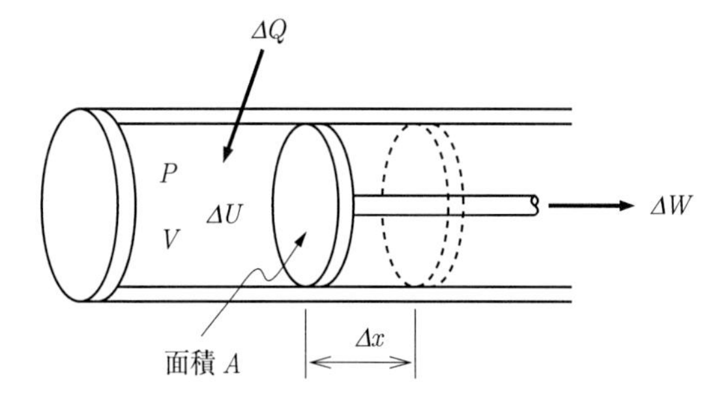

図3.3 シリンダ・ピストンのエネルギーと仕事

与えた熱は、気体が暖められるために使われたエネルギーと、その体積を増加させるために用いられたエネルギーの総和に等しい、というのが熱力学第1法則です。

加えた熱量を$\varDelta Q$、内部で増加したエネルギーを$\varDelta U$、外部に仕事をしたエネルギーを$\varDelta W$とすれば、これを式で表現すると、単純なのですが次式のようになります。$\varDelta$を付けたのは、変化した量を表しています。

$$\varDelta Q = \varDelta U + \varDelta W$$

仕事量の$\varDelta W$は、熱が加えられて容器の体積が$\varDelta V$だけ増加して、ピストンが$\varDelta x$の距離を移動したと考えます。圧力Pが一定で体積変化が起こるとすれば、次式となります。

仕事量（$\varDelta W$）＝作用する力（PA）×移動した距離（$\varDelta x$）＝$PA\varDelta x = P\varDelta V$

これを上記の式に代入すると、次式になります。

$$\varDelta Q = \varDelta U + P\varDelta V$$

これから、熱力学第1法則を気体について適用して微分形で表すと、次式になります。

$$dQ = dU + PdV$$

(2) 内部エネルギーとエンタルピー

気体分子は、絶対零度でない限り動き回っています。分子の構造によりいろいろな運動をしています。この運動エネルギーを**内部エネルギー**と呼んでいます。これが熱工学の基本的な状態量である熱となります。すなわち、内部エネルギーとは、その物体内に保有しているエネルギーのことをいいます。

エンタルピーHは、内部エネルギーをU、物体の圧力をP、容積をVとして、次式で定義されます。

$$H = U + PV \quad [\mathrm{J}]$$

また、単位質量あたりのエンタルピーを**比エンタルピー**hと呼び、次式となります。

$$h = u + Pv \quad [\mathrm{J/kg}]$$

この式からエンタルピーは、物体が保有している内部エネルギーと圧力が持つエネルギーの和であるといえます。圧力はエネルギーではありませんが、その圧力が持つエネルギーを圧力と容積の積で表し、仕事として考えることができます。

また、エンタルピーはU、P、Vで定義されていますので、これらはすべて状態量なのでエンタルピーも状態量といえます。単位から考えると熱量ということもいえます。

ここで、エンタルピーを微分形で表してみると、

$$dH = dU + d(PV) = dU + PdV + VdP$$

となります。PdVはどれだけ膨張できるか、VdPは圧力をどれだけ増加できるかということを表しています。そこで、エンタルピーの増加は、以下のことを意味していることになります。

エンタルピーの増加＝内部エネルギーの増加＋外部への仕事＋内部の圧力の増加

これを熱力学第1法則の式に代入して表すと、次式のようになります。

$$dQ = dU + PdV = (dH - PdV - VdP) + PdV = dH - VdP$$

圧力が一定の定圧変化では、$dP = 0$なので、この式は$dQ = dH$となります。

ここで、第1節（3）項で述べた定圧比熱c_pの定義から、次の関係となります。

$$dQ = dH = c_p dT$$

この式から、エンタルピーは圧力一定時には、温度を増加させるのに必要な熱量を表していることになります。

（3）作動流体のエネルギー保存則

図3. 4に示すような定常流動系を考えます。流入する体積V、質量mの作動流体（単位時間あたり）は、内部エネルギーに加えて運動エネルギーと位置エネルギーを伴って系内に流入します。この作動流体が速度w_iで高さz_iから流入するとすれば、全エネルギーE_iは以下の式になります。

$$E_i = U_i + PV_i + mw_i^2 / 2 + mgz_i = H_i + mw_i^2 / 2 + mgz_i$$ （Hはエンタルピー）

作動流体の単位質量あたりにすれば、以下のようになります。

$$e_i = h_i + w_i^2 / 2 + gz_i$$ （hは比エンタルピー）

同様に、この系から流出する作動流体の式は、以下のようになります。

$$E_o = H_o + mw_o^2 / 2 + mgz_o \qquad e_o = h_o + w_o^2 / 2 + gz_o$$

ここで、この系に熱量Qを加えて仕事Lを取り出すとすれば、熱力学第1法則

から以下の式が成り立ちます。

$$E_i + Q - L - E_o = 0 \qquad \therefore E_o - E_i = Q - L$$

この式を書き直すと、以下のようになります。

$$(H_o + mw_o^2 / 2 + mgz_o) - (H_i + mw_i^2 / 2 + mgz_i) = Q - L$$

$$(h_o - h_i) + (w_o^2 - w_i^2) / 2 + g(z_o - z_i) = q - l$$

作動流体が系を通過するときの運動エネルギーと位置エネルギーの変化を無視できれば、この式は、以下のように簡略化できます。

$$h_o - h_i = q - l$$

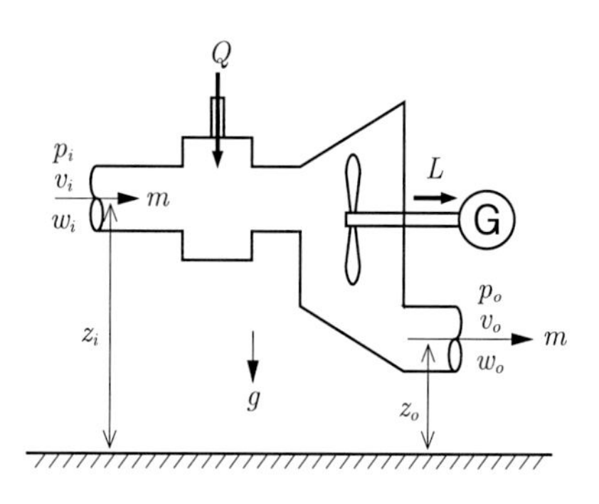

図3.4　定常流動系のエネルギー保存則

上記の説明では仕事を取り出すとしましたが、圧縮機で系内に仕事を与えて流体を圧縮する場合に必要な動力を考えます。この場合には、仕事Lを与えるとしてプラスにすればよいことになります。なお、エントロピーが等しい状態とすると、外から与えられる熱量Qをゼロにすればよいことになります。

よって、圧縮機に必要な仕事量Wは、以下の式で計算できます。

$$W = m(h_o - h_i)$$

なお、実際の圧縮機では、気体を圧縮するときの効率が100％ではないので圧縮機の消費した動力に効率を考慮する必要があります。

3. 理 想 気 体

(1) 一般の状態式

一定質量の気体を容積一定のタンクに入れる場合、気体の温度を一定値に保つと、気体の体積はタンクの容積が定まっているために圧力が決まってしまいます。このように一定質量の気体は、その温度と体積が決まると、その圧力は気体の性質によって定まり任意の値を取ることはできません。

したがって、圧力 P、容積 V、温度 T の間には次のような関係が成り立ちます。

$$f(P,\ V,\ T) = 0$$

このような物質の圧力、容積、温度などの間の関係式を表した式を、その物質の状態式といいます。

ボイルは、実験によって容器に密閉された気体の圧力と体積の関係を明らかにしました。状態1で圧力 P_1、体積 V_1 のものを圧縮して、状態2で圧力 P_2、体積 V_2 となったときに、次式の関係が成り立ちます。ただし、温度を一定に保った場合という条件があります。

$$P_1 V_1 = P_2 V_2 = PV = \text{一定}$$

これをボイルの法則といいます。

この式からわかるように圧力と体積は、反比例の関係にあります。したがって、圧力が2倍になれば体積は1／2倍になり、圧力が1／2倍になれば体積は2倍になります。

また、一定質量の気体の占める体積は、圧力が一定の場合にはその気体の絶対温度に比例する、としたのがシャルルの法則です。これを式に表すと次のようになります。

$$V = V_0 (1 + \alpha T)$$

ここで、V_0 は0℃のときの体積で、α は体膨張係数といいますが、気体によって多少異なりますが、ほぼ $\alpha = 1/273.15$ となります。

別の式で表すと、状態1で温度 T_1、体積 V_1 の気体を加熱して、状態2で温度 T_2、体積 V_2 になったときに、次式の関係が成り立ちます。

$$\frac{V_1}{T_1} = \frac{V_2}{T_2} = \frac{V}{T} = \text{一定}$$

シャルルの法則では、温度と体積の関係は正比例になっていることがわかります。

この2つの法則を合わせたものが、ボイル・シャルルの法則となり、式で表すと次のようになります。

$$\frac{P_1V_1}{T_1}=\frac{P_2V_2}{T_2}=\frac{PV}{T}=一定$$

この式から、気体の体積は圧力に反比例し絶対温度に比例していることがわかります。

(2) 理想気体の状態方程式

理想気体とは、実在気体の性質を理想化したもので**完全ガス**（あるいは**完全気体**）とも呼ばれています。

ボイル・シャルルの法則から、圧力Pと体積Vの積PVは絶対温度に比例しますので、理想気体では、圧力P [Pa]、体積V [m^3]、質量m [kg]、温度T [K]の間には次の関係が成り立ちます。

$$PV=mRT$$

または、比体積$v=V/m$ [m^3/kg] を用いれば、$Pv=RT$となります。

これらの式を理想気体の**状態方程式**といいます。言い換えれば、これらの式を満足する気体を理想気体あるいは完全ガスと呼びます。

ここで、R [J/(kg・K)] は、**気体定数**あるいは**ガス定数**と呼ばれている定数で、気体の種類によって異なる値を持っています。

また、気体の質量mは分子量Mとモル数nの積に等しいことから、状態方程式は次の式でも表されます。

$$PV=nMRT=nR_0T$$

ここで、R_0は**一般気体定数**（一般ガス定数あるいは**普遍気体定数**）と呼ばれている定数で、すべての理想気体について等しい値になります。

$$R_0=MR=8.3145\ [\mathrm{J/(mol \cdot K)}]$$

この定数は、熱工学で重要な定数となります。

なお、**モル数**とは、物質の原子や分子の数のことであり、6.02×10^{23}個集まった量を1モル [mol] といいます。1モルの分子や原子の質量は、その分子の分子量または原子の原子量にg（グラム）をつけた値のことです。炭素原子の質量数は12ですが、厳密に12 gあるときの原子数は6.02×10^{23}個必要であったことから決められています。例えば、水素H_2分子の1モルの場合は2 g、二酸化炭素CO_2の場合は1モルで44 gになります。

また、1モルの気体の体積は標準状態（1気圧、0℃）では、22.4 lとなり、標準状態での気体1モルの体積はどのような気体でも同じになります。

この1モルあたりの分子数をアボガドロ数といい、N_Aで表します。厳密には次の数値となります。

$$N_A = 6.02214 \times 10^{23} \ [\mathrm{mol}^{-1}]$$

ここで、状態方程式をモル数nの代わりに分子数Nで表してみますと、$n = N / N_A$であることから、次式となります。

$$PV = nR_0T = N\frac{R_0}{N_A}T = NkT$$

この式で$k = R_0 / N_A$としましたが、一般気体定数をアボガドロ数で割ったものですから、分子1個あたりの気体定数と考えることができます。このkをボルツマン定数と呼びます。この値は、$k = R_0 / N_A = 1.38066 \times 10^{-23}$ [J/(個・K)]となります。1 Kの温度増加で1個の分子が得るエネルギーを表していることになります。

熱工学では一般的に、検討する対象を気体のかたまりとして扱う場合には一般気体定数R_0を用いますが、分子のエネルギーとして取り扱う場合にはボルツマン定数kが用いられます。

(3) 理想気体の比熱

単位質量あたりの理想気体の内部エネルギーとエンタルピーの変化は、次の関係式となります（定容比熱の定義および第2節（2）項参照）。

$$dU = c_v dT、\quad dH = c_p dT$$

ここで、c_vは定容比熱、c_pは定圧比熱です。

これらの関係を理想気体の熱力学第1法則の式に代入すると次式のようになります（第2節（1）、（2）項参照）。

$$dQ = dU + PdV = c_v dT + PdV$$

$$dQ = dH - VdP = c_p dT - VdP$$

一方、単位質量あたりの状態方程式$PV = RT$は、次式のとおりで表されます。

$$d(PV) = PdV + VdP = RdT$$

これら3つの式から、以下の関係式が求まります。

$$c_p dT = c_v dT + RdT$$

$$\therefore c_p - c_v = R$$

この関係式から、理想気体では定圧比熱と定容比熱の差が気体定数になります。これをマイヤーの関係式といいます。

また、この関係式からどのような気体でも定圧比熱は常に定容比熱よりも大きいことがわかります。なお、定圧比熱と定容比熱の比$c_p / c_v = \kappa$が比熱比として定義されています。比熱比は常に1以上の値になります。理想気体の比熱比は、単原子気体では5/3、2原子気体では7/5、多原子気体では4/3となり、原子数が少ないほど大きくなります。

表3. 1に主な実際の気体の気体定数、比熱と比熱比を示します。

表3. 1　主な気体の気体定数、比熱と比熱比

気　体	気体定数R [J/(kg·K)]	定圧比熱c_p [kJ/(kg·K)]	定容比熱c_v [kJ/(kg·K)]	比熱比 κ
ヘリウム（He）	2076.9	5.197	3.120	1.666
水素（H_2）	4124.0	14.32	10.19	1.405
窒素（N_2）	296.79	1.040	0.744	1.399
酸素（O_2）	259.82	0.915	0.655	1.397
空気	286.99	1.006	0.719	1.399
一酸化炭素（CO）	296.82	1.043	0.746	1.398
一酸化窒素（NO）	277.08	0.995	0.718	1.386
二酸化炭素（CO_2）	188.91	0.850	0.661	1.286
アンモニア（NH_3）	488.20	2.156	1.668	1.293
メタン（CH_4）	518.23	2.232	1.714	1.302

出典：日本機械学会 JSME テキスト熱力学

(4) 理想気体の混合

お互いに反応しない数種類の理想気体を混合した場合、混合後の混合気体の圧力を全圧といい、混合前に単独で存在したときの各成分気体の圧力を分圧といいますが、全圧は分圧の和に等しくなります。これをダルトンの法則といいます。

これは各気体成分がお互いに干渉することなく独立性をもっていることを意味しています。

ここでは、単純化のために気体Aと気体Bの2つの気体を混合した場合を考えます。

混合前の気体Aの質量、体積、圧力、温度をそれぞれM_A、V_A、P_A、T_Aとし、気体BのそれらをM_B、V_B、P_B、T_Bとします。

混ぜ合わさった混合気体のそれらをM、V、P、Tとすれば、以下のようになります。

$$M = M_A + M_B$$

$$V = V_A + V_B$$

$$P = P_A + P_B \quad \text{(ダルトンの法則)}$$

比熱をそれぞれc_A、c_B、cとすれば、混合前後での熱量は等しいので次式の関係が得られます。

$$cMT = c_A M_A T_A + c_B M_B T_B = (c_A M_A + c_B M_B) T$$

ここから、混合気体の比熱と温度は、次式で求められます。

$$c = \frac{c_A M_A + c_B M_B}{M}, \quad T = \frac{c_A M_A T_A + c_B M_B T_B}{c_A M_A + c_B M_B}$$

(5) 理想気体の状態変化

理想気体が、可逆的に状態変化する場合を考えます。なお、可逆変化については、次の第4節(1)項を参照してください。

(a) 等容変化(等積変化あるいは定積変化ともいう)

体積が一定であるので、状態方程式は、$\frac{P_1}{T_1} = \frac{P_2}{T_2} = \frac{P}{T} = \text{一定}$ の関係となります。

体積の増減がないため、気体は膨張も圧縮もしないので、外部への仕事もありません。

熱力学第1法則の式は、$dQ = dU + PdV$ですが、$dV = 0$となるため、$dQ = dU = c_v dT$となります。この式から、加えた熱量はすべて内部エネルギーの増加となり、内部温度も上昇します。逆に熱量を取れば内部エネルギーは減少して、内部温度も低下します。

エントロピー（第4節（4）項参照）は、熱量を増加した場合は正となり、熱量を取る場合は負となります。

(b) 等温変化

温度が一定であるので、状態方程式は、$P_1 V_1 = P_2 V_2 = PV =$一定　の関係となります。

単位質量あたりの理想気体の内部エネルギーの変化は、$dU = c_v dT$ですが、この式から、$dT = 0$となるので、$dU = 0$であるから内部エネルギーのUは一定で変化しないことがわかります。

また、$dQ = PdV$であることから、加えた熱量により気体は膨張してすべて仕事に変えることが可能です。等温圧縮の場合は、圧縮に必要な仕事に相当する熱量を外部に放熱します。

エントロピーは、等温膨張の場合は正となり、等温圧縮の場合は負となります。

(c) 等圧変化（定圧変化ともいう）

圧力が一定であるので、状態方程式は、$\frac{V_1}{T_1} = \frac{V_2}{T_2} = \frac{V}{T} =$一定　の関係となります。

体積を一定に保って熱量を加えると圧力が上昇してしまうので、圧力を一定にするためには、気体は膨張して体積が増加します。

また、熱力学第1法則の式は、$dQ = dH - VdP$ですが、$dP = 0$となるため、$dQ = dH = c_p dT$となります。よって、熱量を加えると気体の温度は上昇し、それに伴って体積も増加することがわかります。そのため、内部エネルギーは増加します。

逆に等圧圧縮の過程の場合は、熱量を外部に放出して、内部エネルギーは減少します。

エントロピーは、等圧膨張の場合は正となり、等圧圧縮の場合は負となります。

(d) 断熱変化

ある系の状態が変化するとき、外部からの熱量の授受が一切ない場合のことです。

熱力学第1方程式は、$dQ = dU + PdV$で、$dQ = 0$ですから、$dU = -PdV$となります。

また、$dU = c_v dT$ですから、内部エネルギーUは絶対温度Tに正比例の関係があります。この関係から、以下のとおりとなります。

・断熱膨張：$dV > 0$となるので、$dU < 0$ですから、内部温度は下がります。

・断熱圧縮：$dV < 0$となるので、$dU > 0$ですから、内部温度は上がります。

なお、断熱過程による圧力と温度の変化を定量的に表す式は、$P_1 V_1{}^{\kappa} = P_2 V_2{}^{\kappa} = PV^{\kappa} =$一定　となり、これをポアソンの関係式といいます。この式でκは比熱比です。

ボイル・シャルルの法則の式$\dfrac{PV}{T} =$一定　も同時に成り立つので、これらの式から$TV^{\kappa-1} =$一定　の関係式が得られます。

エントロピーは変化しないので、等エントロピー変化ともいいます。

(e) ポリトロープ変化

状態変化の過程で熱の出入りがある場合、圧力と容積の関係を一般化したもので、以下の式で表される変化をポリトロープ変化といい、定数nをポリトロープ指数といいます。

$$P_1 V_1{}^{n} = P_2 V_2{}^{n} = PV^{n} = \text{一定}$$

断熱変化と同様に、ボイル・シャルルの法則の式も同時に成り立つので、これらの式から$TV^{n-1} =$一定　の関係式が得られます。

ポリトロープ指数nが特定の値のとき、例えば以下のような場合に、上述の（a）～（d）の状態変化を表します。

$n = 0$：等圧変化

$n = 1$：等温変化

$n = \infty$：等容変化

$n = \kappa$：断熱変化

4. 熱力学第2法則

(1) サイクル

連続的に熱が仕事に置き換えられるために、どうすればよいかを考えます。

一度熱を加えて仕事を取り出した後に、何らかの方法で系内の気体の状態を熱が加えられる前の状態に戻せば、連続して仕事が取り出せます。ただし、このとき系内の気体の状態を元に戻すのに、取り出した仕事量以上の仕事が必要とされないよう工夫する必要があります。

このように、連続的に熱エネルギーから仕事に変換して、途中さまざまな変化をしてから系内の状態を元の状態に戻す行程を**サイクル**と呼びます。

後述するように、実際の熱機関では種々のサイクルが考案されています。

また、熱機関の理論最大熱効率を考慮するためには、実物の熱機関内で生じているさまざまな現象を理想化する必要があります。例えば、力学の計算において物体の自由落下では空気摩擦を無視するような場合が、それにあたります。

熱工学においては、現実の不可逆変化を可逆変化と理想化する場合があります。

可逆変化（あるいは可逆過程）とは、起こった変化が周囲に何らの痕跡も残さずに再び変化前の状態に戻すことができる変化のことをいいます。**不可逆変化**（過程）とは、可逆変化でないものをいいますが、起こった変化を元の状態に戻そうとするときに、仮に戻せても完全には元の状態に戻せずに何らかの痕跡が残ってしまったり、元に戻すために何らかのエネルギーが必要となるような変化をいいます。

代表的な不可逆変化には、摩擦、異なる物質の混合、化学反応などがあります。

熱機関を理想化するうえでは、実際の熱機関ではピストンとシリンダの摩擦などにより不可逆変化が生じていますが、内部ガスの温度差も摩擦もなくピストンの運動が常にバランスを保って、時間を無視してゆっくりと行われると仮定して、可逆変化と理想化してます。

(2) カルノーサイクル

カルノー（人名）は、高温熱源から熱エネルギーを得て、その一部から仕事を行い、残りの熱を低温熱源に戻す、という熱機関の理論最大熱効率を考察するために理想的なモデル化を考えました。

カルノーサイクルのモデルは、図3. 5に示すものであり温度 T_H の高温熱源から熱量 Q_H を取り入れて、その一部を外部への仕事 W に変換してから、残りの熱量 Q_L を温度 T_L の低温熱源へ捨てる、という動作を繰り返します。

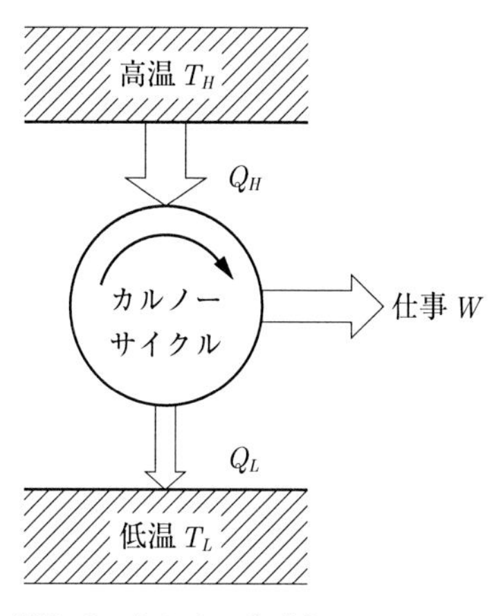

図3. 5　カルノーサイクルのモデル

物体の圧力 P と体積 V とを直交座標の両軸にとって状態変化を表した線図を ***P－V*線図**と呼びますが、カルノーサイクルは図3. 6の $P-V$ 線図に示すように4つのサイクルから構成されています。高温熱源と低温熱源との間に働く熱機関のサイクルで、2つの等温変化と2つの断熱変化からなるもので、準静的過程（時間の経過を無視したゆっくりとしたもの）と仮定した可逆サイクルの1つです。

その各過程を以下に説明します。

①A→Bの過程：等温膨張

高温における等温給熱過程であり、シリンダ内の気体は、外部からの熱を吸収することによって、状態AからBに膨張します。内部の温度は、温度 T_H の高温熱源から熱量 Q_H を取り入れて状態AからBに変化しますので、準静的過程であるには、高温熱源 T_H と同じ温度で変わらないから等温膨張となります。

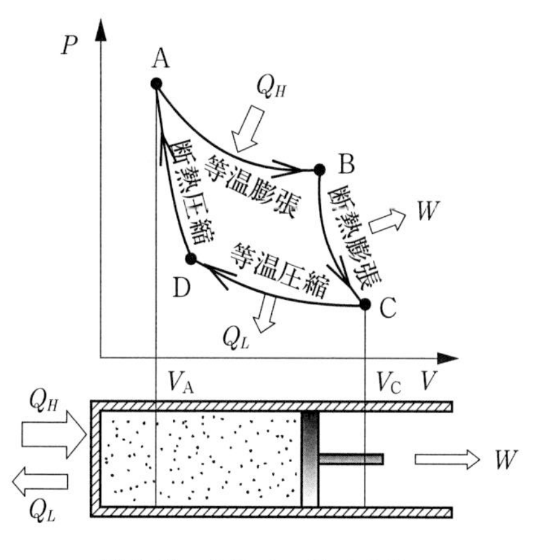

図3. 6　カルノーサイクル

②B→Cの過程：断熱膨張

高温熱源からの熱量Q_Hが遮断されて、状態BからCに膨張します。熱の出入りがなく膨張するために温度が下がり、低温熱源のT_Lに等しくなるまで膨張します。断熱変化で外に対して仕事Wをしているために、内部エネルギーは減少して温度はT_HからT_Lに下がります。この過程は、断熱冷却の過程で断熱膨張となります。

③C→Dの過程：等温圧縮

内部の気体が低温熱源のT_Lと同じ温度になり、低温熱源に触れた状態で体積を減少させる過程となります。外部から仕事を得て、状態CからDに圧縮される間に熱が出ますが、その熱量Q_Lは温度T_Lの低温熱源へ捨てられます。この過程は、元の状態に戻すために必要な部分で、低温における等温放熱の過程で等温圧縮となります。

④D→Aの過程：断熱圧縮

低温熱源から切り離されて、状態Dから最初のAに圧縮されて戻ります。外部からの仕事を得て圧縮されますが、その間に熱が外に出ませんので内部の気体は高温熱源の温度T_Hまで上昇します。この過程で元の状態に戻りますが、断熱における昇温の過程で断熱圧縮となります。

次にカルノーサイクルの熱効率を考えます。熱効率とは、熱機関が高温熱源から受け取った熱量のうちの、どれだけを正味の仕事に変換したかを示す比率で、熱機関の最も重要な性能値の1つです。

熱機関のサイクルにおいて、作動流体が高温熱源から供給された熱量をすべて仕事にできるわけではありません。供給された熱量Q_Hのうちで、外部に対して成す正味の仕事をWとして、低温熱源へ捨てられる熱量をQ_Lと考えます。

熱機関として、Aから時計回りにA→B→C→D→Aのサイクルを描いて、この間に外部に行った仕事は、$W = Q_H - Q_L$となります。

これから熱機関の効率ηは、次式で表すことができます。このηはサイクル効率とも呼ばれます。

$$\eta = \frac{W}{Q_H} = \frac{Q_H - Q_L}{Q_H} = 1 - \frac{Q_L}{Q_H} = 1 - \frac{T_L}{T_H}$$

ここで、Wは外部になす仕事で熱機関の出力です。Q_Hは高温熱源から得る入熱量でT_Hはその温度、Q_Lは低温熱源への排熱量でT_Lはその温度を表します。ただし、温度は絶対温度です。

この式から、熱源の温度の差が効率になります。

なお、実際の熱機関のサイクルと熱効率は、第5節「サイクル」で述べますが、カルノーサイクルは熱機関の中で最も効率の良いサイクルです。

現実的にカルノーサイクルを持つエンジンを作ることは不可能ですが、比較対象の基準となる理想的なサイクルとして用いられています。

(3) 熱力学第2法則

前項(2)の熱機関の効率の式を見てみると、熱機関として考えた場合の効率は100%にはなりません。それは、式から考えて以下のことからいえます。

- $Q_L = 0$になれば効率も100%になりますが、それではサイクルが元に戻らなくなり熱機関として作動することは不可能です。したがって、熱機関を作動させるためには、捨て去る無効なエネルギーが必要になるということです。
- $T_L = 0$の絶対零度になれば効率も100%になりますが、現実的にはありえません。

このように、連続的に熱を仕事に置き換えるためには、系内の状態を元に戻す行程を含んだサイクルを構成することが必要であり、その動作にあたっては系に熱を加えるだけでなく、その一部を外部に放出する必要があることがわかります。

このことは、系に加えた熱エネルギーのすべてを連続的に仕事に置き換えることはできないことを意味しており、このような概念を熱力学第2法則と呼びます。

熱力学第2法則は、熱エネルギーの本質を述べた法則であり、いくつかの表現がありますが、以下にその内容を記載します。

①唯一の熱源から熱を取り出し、それをすべて正の仕事に変換し続ける熱機関は存在しない。

②温度の低い熱源から熱を取り出し、それを温度の高い熱源に移す以外に何

らの影響をも伴わないようにすることはできない。

この2つは、異なる表現でありますが、同じ内容を述べたものです。

少しわかりにくい表現なので、簡単にすれば次の2点に要約されます。

・熱は高温の物体から低温の物体へと移動しますが、その逆は自然には発生しません。

・すべての熱を仕事に変換するサイクルはできません。

第2種永久機関とは、外部から得た熱エネルギーをすべて仕事に変換できるような仮想の熱機関のことをいいますが、熱力学第2法則は、第2種永久機関が現実には不可能であることを示しています。

(4) エントロピー

加えられる熱量をdQとし、そのときの温度Tで割ったものを次式で定義して、このSをエントロピーと呼びます。単位は［J/K］となります。

$$dS = \frac{dQ}{T}$$

エントロピーSは、エンタルピーHと同様に気体の状態量を表していますが、熱量ではなくて熱の状態量を示していて、熱の授受によって変化します。

温度Tは絶対温度で常に正の値となるため、系に熱が入ればエントロピーは増加し、反対に熱が放出されればエントロピーは減少します。

断熱過程のように熱の授受がない過程においては、エントロピーの増減はありません。

エントロピーは、物質の量に比例する状態量なので、比エントロピーsを質量mの物質の単位質量あたりのエントロピーとして定義すれば、$s = S/m$［J/kg・K］となります。

第4節（2）項で述べたカルノーサイクルは、等温過程と断熱過程の繰り返しであるので、図3.7に縦軸に温度T、横軸にエントロピーSを表した図を示します。この線図を***T*–*S*線図**と呼びます。この線図により温度の変化がわかりやすくなります。

A→Bの過程の等温膨張では、$dS_1 = +\dfrac{Q_H}{T_H}$ となります。

C→Dの過程の等温圧縮では、$dS_2 = -\dfrac{Q_L}{T_L}$ となります。

B→CおよびD→Aの過程では断熱過程となり、$dS=0$です。

$\dfrac{Q_H}{T_H}=\dfrac{Q_L}{T_L}$ の関係があることから、$dS_1+dS_2=0$となってサイクル全体ではエントロピーの変化がないことになります。

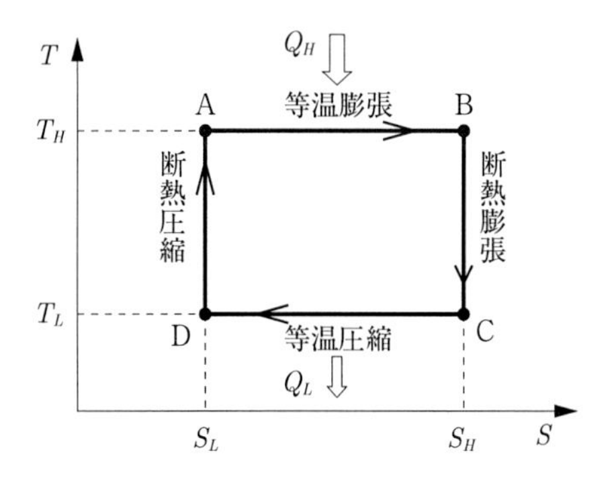

図3.7　カルノーサイクルのT–S線図

このように可逆サイクルにおいては、$S=0$となりエントロピーの増加はありません。

不可逆サイクルにおいては、$S>0$となりエントロピーは増加します。現実のすべての過程は不可逆サイクルとなるため、ある系を考えればエントロピーは常に増加していることになります。このことを**エントロピー増加の法則**といいます。

ここで、一例として伝熱の場合のエントロピーの増加を考えてみます。

温度T_1（高温源）の系から、温度T_2（低温源）の系に熱量dQが伝わった場合のエントロピーの増加分は、以下のようになります。ただし、2つの系の熱容量は十分に大きく、外部からの影響による温度変化は無視できるものと考えます。

高温源の系のエントロピーは、$dS_1=\dfrac{-dQ}{T_1}$（エントロピーは減少）

低温源の系のエントロピーは、$dS_2=\dfrac{dQ}{T_2}$（エントロピーは増加）

この伝熱による状態変化により、エントロピーの変化dSは以下のようになります。

$$dS=dS_1+dS_2=\frac{-dQ}{T_1}+\frac{dQ}{T_2}=dQ\left(\frac{1}{T_2}-\frac{1}{T_1}\right)$$

以上の式から、$T_1 > T_2$であるため、全体のエントロピーは増加します。

次に、エントロピー変化の式を考えてみます。ここでは、境界の温度が変化する場合の式を求めます。

物質mで構成された閉じた系に対して、エントロピーの定義式と熱力学の第1法則の式は、以下のようになります。

$$dQ = TdS$$

$$dQ = dU + PdV$$

これらの式から、次式が得られます。

$$TdS = dU + PdV$$

この式は、可逆過程における熱力学第1、第2法則を組み合わせた重要な式で、ギブスの式と呼ばれています。

また、エンタルピーは、$dH = dU + PdV + VdP$となりますので（第2節（2）項参照）、dUを消去すれば次式でも表現できます。

$$TdS = dH - VdP$$

これらの式の両辺を物質の質量mで割って単位質量あたりの表現にすれば、以下のようになります。

$$Tds = du + Pdv$$

$$Tds = dh - vdP$$

上記の2式は、熱力学第1、第2法則を統合し、かつエントロピーという直接測定できない抽象的な状態量を、容易に測定できる温度、体積や圧力などの状態量で表現した熱工学の基本式となります。

この式を使って、状態1から状態2に至る理想気体のエントロピー変化Δsを求める式を考えてみます。

上記で与えられた式$Tds = du + Pdv$、および$Tds = dh - vdP$をTで割って比エントロピーの形にすれば、以下の式になります。

$$ds = \frac{du}{T} + \frac{Pdv}{T} \qquad ds = \frac{dh}{T} - \frac{vdP}{T}$$

比熱が温度に依存せずに一定とした理想気体では、以下の関係が成り立ちます。

$$Pv = RT、du = c_v dT、dh = c_p dT$$

ここで、c_v、c_p、Rはそれぞれ定積比熱、定圧比熱、気体定数です。

これらの式を上の式に代入すると、以下の式になります。

$$ds = c_v \frac{dT}{T} + R\frac{dv}{v}$$
$$ds = c_p \frac{dT}{T} - R\frac{dP}{P}$$

状態1から状態2に至るエントロピーの変化Δsは、これらの式を積分すれば得られるので以下のとおりになります。

$$\Delta s = c_v \int_1^2 \frac{dT}{T} + R\int_1^2 \frac{dv}{v} = c_v \ln\left(\frac{T_2}{T_1}\right) + R\ln\left(\frac{v_2}{v_1}\right)$$
$$\Delta s = c_p \int_1^2 \frac{dT}{T} - R\int_1^2 \frac{dP}{P} = c_p \ln\left(\frac{T_2}{T_1}\right) - R\ln\left(\frac{P_2}{P_1}\right)$$

(5) エクセルギー

前述の「熱力学第2法則」で説明したように、すべての熱を必要とする有効な仕事に変換することはできません。

そのため、エネルギーが無駄に捨てられている部分を定量的に明らかにして、効率よくエネルギーを消費することが求められています。このようなエネルギーの問題を検討して、より良いシステムを設計するために考えられたのが、エクセルギーという概念です。

エクセルギーとは、ある系が周囲の系と平衡状態になるまでに力学的な仕事として取り出せる理論上の最大仕事（エネルギー）のことです。**有効エネルギー**ともいいます。

すなわち、全エネルギーを利用できるエネルギーと利用できないエネルギーに分け、利用できるエネルギーを「エクセルギー」と呼んでいます。全エネルギーから、エクセルギーを引いた利用不可能なエネルギーを無効エネルギーと呼ぶこともあります。

熱力学第2法則によれば、周囲と同じ温度の1つの熱源から仕事を取り出すことはできません。例えば、大気中の温度と等しい常温の水は、その温度に対応した内部エネルギーを持っていますが、この水からエネルギーを取り出すことはできません。外気の温度と異なって初めて、その水からエネルギーを取り出すことができます。エクセルギーは、ある系が周囲と平衡状態に達するまでに取り出すことのできる最大の仕事量（エネルギー）のことですので、高温と低温の2つの熱源の温度差があれば仕事を取り出すことができます。

取り出すことのできる理論上の最大の仕事は、次式で表されます。

$$E_Q = L_{\max} = Q_H \cdot \eta_C = Q_H \left(1 - \frac{T_L}{T_H}\right)$$

ここで、E_Qはエクセルギー、$L_{\max}$は得られる仕事量（エネルギー）、Q_Hは高温熱源から入力した熱量、η_Cはカルノーサイクル熱効率、T_Lは低温熱源温度、T_Hは高温熱源温度です。

熱のエクセルギーは、高温熱源の熱量にカルノー効率をかけたものになります。

この式によれば、2つの熱源の温度差が大きければ大きいほどカルノーサイクル熱効率η_Cは大きくなり、取り出すことのできる仕事量（エネルギー）は大きくなります。

なお、現実的な問題として考えると、上記で述べたエクセルギーは、理論上の最大仕事であってそれをすべて利用できるものではありません。

理論上のエクセルギーを効率の分母として、実際に得られる仕事L_{act}との比で表した以下の式をエクセルギー効率η_Hと定義しています。有効エクセルギー効率ともいいます。

$$\eta_H = \frac{\text{利用したエクセルギー（得られた仕事）}}{\text{エクセルギー}} = \frac{L_{act}}{E_Q}$$

5. サ イ ク ル

(1) ピストンエンジンのサイクル

内燃機関は、機関内部で燃料を燃焼させて動力を取り出す原動機です。ここでは、一般的な内燃機関として、往復ピストンエンジンについて述べます。

実際の内燃機関のサイクルでは、燃焼前の作動流体が燃料蒸気と空気の混合気体であるか、あるいは空気のみであるのに対して、燃焼後は複雑な排気ガス成分となります。また、摩擦や伝熱などの不可逆変化があり、実際のサイクルを厳密に取り扱うのはきわめて複雑となりますので、理想化したサイクルを仮定しています。

(a) オットーサイクル

オットーにより創案され、ガソリンエンジンなど火花点火式内燃機関の基本サイクルで、作動流体の加熱および放熱が同じ容積のもとで行われるため、定容サイクルともいいます。

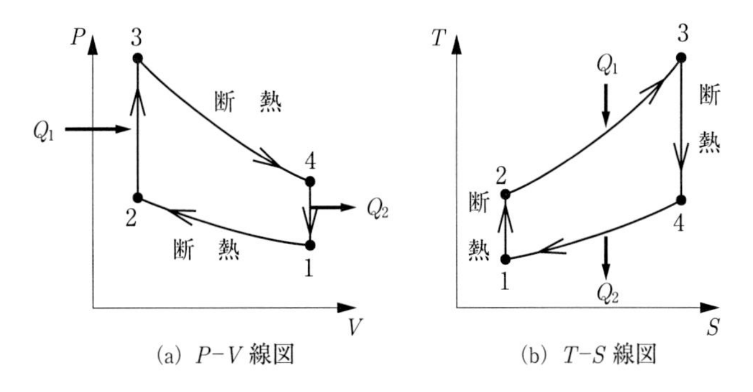

(a) P–V 線図　　(b) T–S 線図

図3. 8　オットーサイクル

図3. 8にこのサイクルのP–V線図およびT–S線図を示しますが、その各過程は以下のようになります。

①第1過程：図の1→2の変化で断熱圧縮

断熱状態のまま内部の混合ガスが圧縮されて温度が上昇します。

②第2過程：図の2→3の変化で等容加熱

断熱圧縮された混合ガスが、2で点火プラグで着火して熱が与えられますが容積が一定のため圧力が上昇します。

③第3過程：図の3→4の変化で断熱膨張

断熱膨張しながらピストンを押し下げて外部に仕事をします。

④第4過程：図の4→1の変化で等容放熱

シリンダ内に残っている熱を排出することで圧力が下がり、元の状態に戻ります。

なお、オットーサイクルの理論効率ηは、次式で表されます。

$$\eta = 1 - \left(\frac{1}{\varepsilon}\right)^{\kappa - 1} = 1 - \varepsilon^{1-\kappa}$$

ここで、$\kappa = C_p / C_v$は比熱比、$\varepsilon = V_1 / V_2$は圧縮比を表します。

比熱比は作動流体で決まりますので、圧縮比が大きくなるほど効率も高くなります。しかし実際のガソリンエンジンでは、強度上の問題やノッキング現象などにより高圧縮化には限度があります。

(b) ディーゼルサイクル

ディーゼルの創意による圧縮着火式内燃機関の基本サイクルで、中低速で回転するディーゼルエンジンの基本サイクルです。作動流体の加熱が定圧で行われるため、定圧サイクルともいいます。

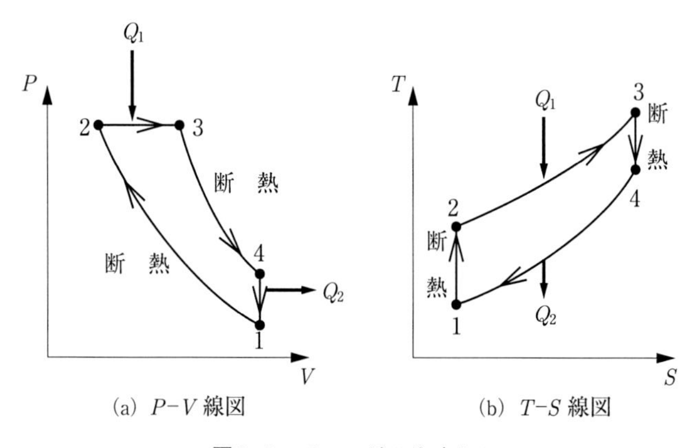

図3. 9 ディーゼルサイクル

図3. 9にこのサイクルの$P-V$線図および$T-S$線図を示しますが、オットーサイクルでの等容加熱が等圧加熱に置き換えられたサイクルで、その各過程は以下のようになります。

①第1過程：図の1→2の変化で断熱圧縮

オットーサイクルと同じですが、断熱状態のまま内部の空気のみが圧縮されて温度が上昇します。

②第2過程：図の2→3の変化で等圧加熱

断熱圧縮され高温になった2の空気の中に燃料を霧状にして噴霧します。燃焼が始まり温度が上がり膨張を初めて体積が増えますが、圧力は一定のままとなります。

③第3過程：図の3→4の変化で断熱膨張

3で燃料の噴射が終わり燃焼も終わって、断熱膨張しながらピストンを押し下げて外部に仕事をします。

④第4過程：図の4→1の変化で等容放熱

熱を排出することで圧力が下がり、元の1の状態に戻ります。

なお、ディーゼルサイクルの理論効率ηは、次式で表されます。

$$\eta = 1 - \left(\frac{1}{\varepsilon}\right)^{\kappa-1}\left(\frac{\sigma^{\kappa}-1}{\kappa(\sigma-1)}\right)$$

ここで、$\sigma = T_3 / T_2 = V_3 / V_2$のことを**締切比**または**等圧膨張比**といいます。κは比熱比、εは圧縮比です。

また、ディーゼルエンジンの圧縮比εは、ガソリンエンジンより大きくなります。

(c) サバテサイクル

サバテの提唱によるサイクルで、定圧および定容の両サイクルを組み合わせたもので、現在の高速で回転するディーゼルエンジンの基本サイクルです。**複合サイクル**あるいは**合成サイクル**とも呼ばれています。

高速ディーゼルエンジンでは燃焼が2段階となり、燃焼室内に噴射された燃料の一部がほぼ定容と考えられる間に燃焼し、その後続いて噴射される燃料がほぼ定圧のもとで燃焼します。

図3. 10にこのサイクルの$P-V$線図および$T-S$線図を示します。サバテサイクルでは、加熱の部分が2→3′と3′→3の2カ所あって前半の加熱部分が等容燃焼で、後半の加熱部分が等圧燃焼になっています。それ以外の過程はディーゼルサイクルと同じです。

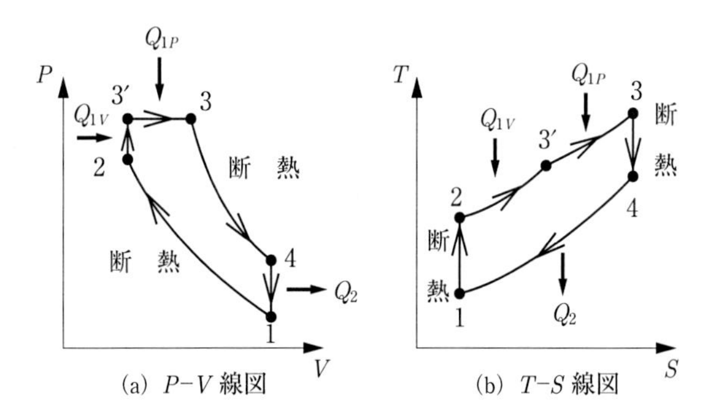

図3. 10　サバテサイクル

なお、サバテサイクルの理論効率ηは、次式で表されます。

$$\eta = 1 - \left(\frac{1}{\varepsilon}\right)^{\kappa-1}\left(\frac{\rho\sigma^{\kappa} - 1}{(\rho - 1) + \kappa\rho(\sigma - 1)}\right)$$

ここで、$\rho = P_3 / P_2$のことを圧力上昇比または爆発比といいます。κは比熱比、εは圧縮比、σは締切比です。

この式で、$\rho = 1$のときはディーゼルサイクルに一致し、$\sigma = 1$のときはオットーサイクルの式と同じ理論効率になります。

(2) ガスタービンのサイクル

発電所で使われているガスタービンは、エンジンに流入した空気を圧縮機で圧縮し、燃焼器で燃料を加えたのち燃焼させ、高温高圧ガスを作り、このガスをタービンの羽根車にあてて、そのエネルギーを直接回転仕事に変える熱機関です。得られた回転仕事が発電機などの駆動力となりますが、タービンで発生した仕事の一部で圧縮機を駆動しています。

ガスタービンの構成要素は、圧縮機、燃焼器、タービンと各種の熱交換器です。また、作動流体が、圧縮、燃焼、膨張の各行程でそれぞれの機器で連続的に定常状態で流れているところが大きな特徴です。

この熱機関の基本サイクルはブレイトンサイクルと呼ばれ、断熱圧縮、等圧加熱、断熱膨張、等圧冷却の4つの過程から構成されています。

図3. 11にこのサイクルの基本構成を示します。また、図3. 12にP−V線図およびT−S線図を示しますが、その各過程は以下のようになります。

①第1過程：図の1→2の変化で断熱圧縮

空気を吸入して、圧縮機で空気を圧縮させて温度が上昇します。

②第2過程：図の2→3の変化で等圧加熱

断熱圧縮された空気を燃焼器に入れて、圧力一定の状態で燃料と混合して燃焼させて加熱します。

③第3過程：図の3→4の変化で断熱膨張

熱エネルギーの流入を断って、吸入時と同じ圧力まで断熱膨張しながらタービンの羽根車を回転する仕事をします。

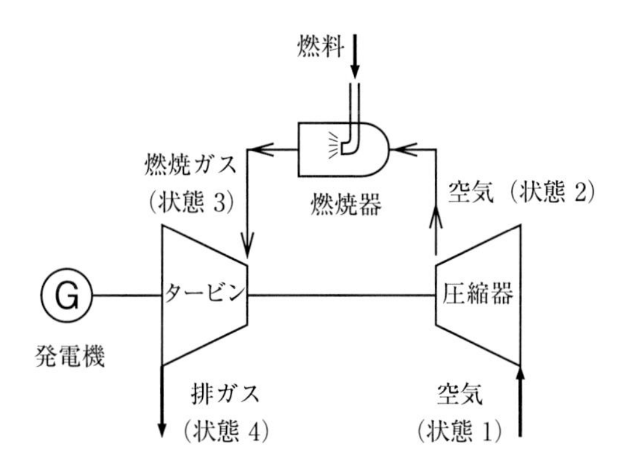

図3.11　ガスタービンの構成

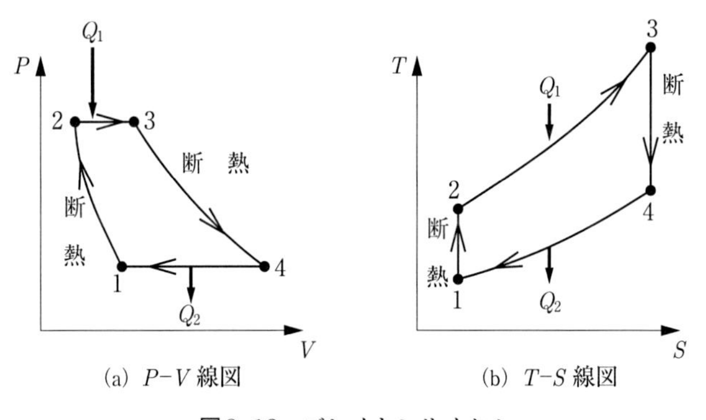

図3.12　ブレイトンサイクル

④第4過程：図の4→1の変化で等圧冷却

圧力が一定の状態で熱を排出して冷却して、元の1の状態に戻ります。

ただし、実際には、タービンから流出した作動流体はそのまま下流に流れていき、圧縮機からは常に新しい作動流体が流入しているのですが、サイクルを構成するうえではこの図に示すように等圧冷却過程を加えます。

なお、ブレイトンサイクルの理論効率ηは、次式で表されます。

$$\eta = 1 - \frac{1}{\gamma^{(\kappa-1)/\kappa}}$$

ここで、γは圧縮機の出口圧力P_2と入口圧力P_1の比で圧力比といいます。κは比熱比です。この式からわかるように、圧力比が大きくなるほど効率がアップしますので、このサイクルの性能に関係する重要なパラメータとなります。

(3) 蒸気サイクル

蒸気タービンは、電力会社の事業用火力発電所、工場の自家用発電所、大形船舶などの大出力用の原動機として用いられています。

(a) ランキンサイクル

蒸気原動機の構成要素は、重油などの燃料を燃焼させて水から高温・高圧の蒸気を発生させるボイラ、この蒸気の膨張により動力を発生する蒸気タービン、仕事を終わった蒸気タービンから出た低圧蒸気を冷却して水に戻す復水器、復水した水をふたたびボイラに送り返す給水ポンプで、図3. 13に基本構成を示します。発電所では、蒸気タービンから回転仕事として軸出力を取り出し、発電機を駆動することにより電気を発生させます。

蒸気原動機を理想化して表したものを**ランキンサイクル**といい、等圧加熱、断熱膨張、等圧冷却、断熱圧縮の4つの可逆過程から構成されています。

このサイクルの特徴は、水と蒸気の間の相変化による作動物質の状態変

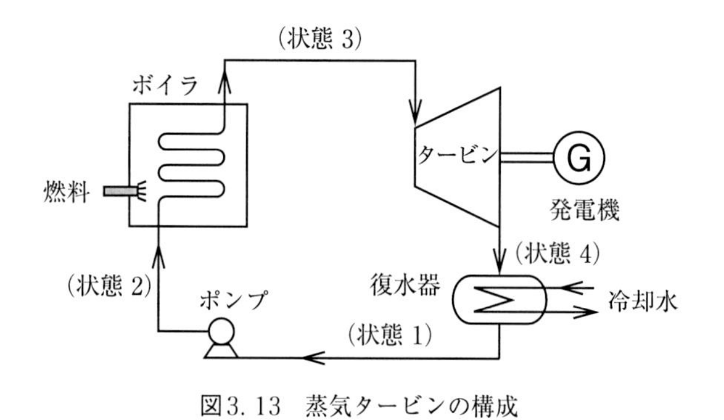

図3. 13　蒸気タービンの構成

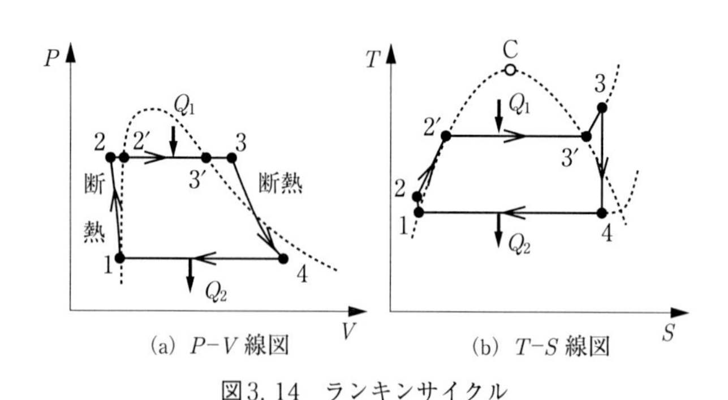

(a) P–V 線図　(b) T–S 線図

図3. 14　ランキンサイクル

化を利用して、力学的仕事を取り出していることです。

給熱（加熱）と排熱（冷却）が、ほぼ一定の温度で行えるために理想サイクルに近い動作をするといえます。

図3. 14にこのサイクルの$P-V$線図および$T-S$線図を示しますが、その各過程は以下のようになります。

①第1過程：図の1→2の変化で断熱圧縮

ボイラ給水は、給水ポンプによって断熱圧縮されて高圧水になってボイラに供給されます。

②第2過程：図の2→3の変化で等圧加熱

ボイラ内での加熱および蒸発で、圧力一定の状態で加熱して高圧水を過熱蒸気にする過程です。2から2′までは水の状態で等圧加熱されて、2′（C点は臨界点でこれより左側の点線を**飽和液線**という）から3′までは湿り蒸気（水＋蒸気の二相）の状態で等圧加熱されてから、3′（C点から右側の点線は**飽和蒸気線**という）から3までは過熱蒸気になって等圧加熱されます。

③第3過程：図の3→4の変化で断熱膨張

熱エネルギーの流入を断って、断熱膨張しながらタービンの羽根車を回転する仕事をします。圧力低下によって過熱蒸気の温度も低下して、湿り蒸気になります。

④第4過程：図の4→1の変化で等圧冷却

圧力が一定の状態で、復水器により熱を排出させて湿り蒸気から飽和水に戻します。これで、元の1の状態に戻ります。

ランキンサイクルの効率は、タービン入口の蒸気の状態と復水器内の状態で決まります。一般的には、タービン入口の蒸気の圧力と温度が高いほど、また復水器で冷たく冷やすほど熱効率が高くなります。

ここで、図3. 14の$\boldsymbol{T-S}$線図に示した番号の各状態における比エンタルピーをh_iとして理論効率を表す式を考えてみます。

比エンタルピーは単位質量あたりのエンタルピーであり、物体（この場合は水と蒸気）が保有しているエネルギーです。このエネルギーにより蒸気タービンを作動して仕事を取り出しています。

1→2は、ポンプによる加圧で、ポンプの仕事（必要動力）は、

$W_P = h_2 - h_1$

2→3は、ボイラの加熱量で、受けた熱量は、$q_B = h_3 - h_2$

3→4は、タービンで仕事を取り出しますが、タービンの仕事（出力）は、$W_T = h_3 - h_4$

4→1は、復水器の冷却で放熱する熱量で、$W_C = h_4 - h_1$

正味の仕事はタービンの出力からポンプで消費した動力を差し引いたものになりますので、理論熱効率ηは、以下の式になります。

$$\eta = \frac{W_T - W_P}{q_B} = \frac{(h_3 - h_4) - (h_2 - h_1)}{h_3 - h_2}$$

(b) **再熱サイクル**

ランキンサイクルでは、タービン入口の圧力と温度を上げるほど熱効率が高くなりますが、タービン入口温度は使用する材料の耐熱性により上限があります。そのため、タービンでの膨張を途中で止めて蒸気を取り出し、ボイラで再度加熱して過熱度を上げてから2回に分けて膨張させます。これを**再熱サイクル**といいます。通常、タービンを高圧タービンと低圧タービンに分け、高圧タービンから出た蒸気をボイラの再熱器で再度加熱してから低圧タービンに蒸気を入れて膨張させます。図3. 15に基本構成を示します。

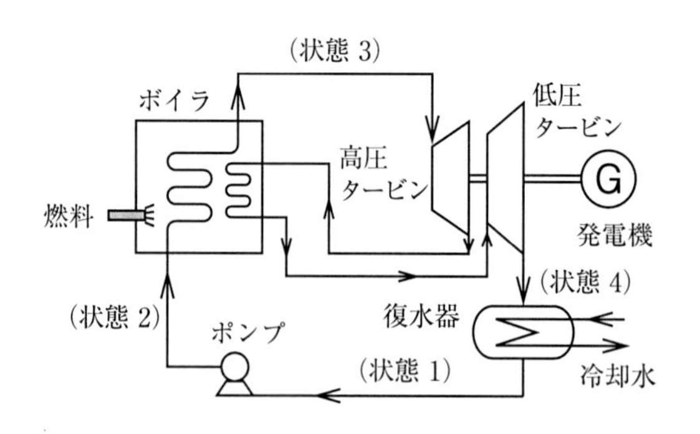

図3. 15　再熱サイクルの構成

(c) 再生サイクル

一方、ボイラへの加熱量を減らす方法として、タービンで膨張している途中の蒸気を取り出し（抽気という）、ボイラへの給水を加熱する方法を**再生サイクル**といいます。蒸気を抽気することによりタービンの仕事量は減少しますが、ボイラでの加熱量の減少効果があり熱効率は向上します。図3. 16に基本構成を示します。

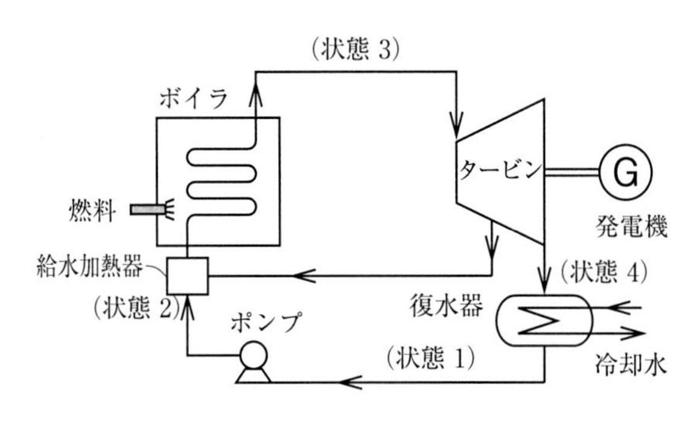

図3. 16　再生サイクルの構成

(4) 冷凍サイクル

(a) 逆カルノーサイクル

第4節（2）項で述べたカルノーサイクルは可逆サイクルですから、これを逆に作動させると図3. 17に示すように低温の熱源から高温の熱源に熱を移動させることができます。

外部から仕事Lを与えることにより、カルノーサイクルと逆の経路となるサイクルを**逆カルノーサイクル**と呼び、理想的な冷凍サイクルとなります。

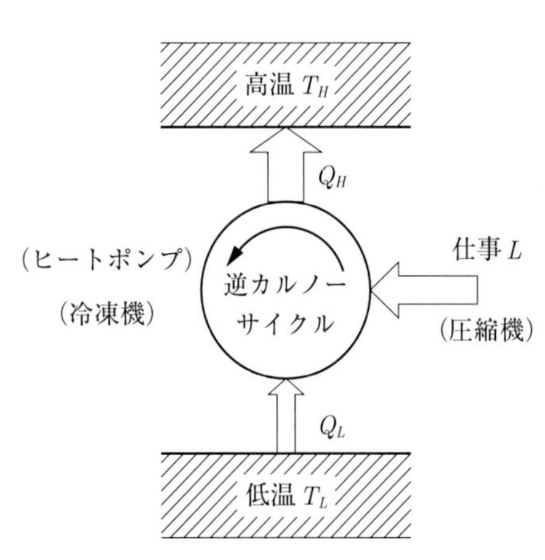

図3. 17　逆カルノーサイクルのモデル

このサイクルは、工学的に

2つの用途が考えられ、低温熱源から熱 Q_L を取って冷やす目的の場合が冷凍機であり、一方で高温熱源へ熱 Q_H をくみ上げて暖めることが目的の場合がヒートポンプとなります。

これらの装置は熱機関と逆サイクルとなるので、外部からの仕事を供給する必要があります。このため圧縮機が設けられていて、これを動かすモータが消費する動力で外部からの仕事となります。

逆カルノーサイクルによる冷凍機とヒートポンプの性能は、それぞれ次式で定義される成績係数（COP、動作係数ともいう）によって表されます。

冷凍機　　　　：$\varepsilon_R = \dfrac{Q_L}{L} = \dfrac{Q_L}{Q_H - Q_L} = \dfrac{1}{\dfrac{Q_H}{Q_L} - 1}$

ヒートポンプ　：$\varepsilon_H = \dfrac{Q_H}{L} = \dfrac{Q_H}{Q_H - Q_L} = \dfrac{1}{1 - \dfrac{Q_L}{Q_H}}$

また、理論最大成績係数は、以下のようになります。

冷凍機　　　　：$\varepsilon_{R(\max)} = \dfrac{Q_L}{L} = \dfrac{T_L}{T_H - T_L} = \dfrac{1}{\dfrac{T_H}{T_L} - 1}$

ヒートポンプ　：$\varepsilon_{H(\max)} = \dfrac{Q_H}{L} = \dfrac{T_H}{T_H - T_L} = \dfrac{1}{1 - \dfrac{T_L}{T_H}}$

この式から、熱源の温度（絶対温度）により計算できることがわかります。

また、これらの式およびエネルギー保存の関係式 $Q_H = Q_L + L$ から、$\varepsilon_H = \varepsilon_R + 1$ となることがわかります。

(b) 蒸気圧縮式冷凍サイクル

実際の冷凍サイクルの一例として、蒸気圧縮式冷凍サイクルの構成機器と、その作動原理を説明します。

図3. 18に示したように、圧縮機、凝縮器、膨張弁と蒸発器で構成されています。圧縮機は、モータあるいはエンジンにより駆動され、これらの

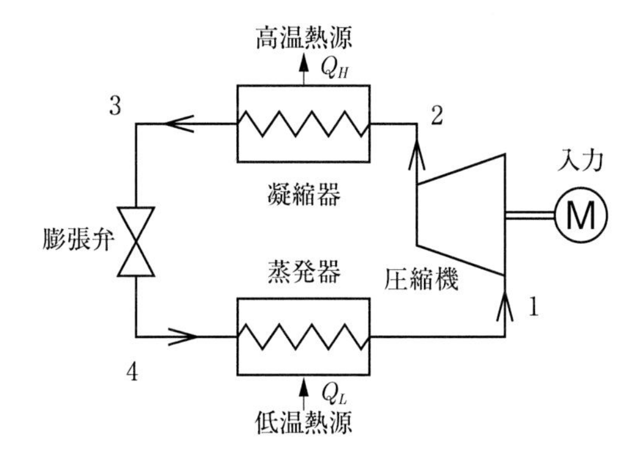

図3. 18　蒸気圧縮式冷凍サイクルの構成

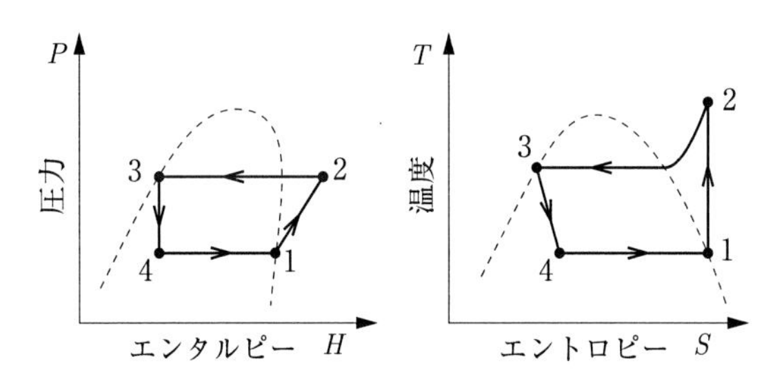

図3. 19　蒸気圧縮式冷凍サイクル

機器を作動物質である冷媒が循環します。また、P−H線図およびT−S線図を図3. 19に示しますが、各過程での冷媒の変化を以下に説明します。

①1→2の過程：低温・低圧の飽和蒸気の冷媒が圧縮機によって断熱圧縮されて、高温・高圧の過熱蒸気となります。冷媒の温度が上昇します。圧縮機の動力が外部からの仕事になります。

②2→3の過程：凝縮器では、冷媒は放熱しながら等圧で冷却されて、凝縮して高圧の飽和液になります。ここで高温熱源に熱Q_Hを放出して周囲は温められます。

③3→4の過程：膨張弁で絞られて等エンタルピー膨張（減圧）して、低圧・低温の湿り蒸気になります。温度と圧力が降下します。

④4→1の過程：最後に蒸発器では、低圧の冷媒は外部からの熱を吸熱して等圧で加熱されて蒸発して飽和蒸気になります。ここで低温熱源から熱Q_Lを吸収して周囲は冷却されます。

(5) スターリングサイクル

スターリングサイクルは、外燃式ピストンエンジンに適用されるガスサイクルで、シリンダ内の作動ガスを外部から加熱・冷却して仕事を得る外燃機関です。

特徴としては、外燃機関であることから熱源の多様性、排気ガスがクリーンであること、複雑な弁機構などがなく静寂性が高いことが挙げられます。

図3. 20にスターリングエンジンの構造と作動原理を示します。また、図3. 21にこのサイクルのP−V線図およびT−S線図を示します。

①1→2：等容加熱過程

圧縮側ピストンは上に、膨張側ピストンは下に移動します。エンジン内の作動ガスが加熱器（ヒーター）を通過し、高温となり膨張空間へ流れ込みます。容積一定で加熱されて、エンジン内のガス圧力が高まります。

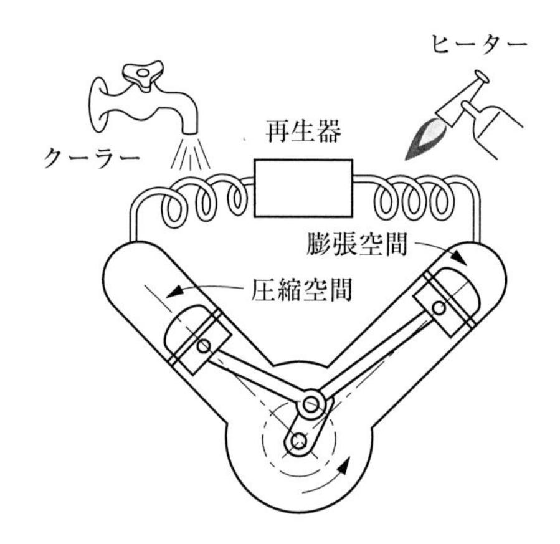

図3. 20　スターリングエンジンの構造

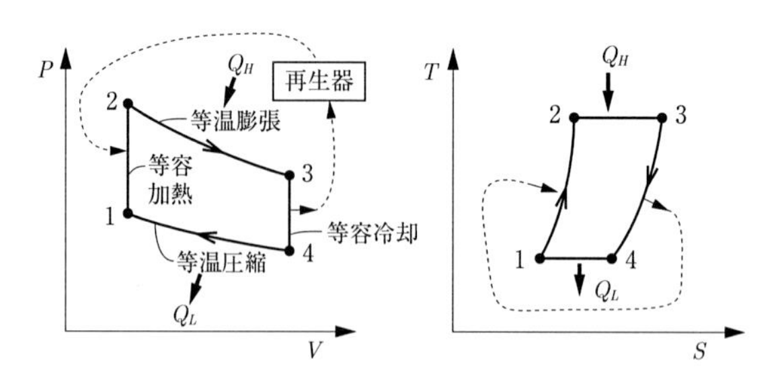

図3. 21　スターリングエンジン

②2→3：等温膨張過程

両方のピストンは下向きに移動し、温度を一定に保ちながら作動ガスは膨張します。エンジンは外部に仕事を行います。

③3→4：等容冷却過程

圧縮側ピストンは下に、膨張側ピストンは上に移動します。エンジン内の作動ガスが冷却器（クーラー）を通過し、低温となり圧縮空間へ流れ込みます。エンジン内のガス圧力が容積一定で低下します。

④4→1：等温圧縮過程

次の過程では両ピストンは上に移動し、作動ガスは温度を一定に保ちながら圧縮されます。エンジンは外部より仕事がされて、外部に熱を捨てます。

このようにスターリングエンジンは、気体が暖まると膨張し、冷やされると圧縮する性質をうまく利用して動いています。スターリングサイクルは、等容加熱、等温膨張、等容冷却、等温圧縮を繰り返すサイクルで、2つの等温過程があることが特徴です。また、再生器を取り付けることで、③の等容冷却のときに放出される熱を①の等容加熱のときに再生して利用できるのが特徴です。

これにより、理論熱効率は以下の式となりカルノーサイクルの熱効率に等しくなります。

$$\eta = 1 - \frac{Q_L}{Q_H} = 1 - \frac{T_L}{T_H}$$

また、逆スターリングサイクルは、小型の装置構成で低温を発生させることが可能であり各種冷凍機等への応用が可能です。逆スターリングサイクルにおいては、作動媒体としてヘリウムガスや水素ガス、窒素ガスなどを採用することができるため、地球環境に悪影響を及ぼすことがありません。

6. 燃　焼

(1) 燃料

熱機関、ボイラなどの熱の供給は、石炭、石油、天然ガスなどの各種の燃料を燃焼させています。燃焼とは、燃料中の可燃成分と空気中の酸素が急激に反応して、熱と光を発生させる現象のことをいいます。このときに発生する反応熱が、熱源として利用されています。

燃焼して多量の熱を発生するのは、炭素と水素です。これらの成分を多く含んだ物質が燃料として用いられます。燃料とは、空気中で燃焼しその熱を熱機関、ボイラなどの目的にあった熱源として経済的に利用できる物質のことをいいます。

燃料は、その状態によって固体燃料、液体燃料、気体燃料に大別することができます。

固体燃料としては、一般的には石炭が使用されています。わが国では1960年代までは石炭が中心でしたが、その後は石油が主流となりました。質は千差万別で、発熱量などによりさまざまな分類（無煙炭、れき青炭など）がなされています。主な用途は、発電、製鉄などです。また、石炭を蒸し焼き（乾留）にしてコークスとしての利用もあります。石炭よりも燃焼時の発熱量が高く、高温を得ることができるので鉄鋼業などの燃料として使用されています。

液体燃料としては、原油から石油精製（蒸留・分留など）によって造られる、ガソリン、灯油、軽油、重油などが代表的な燃料となります。液体燃料の特徴としては、発熱量が高い、輸送や貯蔵が容易、石炭に比べてばい煙や二酸化硫黄（SO_2）などの有害な排ガスの発生が少ない、などがあります。

気体燃料としては、地中から採取される天然ガスはメタンが主成分でエタン、プロパン、ブタンなどを含んでいます。石油液化ガスは、石油精製の際に副生されるものがほとんどでプロパン、プロピレン、ブタン、ブチレンなどが主成分となっていて、プロパンガスやLPGと呼ばれています。用途は、都市ガスや発電用です。都市ガスは、天然ガスが主体で、LPGその他のガスを混合して発熱量を調整しています。特徴としては、燃焼効率が高く完全燃焼が得られやすい、二酸化硫黄（SO_2）などの有害な排ガスの発生が少ない、などがあります。特に最近の火力発電所では、天然ガスを燃料とするものへの転換が進められています。その理由として、コンバインドサイクルを採用した高効率の発電が可能であることや、石炭や重油焚きに比べて同じ熱量を得る場合の二酸化炭素CO_2の発生が少なく、地球温暖化防止の対策となるためです。

(2) 燃焼の形態

固体燃料の石炭の燃焼は、蒸発と熱分解によって発生した揮発成分の気相反応と、残った揮発しない炭素の表面に空気（酸素）が拡散して反応する**表面燃焼**により生じます。また、空気との表面積を大きくするために、石炭を微粉化して燃焼させる場合もありますが、これは**微粉炭燃焼**といわれています。

液体燃料の場合には、そのまま液相で反応することはほとんどなく、表面から蒸発した燃料蒸気が空気中の酸素と気相反応で燃焼します。このような燃焼を**蒸発燃焼**といいます。燃料によっては、熱によって燃料成分が分解しながら燃焼をはじめる場合もあり、これを**分解燃焼**といいます。またガソリンエンジンのように、燃料を無数の小さな液滴に微粒化して、蒸気が発生する表面積を増加させて燃焼する方法を**噴霧燃焼**といいます。

気体燃料の場合には気相反応で燃焼しますが、気体燃料を燃焼前に空気とあらかじめ混合させて燃焼させることを**予混合燃焼**といいます。これに対して、あらかじめ混合しないで燃料と空気を別々に供給して燃焼室でお互いが拡散しながら混合されて、適度な燃焼濃度になったところで燃焼することを**拡散燃焼**といいます。

例えば、ガソリンエンジンは、あらかじめ燃料と空気を混合させて霧状に燃焼室に供給してから、圧縮したところを点火プラグで燃焼させるので予混合燃焼です。一方、ディーゼルエンジンは、まず空気だけを燃焼室に取り入れ、圧縮して温度が上がったときに燃料を噴霧するので拡散燃焼です。ただし、最近の直噴型ガソリンエンジンは、拡散燃焼のガソリンエンジンであり、通常のガソリンエンジンの予混合燃焼とディーゼルエンジンの拡散燃焼の長所を取り入れて、高効率と経済性を図っています。

(3) 燃焼の基礎式

燃焼という現象はきわめて複雑な反応です。最も簡単な水素H_2の次の化学反応でも、一度にこの反応が生じるのではなくて、その間で複雑な連鎖反応が生じています。

$$H_2 + \frac{1}{2}O_2 = H_2O$$

しかし、燃料の燃焼を工業的に取り扱う場合には、その中間の複雑な反応について考慮する必要はなくて、燃料の可燃成分と酸素あるいは空気、燃焼後の最終生成物について考えることにしています。

また、上記の反応は、水素の直接燃焼反応により生じる熱エネルギーは241.1 kJ/molとなりますが、同じ反応により燃料電池を用いることにより電気エネルギーに変換する場合には、最大228.6 kJ/molの電気エネルギーを取り出すことができます。

ここでは、熱エネルギーについて考えますが、工業的に使用されている燃料中の主な可燃成分は炭素と水素であり、ほかに少量のいおうを含むことがありますので、これら3つの元素の燃焼についての式が、燃焼の基礎式となります。

(a) 炭素

①完全燃焼

完全燃焼の場合には、次式になります。

$$C + O_2 = CO_2 + Q_1$$

この式は、1 kmolの炭素と1 kmolの酸素が結合して1 kmolの二酸化炭素となり、そのときにQ_1の燃焼熱を発生することを表しています。このときの燃焼熱Q_1は、407 [MJ/kmol] になります。

この場合に、反応する物質が同温・同圧の気体として考えられると上式の量的な関係は容積についても成立することになります。そのときには、次式のように表されます。

$$1\ \mathrm{Nm^3}\ C + 1\ \mathrm{Nm^3}\ O_2 = 1\ \mathrm{Nm^3}\ CO_2 + 18.17\ [\mathrm{MJ/Nm^3}]$$

また、kmol数に分子量を乗じると質量に書き換えられますから、次式となります。

$$12\ \mathrm{kg}\ C + 32\ \mathrm{kg}\ O_2 = 44\ \mathrm{kg}\ CO_2 + Q_1$$

したがって、炭素1 kgで考えると次式のように表されます。

$$1\ \mathrm{kg}\ C + \frac{32}{12}\ \mathrm{kg}\ O_2 = \frac{44}{12}\ \mathrm{kg}\ CO_2 + 33.91\ [\mathrm{MJ/kg}]$$

なお、燃焼に必要な空気量についてはこの後の（5）項で詳細を記載しますが、ここでは燃焼に必要な酸素量を考えます。

この関係式は、モル数・容積・質量について成り立ちますので、1 kmolの体積は22.4 m^{3}ですから、炭素12 kgが燃焼するのには酸素が22.4 m^{3}必要です。ここから、炭素1 kgが燃焼するのに必要な酸素は、$\frac{22.4}{12}=1.867\ m^3$になります。

②不完全燃焼

不完全燃焼の場合には、次式になります。

$C+\frac{1}{2}O_2=CO+Q_2$　　ここでは、$Q_2=123$［MJ/kmol］

完全燃焼と同様にこの式は、次式のように表されます。

$1\ Nm^3\ C+\frac{1}{2}\ Nm^3\ O_2=1\ Nm^3\ CO+5.46$［$MJ/Nm^3$］

$12\ kg\ C+16\ kg\ O_2=28\ kg\ CO+Q_2$

$1\ kg\ C+\frac{16}{12}\ kg\ O_2=\frac{28}{12}\ kg\ CO+10.26$［MJ/kg］

(b) 水素

①燃焼生成物が液体の場合

$H_2+\frac{1}{2}O_2=H_2O_{(l)}+Q_{3(l)}$　　ここでは、$Q_{3(l)}=286$［MJ/kmol］

$1\ Nm^3\ H_2+\frac{1}{2}\ Nm^3\ O_2=1\ Nm^3\ H_2O_{(l)}+12.76$［$MJ/Nm^3$］

$2\ kg\ H_2+16\ kg\ O_2=18\ kg\ H_2O_{(l)}+Q_{3(l)}$

$1\ kg\ H_2+8\ kg\ O_2=9\ kg\ H_2O_{(l)}+142$［MJ/kg］

これらの式でH_2Oにつけた添え字の（l）は、生成物が液体であることを表しています。

②燃焼生成物が蒸気の場合

$H_2+\frac{1}{2}O_2=H_2O_{(g)}+Q_{3(g)}$　　ここでは、$Q_{3(g)}=241$［MJ/kmol］

$1\ Nm^3\ H_2+\frac{1}{2}\ Nm^3\ O_2=1\ Nm^3\ H_2O_{(g)}+10.76$［$MJ/Nm^3$］

$2\ kg\ H_2+16\ kg\ O_2=18\ kg\ H_2O_{(g)}+Q_{3(g)}$

$1\ kg\ H_2+8\ kg\ O_2=9\ kg\ H_2O_{(g)}+119.6$［MJ/kg］

これらの式でH_2Oにつけた添え字の（g）は、生成物が蒸気であることを表しています。

生成物が液体である場合と蒸気の場合では、1 kmolあたりの発熱量に45 MJの差があります。

炭素の場合と同様に、必要な酸素量を考えます。水素2 kgが燃焼するのには酸素が$\frac{22.4}{2}\ m^3$で$11.2\ m^3$必要です。ここから、水素1 kgが燃焼するのに必要な酸素は、$\frac{11.2}{2}=5.6\ \mathrm{m^3}$になります。

(c) いおう

いおうの燃焼の場合には、以下の式になります。

$S+O_2=SO_2+Q_4$　　ここでは、$Q_4=297$ [MJ/kmol]

$1\ \mathrm{Nm^3}\ S+1\ \mathrm{Nm^3}\ O_2=1\ \mathrm{Nm^3}\ SO_2+13.23$ [MJ/Nm³]

$32\ \mathrm{kg}\ S+32\ \mathrm{kg}\ O_2=64\ \mathrm{kg}\ SO_2+Q_4$

$1\ \mathrm{kg}\ S+1\ \mathrm{kg}\ O_2=2\ \mathrm{kg}\ SO_2+9.28$ [MJ/kg]

炭素の場合と同様に、必要な酸素量を考えます。いおう32 kgが燃焼するのには酸素が22.4 m³必要です。ここから、いおう1 kgが燃焼するのに必要な酸素は、$\frac{22.4}{32}=0.7\ \mathrm{m^3}$になります。

(4) 燃料の発熱量

燃料の単位量が、標準気圧のもとで燃焼の始めと終わりの温度を0 ℃として、この場合に十分な乾燥空気で完全に燃焼したときに発生する熱量のことを**発熱量**といいます。通常、固体燃料と液体燃料では、単位量を質量単位とした[MJ/kg]で表し、気体燃料では単位量を容積とした[MJ/Nm³]で表します。

発熱量には、高発熱量と低発熱量があります。

高発熱量は、燃料中に含まれている水素や炭化水素が燃焼すると燃焼ガス中に水蒸気が発生しますが、この生成水蒸気が凝縮したときに得られる潜熱と燃料の燃焼熱を含めた発熱量のことをいい、**高位発熱量**あるいは**総発熱量**ともいいます。

低発熱量は、燃焼ガス中に生成した水蒸気がそのままの状態で、凝縮潜熱を含めない発熱量のことをいい、**低位発熱量**あるいは**真発熱量**ともいいます。加熱炉、ボイラなど実際のプラントでは、燃焼排ガスは100 ℃以上で装置外に排出されるため、凝縮潜熱は利用できません。そのため熱効率を計算する場合には、低発熱量が一般的に使用されています。

高発熱量H_oと低発熱量H_uには次の関係があります。

低発熱量H_u＝高発熱量H_o－水蒸気の凝縮潜熱×水蒸気の量

次に発熱量の算出について説明します。発熱量の正確な値は、熱量計によって実測しなければなりませんが、ここでは元素成分によって近似計算を行う場合について述べます。

(a) 固体および液体燃料の場合

燃料の単位質量1 kg中の炭素・水素・いおう・酸素および水分の量をそれぞれc、h、s、oおよびw [kg] とすれば、低発熱量H_uの近似値は次式で求められます。

$$H_u = 33.91c + 119.6\left(h - \frac{o}{8}\right) + 9.28s - 2.5w \quad [\mathrm{MJ/kg}]$$

ここで水素の組成を$h - \frac{o}{8}$としたのは、燃料中に含まれる酸素のうち$\frac{o}{8}$は、すでに燃料中の水素と結合してH_2Oの状態であると考えて、燃焼に関与しないものとしてそのぶんを水素から差し引いています。

また、燃焼ガス中の水分は、水素の燃焼によって生じる$9h$ [kg/kg] と、燃料中の水分w [kg/kg] との合計となりますので、低発熱量H_uと高発熱量H_oとの間には、次の関係式となります。

$$H_u = H_o - 2.5(9h + w) \quad [\mathrm{MJ/kg}]$$

(b) 気体燃料の場合

燃料1 Nm^3中の水素・一酸化炭素・メタン・エチレンの量をそれぞれ(H_2)、(CO)、(CH_4)、(C_2H_4) [Nm^3] とすれば、低発熱量H_uは次式で求められます。

$$H_u = 10.76\,(H_2) + 12.64\,(CO) + 35.8\,(CH_4) + 59.9\,(C_2H_4) \quad [\mathrm{MJ/Nm^3}]$$

この式の各燃焼成分の前の数字は、それぞれの成分の1 Nm^3あたりの低発熱量を示します。

例えば、都市ガスを3 Nm^3/hrで供給して10分間燃焼させたときに発生する熱量を求めると以下のようになります。ただし、都市ガスの低発熱量は、41.1 [MJ/Nm^3] とします。

$$H_u = 41.1\,[\mathrm{MJ/Nm^3}] \times 3\,[\mathrm{Nm^3/hr}] \times 10/60\,[\mathrm{h}] = 20.55\,[\mathrm{MJ}]$$

表3. 2に各種燃料における発熱量を示します。

表3.2 各種燃料成分の発熱量

燃料成分	化学反応式	高発熱量			低発熱量		
		MJ/kmol	MJ/kg	MJ/Nm³	MJ/kmol	MJ/kg	MJ/Nm³
炭素（C）	$C+O_2=CO_2$	407	33.91	—	407	33.91	—
炭素（C）	$C+0.5O_2=CO$	123	10.26	—	123	10.26	—
硫黄（S）	$S+O_2=SO_2$	297	9.28	—	297	9.28	—
水素（H_2）	$H_2+0.5O_2=H_2O$	286	142.0	12.76	241	119.6	10.76
一酸化炭素（CO）	$CO+0.5O_2=CO_2$	283	10.13	12.64	283	10.13	12.64
メタン（CH_4）	$CH_4+2O_2=CO_2+2H_2O$	891	55.6	39.9	801	49.9	35.8
エチレン（C_2H_4）	$C_2H_4+3O_2=2CO_2+2H_2O$	1424	50.8	64.0	1333	47.6	59.9
エタン（C_2H_6）	$C_2H_6+3.5O_2=2CO_2+3H_2O$	1561	52.0	70.4	1426	47.4	64.4
プロパン（C_3H_8）	$C_3H_8+5O_2=3CO_2+4H_2O$	2220	50.4	101.8	2040	46.3	93.6
ブタン（C_4H_{10}）	$C_4H_{10}+6.5O_2=4CO_2+5H_2O$	2880	49.6	134.0	2650	45.7	123.6

(5) 燃焼に必要な空気量

燃料中の元素の炭素Cと水素Hが、それぞれCO_2とH_2Oにすべて変わって燃焼生成物中に可燃成分を残さない燃焼を完全燃焼といいます。

これに対して、燃焼生成物中に未燃の燃料分、炭素CやCOなどの可燃成分を残すような燃焼を不完全燃焼といいます。

不完全燃焼は、燃料に対して十分な量の酸素（空気）が供給されていない場合、燃焼室が過冷されて燃焼に十分な温度が得られない場合や、酸素が供給されても燃焼反応が完了するまでに十分な時間をかけて燃焼が行われない場合に生じます。

燃焼に必要な空気量を求める場合、空気の近似的な容積組成は酸素21％と窒素79％、すなわち酸素1に対して窒素3.76の組成として扱います。

窒素は高温では反応して酸化窒素を形成しますが、通常の必要酸素量の計算では可燃成分とは反応に影響しない不活性物質とみなして扱います。

したがって、燃焼が空気によって行われる場合には、炭素および水素の燃焼反応は次式で表されます。

$$C + O_2 + 3.76\,N_2 = CO_2 + 3.76\,N_2$$

$$H_2 + \frac{1}{2}\,O_2 + \frac{3.76}{2}\,N_2 = H_2O + \frac{3.76}{2}\,N_2$$

この関係式は、先に説明したようなモル数・容積・質量についても成り立ちます。

炭化水素は一般的にC_nH_mで表されますから、C_nH_mについて考えると次式が成り立ちます。

$$C_nH_m + \left(n + \frac{m}{4}\right)O_2 + 3.76\left(n + \frac{m}{4}\right)N_2 = nCO_2 + \frac{m}{2}H_2O + 3.76\left(n + \frac{m}{4}\right)N_2$$

なお、燃料を完全燃焼させるためには、理論上で必要とされる酸素量（空気量）よりも多くの酸素（空気）を供給する場合もありますが、この過剰の酸素をαで表すと、上記の式は次のようになります。

$$C_nH_m + \left(n + \frac{m}{4} + \alpha\right)O_2 + 3.76\left(n + \frac{m}{4} + \alpha\right)N_2$$
$$= nCO_2 + \frac{m}{2}H_2O + \alpha O_2 + 3.76\left(n + \frac{m}{4} + \alpha\right)N_2$$

一例として、プロパン（C_3H_8）3 Nm^3を完全燃焼させるために必要な理論的な酸素量と空気量は、以下のように計算できます。

C_3H_8　から→　$\left(n + \frac{m}{4}\right) = 3 + \frac{8}{4} = 5$

理論的な酸素量＝3［Nm^3］×5＝15［Nm^3］

理論的な空気量＝15［Nm^3］×(1＋3.76)＝71.4［Nm^3］

以上のように、単位量の燃料が理論的に完全燃焼する場合の空気の量のことを**理論空気量**といいます。

また、燃焼のときに消費される空気Aと燃料Fの質量の割合のことを**空燃比**A/F、その逆数で燃料Fと空気Aの質量の割合のことを**燃空比**F/Aと呼びます。

現実的には、燃料を完全に燃焼させるために理論空気量よりも多くの空気が使われますが、実際に燃焼に使用された空気の量と理論空気量との比を**空気比**あるいは**空気過剰率**λといいます。また、その逆数を**当量比**ϕといいます。

$$空気比：\lambda = \frac{実際の空気量}{理論空気量}$$

$$当量比：\phi = \frac{理論空気量}{実際の空気量}$$

上記の式で、$\lambda=\phi=1$となるとき、すなわち理論的空気量で燃料が完全燃焼する場合のものを量論空燃比あるいは理論的空燃比といいます。

次に固体および液体燃料の場合に、元素成分によって理論空気量を近似計算で行う方法について説明します。

固体あるいは液体燃料の単位質量1 kg中の炭素、水素、酸素、窒素、いおう、水分および灰分の質量をそれぞれc、h、o、n、s、wおよびa [kg] とすれば、可燃成分としては炭素、水素といおうについて考えれば良いことになります。

燃焼の基礎式からわかるように、それぞれ$c/12$、$h/4$、$s/32$ [kmol/kg] の酸素が必要となります。しかし燃料1 kgの中には$o/32$ [kmol/kg] の酸素を含んでいますので、燃焼に必要な酸素はこのぶんだけ少なくてよいことになります。

したがって、燃料1 kgを完全燃焼させるのに必要な理論酸素量O_0は、次式となります。

$$O_0=\frac{c}{12}+\frac{h}{4}+\frac{s}{32}-\frac{o}{32}=\frac{1}{12}\left\{c+3h-\frac{3}{8}(o-s)\right\}\quad[\mathrm{kmol/kg}]$$

あるいは1 [kmol]＝22.4 [Nm^3] であることから、上式は次のようになります。

$$O_0=\frac{22.4}{12}\left\{c+3h-\frac{3}{8}(o-s)\right\}=1.868\left\{c+3h-\frac{3}{8}(o-s)\right\}\quad[\mathrm{Nm^3/kg}]$$

ここで、次式で表される指数σを用いますと、

$$\sigma=1+3\frac{h}{c}-\frac{3}{8}\frac{(o-s)}{c}$$

理論酸素量は、次式のようになります。

$$O_0=\frac{c}{12}\sigma\quad[\mathrm{kmol/kg}]\qquad あるいは、O_0=1.868c\sigma\quad[\mathrm{Nm^3/kg}]$$

この指数σは、理論酸素量と炭素のみを燃焼させるのに必要な酸素量$c/12$ [kmol] との比、あるいは燃料中の炭素分を容積で表した1.868 c [Nm^3] の比に等しくなりますが、これを燃料指数といいます。

(6) 燃焼排気ガス

今後は更なる環境保全を考えなければなりませんが、その1つとして燃焼排気ガスが規制されています。

大気汚染物質は、自然に発生する場合と工場等の固定発生源、自動車等の移動発生源など私達が社会活動を行うことによって発生する場合があります。大気汚染防止法では、工場や事業所の施設ごとの排出規制、指定地域での総量規制、自動車排出ガスの許容限度が設定されています。

燃焼に伴う排気ガスとしては、不完全燃焼により発生するCO、HCやすすなどがありますし、完全燃焼によっても地球温暖化に関係するCO_2が発生します。

また、燃焼に伴って一酸化窒素NO、二酸化窒素NO_2などの窒素酸化物NO_xや、硫黄酸化物SO_xが発生します。これらの排気ガスは、酸性雨や光化学大気汚染の原因物質となります。

そのなかでもNO_xは、特にトラックなどのディーゼルエンジンから大量に排出されることが多いため、その対策として低NO_x化の研究開発が行われてきました。

また、NO_xの生成は、大気中のN_2に起因するThermal NOと燃料中の窒素化合物に起因するFuel NOに分類することができます。

7. 伝　　熱

(1) 伝熱の基本形態

熱は、高温の物質から低温の物質へと移動します。したがって、物質間に温度差がなければ熱が移動することはありません。

このように、熱が移動することを伝熱といいます。

また、熱エネルギーが高温物体から低温物体に移動しているとき、この流れを熱流といいます。

移動する熱の量は、温度差が大きいほど、移動する時間が長いほど、また、その通過する面積が広いほど大きくなります。この関係を式で表すと次のようになります。

$$Q\,[\mathrm{J}] \propto \Delta T\,[\mathrm{K}] \times t\,[\mathrm{s}] \times A\,[\mathrm{m}^2]$$

ここで、Q [J] は移動する熱量、ΔT [K] は高温物質の温度と低温物質の温度の差、t [s] は経過時間、A [m^2] は熱の通過表面積を表します。

あるいは、単位時間あたりに移動する熱量を熱の移動速度として $\dot{Q}$ [W] = Q/tと定義すれば、次のような関係式で表すこともできます。$\dot{Q}$ は熱流量ともいいます。

$$\dot{Q}\ [\mathrm{W}] \propto \Delta T\ [\mathrm{K}] \times A\ [\mathrm{m}^2]$$

熱の移動は、そのメカニズムにより大きく伝導伝熱、対流伝熱、ふく射伝熱の3つに分類することができます。

伝導伝熱（あるいは熱伝導）は、物体内部に温度勾配があるときに発生し、物質の移動によらず動かない物体中を熱がその内部に移動して伝わることをいいます。この現象は、熱拡散と呼ばれることもあります。

これに対して、流体に流れを生じながら熱が移動する現象を対流伝熱（あるいは熱伝達）といいます。流体は高温になると浮力が生じて上昇しますので、特別の装置をつけなくても流体の対流が生じますが、このような対流を自然対流といいます。これに対して送風機などの装置によって流体の流れを作る場合を強制対流といいます。

ふく射伝熱は、熱が熱伝導や対流伝熱のように物質を媒体として伝わるのとは異なり、2つの離れた物体間に電磁波の形で熱エネルギーが輸送される現象をいいます。放射伝熱ということもあります。

これら3つのメカニズムについて、模式図を図3. 22に示します。

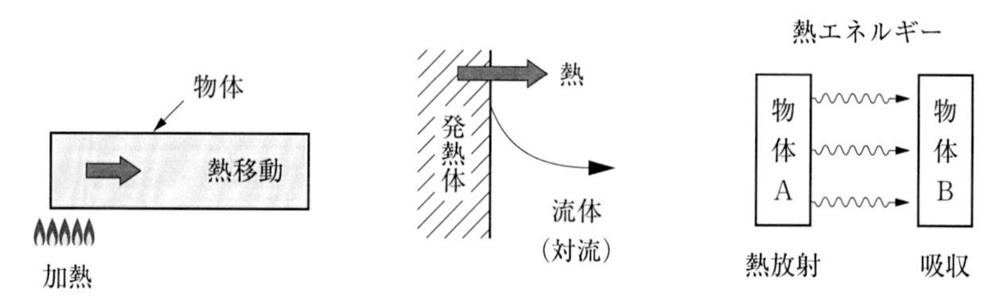

(a) 伝導伝熱（熱伝導）　(b) 対流伝熱（熱伝達）　(c) ふく射伝熱（放射伝熱）

図3. 22　伝熱のメカニズム

(2) 伝導伝熱（熱伝導）

熱の移動量は、温度差、表面積と時間に比例して、板厚に反比例します。

ここで、厚さが一定で面積が広い板があり、その両端面の温度が T_1 と T_2

でそれぞれの表面上で一様である場合に、伝熱量 Q [J]、両端面の温度差（$T_1 - T_2$）[K]、表面積 A [m^2]、時間 t [s]、板厚 L [m] の関係を式で表すと次のようになります。

$$Q = \lambda \frac{T_1 - T_2}{L} At \quad [J]$$

ここで、熱量 Q [J] を単位面積、単位時間あたりの伝熱量である q で表しますと次式になります。この q のことを**熱流束**といい、単位は [W/m^2] となります。

$$q = \frac{Q}{At} = \lambda \frac{T_1 - T_2}{L} \quad [W/m^2]$$

板厚 L の微小厚さ dx での伝熱を考えると、板内部の温度勾配は、
$\frac{dT}{dx} = \frac{T_2 - T_1}{L}$ となりますから、熱伝導による単位時間あたりの熱流速は、次式のように表されます。

$$q = -\lambda \frac{dT}{dx} \quad [W/m^2]$$

この関係式を熱伝導における**フーリエの法則**といいます。また、比例定数 λ は**熱伝導率**と呼ばれ、物質により固有の物性値です。単位は [W/(m・K)] となります。

表3. 3に各種物質の温度が20 ℃の場合の熱伝導率を示します。表からわかるように、熱伝導率は、金属＞非金属＞液体＞気体となっていて、真空になると熱伝導率は0になります。

表3. 3　各種物質の熱伝導率

物質名	熱伝導率 [W/(m・K)]	物質名	熱伝導率 [W/(m・K)]	物質名	熱伝導率 [W/(m・K)]
銀	427	氷（273 K）	2.20	メタノール	0.208
銅	398	石英ガラス	1.38	潤滑油	0.086
金	315	ソーダガラス	1.03	水素	0.181
アルミニウム	237	アクリル樹脂	0.21	ヘリウム	0.153
鉄（純）	80.3	水銀	8.52	メタン	0.034
炭素鋼（S35C）	43.0	水	0.61	空気	0.026
ステンレス鋼（304）	16.0	アンモニア	0.479	二酸化炭素	0.017

出典：日本機械学会 JSME テキスト伝熱工学

温度の伝わりやすさを示す係数として温度伝導率（温度拡散率あるいは熱拡散率ともいいます）があります。温度伝導率aは、熱伝導率λをその物体の密度ρと定圧比熱c_pの積で割った値で、以下の式で表されます。

$$a = \frac{\lambda}{\rho c_p}$$

この式の分母はその物体の単位質量あたりの熱容量となりますので、温度伝導率は、熱伝導率に比例しその物体の熱容量に反比例することになります。物質の種類およびその温度と圧力により決まる定数です。この値が大きい物体ほど温度の変化がしやすくなります。単位は［m^2/s］です。

熱伝導は、熱の伝わり方が時間とともに変化し、それによって温度分布が一定でない場合があります。これを非定常熱伝導といいます。これに対して、熱の伝わり方が常に一定で、温度分布も時間によって変わらない場合ですが、これを定常熱伝導といいます。また、直線方向の熱の伝わり方を考えるのは一次元で、平面での縦と横の伝わりまで考えるのが二次元となります。

ここでは、簡単にするために一次元の定常熱伝導について述べます。

(a) 重ね板の場合

図3. 23に示すような多層平板の定常熱伝導を考えます。

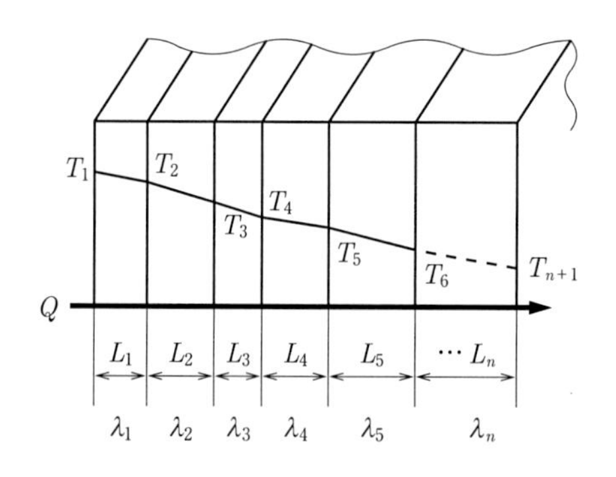

図3. 23　多層平板の定常熱伝導

通過する単位面積、単位時間あたりの伝熱量qはどの板でも同じですから、次式のようになります。

$$q = \frac{\lambda_1}{L_1}\left(T_1 - T_2\right) = \frac{\lambda_2}{L_2}\left(T_2 - T_3\right) = \frac{\lambda_3}{L_3}\left(T_3 - T_4\right) = , \cdots , = \frac{\lambda_n}{L_n}\left(T_n - T_{n+1}\right)$$

$R_n = L_n / \lambda_n$を各々の板の熱抵抗といいますが、これを使って上式を書き直すと以下のようになります。

$$R_1 q = (T_1 - T_2)$$

$$R_2 q = (T_2 - T_3) \qquad \cdots\cdots$$

$$R_n q = (T_n - T_{n+1})$$

すべての式の両辺の和から次式のように求めることができます。

$$(R_1 + R_2 + , \cdots, + R_n) q = T_1 - T_{n+1}$$

$$\therefore q = \frac{T_1 - T_{n+1}}{R_1 + R_2 + , \cdots, + R_n} = \frac{T_1 - T_{n+1}}{R}\text{、ここで、}R = \sum_1^n R_n = \sum_1^n \frac{L_n}{\lambda_n}$$

多層平板の面積A［m²］についての単位時間あたりの熱流量$\dot{Q}$［W］は、次式で計算できます。

$$\dot{Q} = \frac{T_1 - T_{n+1}}{\sum_1^n \frac{L_n}{\lambda_n}} A \quad [\mathrm{W}]$$

(b) 円筒の場合

図3. 24に示すような中空円筒の定常熱伝導を考えます。

内径R_1において温度がT_1、外径R_2において温度がT_2として、rの正の方向に円筒の単位長さ、単位時間あたりに流れる伝熱量をqとすれば、次式のように表されます。

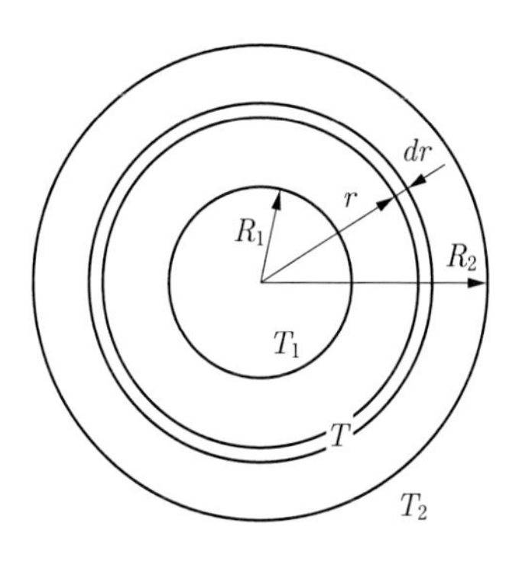

図3. 24　中空円筒

$$q = -\lambda 2\pi r \frac{dT}{dr} \qquad [\mathrm{W/m}]$$

$$\therefore \frac{dT}{dr} = -\frac{q}{2\pi\lambda}\frac{1}{r}$$

これを解いて、境界条件の$r = R_1$において$T = T_1$、$r = R_2$において$T = T_2$とすれば、次式で表されます。

$$q = \frac{2\pi\lambda}{\ln\left(\frac{R_2}{R_1}\right)}(T_1 - T_2) \qquad [\mathrm{W/m}]$$

円筒の軸方向の長さL[m]についての単位時間あたりの熱流量$\dot{Q}$[W]は、次式で計算できます。

$$\dot{Q} = \frac{2\pi\lambda L}{\ln\left(\frac{R_2}{R_1}\right)}\left(T_1 - T_2\right) \quad [\mathrm{W}]$$

(3) 対流伝熱(熱伝達)

温度T_1の固体壁に接触して、温度T_2の流体が流れている場合を考えます。

固体に接する流体中の温度分布は、図3. 25に示すように固体に接する比較的薄い層の中で物体表面の温度T_1から流体の温度T_2に変化します。この層を温度**境界層**といいます。

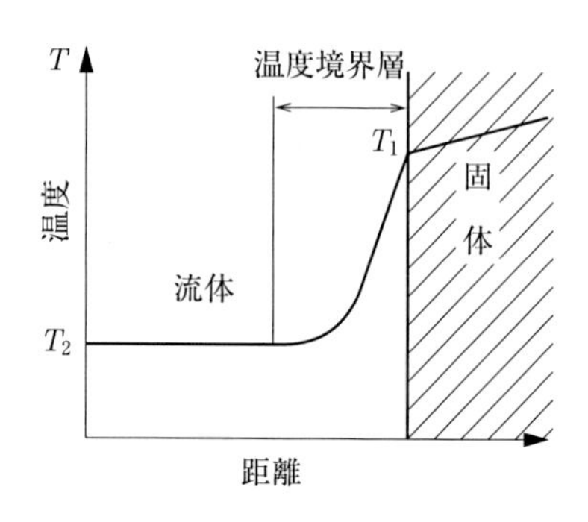

図3. 25 温度境界層

伝熱量Q[J]は、固体壁と流体の温度差($T_1 - T_2$)[K]、固体の表面積A[m^2]、時間t[s]として、その関係を式で表すと次のようになります。

$$Q = \alpha(T_1 - T_2)At \ [\mathrm{J}]$$

また、単位時間あたりの熱流量$\dot{Q}$[W]は、次式のようになります。

$$\dot{Q} = \alpha(T_1 - T_2)A \ [\mathrm{W}]$$

単位面積あたりで考えれば、$q = \alpha(T_1 - T_2)$ [W/m^2]になります。

比例定数αは熱伝達率と呼ばれ、単位は[W/(m^2・K)]となります。この値が大きいほど熱が移動しやすくなります。

熱伝達率の値は、温度境界層の厚さや温度分布の形で左右されますが、物体の形状、流体の速度や温度差などにより異なります。したがってこの値は、熱伝導率の場合と異なり物質による定数ではなくなります。

また、温度境界層が薄いほど熱が移動しやすい、すなわち熱伝達率が高いことが知られています。

対流による熱伝達率αは、相似則を使って次のような無次元数が関係しています。なお、これらの無次元数の詳細については、流体の流れに関係しているため、第4章の11節（6）項に記載しましたので、それらを参照してください。

ヌセルト数　：$N_u = \dfrac{\alpha L}{\lambda}$ （Lは物体の代表長さ）

レイノルズ数：$R_e = \dfrac{UL}{\nu}$ （Uは流体の代表速度、νは動粘性係数）

プラントル数：$P_r = \dfrac{\nu}{a}$ （aは流体の温度伝導率）

グラスホフ数：$G_r = \dfrac{g\beta L^3\left(T_1 - T_2\right)}{\nu^2}$ （gは重力加速度、βは流体の体膨張係数）

また、これらの無次元数の関係は、以下のようになります。

自然対流の場合：$N_u = f(P_r, G_r)$

強制対流の場合：$N_u = f(R_e, P_r)$

ヌセルト数N_uは工業上で有効なので、さまざまなケースで理論や実験的に式が整理されています。N_uがわかれば、$\alpha = N_u\lambda / L$から熱伝達率を求めることができます。

（4）ふく射伝熱（放射伝熱）

あらゆる物体はその温度が絶対零度でない限り、その温度に応じたエネルギーを電磁波として放射しています。この現象を**熱放射**といいます。

この物体から放出された電磁波が、空間を伝わり他の物体に到達すると、電磁波を吸収した物体が再び熱エネルギーに変換されることによって熱が移動します。

入射するすべての放射エネルギーを完全に吸収し、反射や透過を許さない仮想の理想的な物質を**黒体**といいます。また、黒体から放射される電磁波を黒体放射といい、最も多くの放射エネルギーを射出しています。

絶対温度Tにおける黒体からの波長λの放射エネルギーE_λは、以下の式で表されます。これを**プランクの法則**といいます。また、放射エネルギーE_λは、単位面積、単位時間、単位波長幅（ここではλ）あたりの放射エネルギー量ということで、**単色射出能**といいます。

$$E_\lambda = \frac{C_1}{\lambda^5\left(e^{\frac{C_2}{\lambda T}} - 1\right)} \quad [\mathrm{W/(m^2 \cdot \mu m)}]$$

定数は、$C_1 = 3.742 \times 10^8$ [(W・μm^4)/m^2]、$C_2 = 1.439 \times 10^4$ [μm・K] となります。

放射エネルギーの強さは高温になるほど増加します。

また、黒体から放射されるエネルギーの総量は、単色射出能を全波長の領域で積分すれば求めることができますので、次式のようになります。

$$E = \int_0^{\infty} E_\lambda d\lambda = \sigma T^4 \quad [\mathrm{W/m^2}]$$

$$\sigma = 5.67 \times 10^{-8} \ [\mathrm{W/(m^2 \cdot K^4)}]$$

黒体から放射されるエネルギーの量は、その絶対温度の4乗に比例することが示されています。この関係式を**ステファン・ボルツマンの法則**といいます。また、比例定数σを**ステファン・ボルツマン定数**といいます。

この法則は、低温の物体では放射エネルギーの放出は小さく、物体の温度の上昇とともに急激に放射エネルギーの量が増加することを示しています。

現実の物質では、放射エネルギーの量は黒体よりも少なくなります。その割合のことを**放射率**εといいます。式で示すと次のように表されます。

$$\varepsilon = \frac{E_a}{E}$$ （E_aは現実の物質の放射エネルギー、Eは黒体の放射エネルギー）

この関係が成り立つ物体を**灰色体**あるいは**灰色面**といいます。

一方、物体表面に電磁波があたると、その一部は吸収されますが他は反射したり透過したりします。吸収されるエネルギーの全入射エネルギーに対する割合を**吸収率**といいます。

物体が周囲の環境と同じ温度であり、熱平衡状態にある場合には、吸収する放射エネルギーと自ら発する放射エネルギーの量が等しくなっており、これは吸収率と放射率が同じ値であることを意味しています。この関係を、放射に関する**キルヒホッフの法則**といいます。

(5) 熱通過

熱エネルギーの移動には、伝導伝熱、対流伝熱、ふく射伝熱の3つの形態があると説明しましたが、実際の伝熱現象ではこれらが単一で生じるよりも、組み合わされて生じることが多くあります。

たとえば、図3. 26に示すように流体①から板②の壁を通して別の流体③まで熱エネルギーが移動する場合では、固体内の熱伝導と流体内の対流伝熱が生じていることになります。

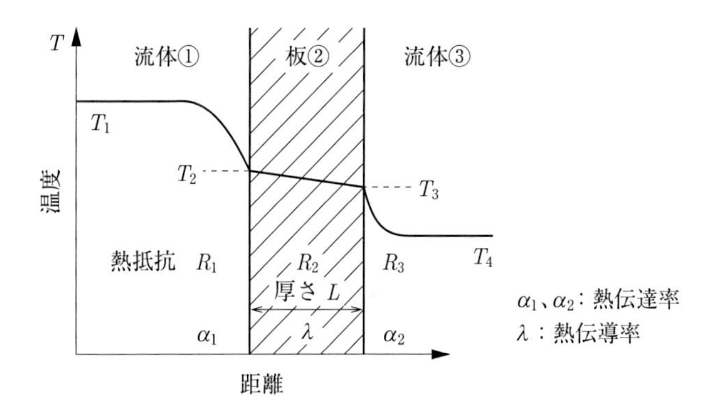

図3. 26　熱通過

このような高温流体から、低温流体へ固体壁を挟んで熱移動が生じる現象のことを、熱通過といいます。

熱エネルギーの流れにも必ず何らかの抵抗があります。この抵抗を熱抵抗 R［K/W］といい、単位時間あたりの伝熱量 q［W］と温度差 ΔT［K］の間には、$q = \Delta T / R$ の関係式があります。

この図の場合、単位面積、単位時間あたりの伝熱量を q として、熱抵抗をそれぞれ $R_1\ R_2\ R_3$ とすれば以下のように表されます。

$$R_1 q = T_1 - T_2$$

$$R_2 q = T_2 - T_3$$

$$R_3 q = T_3 - T_4$$

両辺を加えて整理すると次式のようになります。

$$q(R_1 + R_2 + R_3) = T_1 - T_4$$

$$\therefore q = \frac{T_1 - T_4}{R} \qquad \text{ここで、} R = R_1 + R_2 + R_3$$

一方、熱抵抗は、伝熱面積を A とすれば以下のようになります。

流体①の対流熱伝達の場合は、$\dot{Q} = \alpha_1 (T_1 - T_2) A \qquad \therefore R_1 = 1/\alpha_1 A$

固体壁②の熱伝導の場合は、$\dot{Q} = \lambda (T_2 - T_3) A / L \qquad \therefore R_2 = L/\lambda A$

同様に、流体③の対流熱伝達の場合は、$\dot{Q} = \alpha_2 (T_3 - T_4) A \quad \therefore R_3 = 1/\alpha_2 A$

以上の式から、熱抵抗は以下の式になります。

$$R = R_1 + R_2 + R_3 = \frac{1}{\alpha_1 A} + \frac{L}{\lambda A} + \frac{1}{\alpha_2 A}$$

なお、一般的には単位面積あたりの熱抵抗で表しますが、その場合には上の式は次のようになります。

$$R = \frac{1}{\alpha_1} + \frac{L}{\lambda} + \frac{1}{\alpha_2}$$

これらの式から、単位面積あたりの熱抵抗の逆数をKとすれば、次式のように表すことができます。

$$q = K(T_1 - T_4)$$

$$K = \frac{1}{R} = \frac{1}{\dfrac{1}{\alpha_1} + \dfrac{L}{\lambda} + \dfrac{1}{\alpha_2}}$$

比例定数Kは熱通過率（あるいは熱通過係数）と呼ばれ、単位は［W/(m^2・K)］となります。この値が大きいほど熱が移動しやすくなります。

この熱通過率は、次項の熱交換器を設計する場合には総括伝熱係数と呼ぶこともあります。

次に、図3. 24に示した中空円筒の場合の熱通過を考えてみます。

(2) 伝導伝熱の (b) 円筒で示した式は、伝導伝熱のみによる熱流量でしたが、ここでは、円筒内側の流体1（温度T_1［K]）と円筒外側の流体2（温度T_2［K]）の間の熱通過による熱流量$\dot{Q}$［W］を求める式を考えます。

流体1と円筒内面の間の熱伝達率をα_1、流体2と円筒外面の間の熱伝達率をα_2、円筒材料の熱伝導率をλとします。

円筒の内半径をR_1［m]、外半径をR_2［m]、長さをL［m］とすれば、熱抵抗Rは以下の式になります。A_1は内面の面積、A_2は外面の面積です。

$$R = \frac{1}{\alpha_1 A_1} + \frac{\ln\left(\dfrac{R_2}{R_1}\right)}{2\pi\lambda L} + \frac{1}{\alpha_2 A_2}$$

よって、熱流量$\dot{Q}$［W］は、以下の式になります。

$$\dot{Q} = \frac{(T_1 - T_2)}{\dfrac{1}{\alpha_1 A_1} + \dfrac{\ln\left(\dfrac{R_2}{R_1}\right)}{2\pi\lambda L} + \dfrac{1}{\alpha_2 A_2}} = \frac{2\pi L(T_1 - T_2)}{\dfrac{1}{\alpha_1 R_1} + \dfrac{1}{\lambda}\ln\left(\dfrac{R_2}{R_1}\right) + \dfrac{1}{\alpha_2 R_2}}$$

(6) 熱交換器

高温流体と低温流体の間の熱通過により熱エネルギーを移動させて熱交換を行う装置として、化学プラントなどに多く採用されている熱交換器があります。

熱交換器には図3. 27に示すように、2つの流体が平行に流れる並流型と、2つの流体が反対方向に流れる向流型があります。

並流型あるいは向流型の熱交換器で、熱通過率K（総括伝熱係数）がわかっている場合には、熱交換器の単位時間あたりの交換熱量$\dot{Q}$［W］、あるいは必要な伝熱面積A［m^2］は、次式から算出できます。

$$\dot{Q} = K \Delta T_m A \ [\mathrm{W}]$$

ここで、ΔT_mは対数平均温度差といい、2つの流体の温度により次式で表されます。熱交換器では、高温流体と低温流体の温度差$T_h - T_c$は一定ではなく場所によって異なりますので、この温度差の適切な平均値を用いるためにΔT_mが用いられます。

$$\Delta T_m = \frac{\Delta T_1 - \Delta T_2}{\ln \dfrac{\Delta T_1}{\Delta T_2}} \ [\mathrm{K}]$$

並流型の場合：$\Delta T_1 = T_{h1} - T_{c1}$、$\Delta T_2 = T_{h2} - T_{c2}$

向流型の場合：$\Delta T_1 = T_{h1} - T_{c2}$、$\Delta T_2 = T_{h2} - T_{c1}$

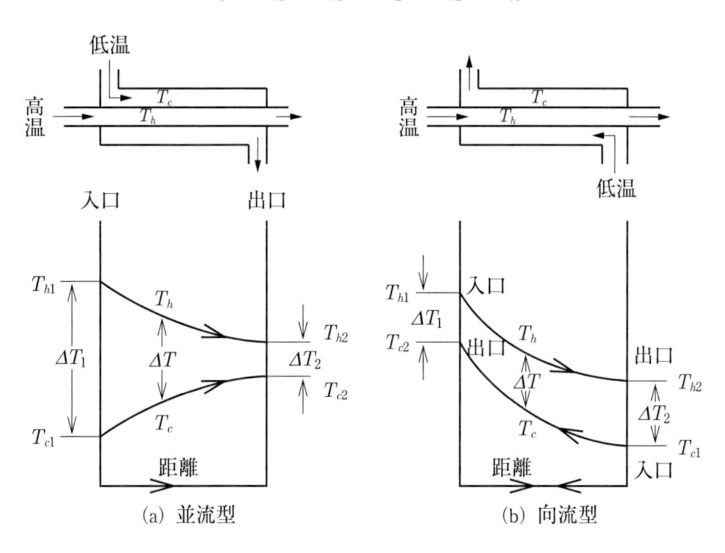

図3. 27　熱交換器の温度分布

一般的には、向流型のほうが並流型よりも対数平均温度差ΔT_mが大きくなるので、同じ熱量を伝えるには伝熱面積が小さくてすみます。

なお、上記の式で説明した総括伝熱係数（熱通過率）［W/(m^2·K)］ですが、実際の熱交換器の設計では、特に流体が液体の場合は使用過程で伝熱面の内外表面に汚れ（スケール）が付着して伝熱特性の低下の原因となるため、汚れ係数を考慮して以下の式で計算します。

$$U = \frac{1}{\frac{1}{\alpha_1} + r_1 + \frac{L}{\lambda} + r_2 + \frac{1}{\alpha_2}}$$

ここで、r_1は高温流体側の汚れ係数［m^2·K/W］、r_2は低温流体側の汚れ係数［m^2·K/W］です。それ以外の記号は、図3.26と同じです。

第4章

流 体 工 学

技術士第一次試験では、流体工学の基礎となる問題が出題されていますが、過去に出題された問題の内容を分析すると、流体の性質、流体の流れ、静止流体の力学、理想流体の流れ、運動量の法則、管内の流れ、物体まわりの流れ、流体の運動、流体機械およびその他に分類することができます。

以下にこれらの技術項目ごとに、流体工学の基礎的知識として習得すべきものを記載します。

1. 流 体 の 性 質

(1) 密度と比重量

物体は質量と体積を有しています。同じ質量でも水と金属では体積は異なります。物体の単位体積あたりの質量を密度といいます。

ある物質について、体積が V [m^3] の質量が M [kg] であるとき、その物質の密度 ρ は次式で表されます。

$$\rho = \frac{M}{V} = \frac{\text{質量}}{\text{体積}}$$

密度の単位は [kg/m^3] です。密度は状態量であり、物質の種類、温度および圧力によって定まる値です。

一方、**比重量**とは、その物質の単位体積あたりの重量をいいます。重量（重さ）とは重力の大きさであり、質量 M に重力加速度 g をかけたものです。重量を G とすると、比重量 γ は次式となります。

$$\gamma = \frac{G}{V} = \frac{重量}{体積}$$

ここで、重量 $G = Mg$ の関係から次式が得られます。

$$\gamma = \rho g$$

比重量の単位は、工学単位系では［kgf/m^3］、SI単位系では［N/m^3］を用います。

例えば、1気圧で4℃の場合、水の密度は ρ = 1,000 kg/m^3、比重量は γ = 1,000 kgf/m^3 = 9,810 N/m^3 となります。

(2) 粘度と動粘度

流体を変形させるときには、変形速度に応じた力が必要となりますが、力を取り除いても元には戻りません。この性質を粘性といいます。

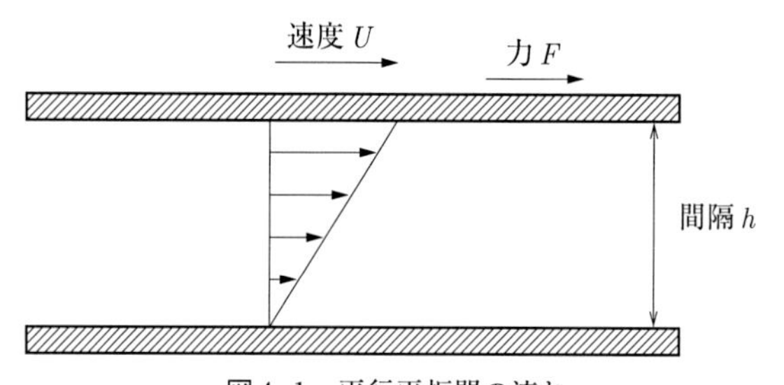

図4. 1　平行平板間の流れ

粘度は粘性の大きさを表す物性値であり、粘性係数とも呼ばれています。図4. 1に示すように、間隔 h の平行な2枚の平板の間が流体で満たされていて、片方の板が静止、もう一方の板が速度 U で平行に移動している場合を考えます。このとき、流体の速度分布は図に示すように直線的となり、平板に加わる力を F、平板の面積を A とすれば、単位面積あたりに加わるせん断応力 τ は次式で表されます。

$$\tau = \frac{F}{A} = \mu \frac{U}{h}$$

ここで、μ を粘度（粘性係数）といいます。粘度は、流体の種類、温度、圧力によって定まる物性値です。単位はSI単位で［Pa・s］を用いますが、［cP］（センチポアズ）も慣例的に用いられます。1 Pa・s＝1,000 cPです。

速度分布が直線的でない場合は、せん断応力は速度勾配 du/dy（yは流れに垂直方向の座標、速度勾配はずり速度またはせん断速度ともいいます）を用いて、次式で表します。

$$\tau = \mu \frac{du}{dy}$$

この式で表されるように、流体に加わるせん断応力が速度勾配に比例する関係は、ニュートンの粘性法則と呼ばれています。

粘度μを密度ρで割った値、すなわち$\nu = \mu/\rho$ですが、これを**動粘度**νといいます。動粘度は**動粘性係数**とも呼ばれており、単位はSI単位で［m^2/s］を用いますが、［cSt］（センチストークス）も慣例的に用いられます。1 m^2/s＝10^6 cStです。

(3) 表面張力

液体は分子間力により、分子同士でお互いを引き合う力が作用しています。また、液体が他の気体または液体と接する界面において、界面は常に縮もうとする力が働いています。この液体の界面に働く力を**表面張力**といい、単位はSI単位で［N/m］を用います。［dyn/cm］も慣例的に用いられます。1 N/m＝1,000 dyn/cmです。表面張力は、表面積をできるだけ小さくしようと作用するので、その結果、液滴は表面積が少ない球形になろうとします。

2. 流体の分類

(1) 粘性流体と非粘性流体

粘性がある流体を**粘性流体**、粘性がない流体（粘度$\mu = 0$）を**非粘性流体**といいます。実用上は、粘性を考慮する必要がある場合に粘性流体として、粘性が小さく無視できる場合に非粘性流体として取り扱います。粘性の影響の程度を表す尺度としてレイノルズ数R_eという無次元量があります。

流れの代表速度をU、代表寸法をD、流体の動粘度をνとして、レイノルズ数R_eは、$R_e = UD/\nu$で定義されます。レイノルズ数は粘性力に対する慣性力の比であり、レイノルズ数が大きいほど粘性の影響は小さくなります。

(2) ニュートン流体と非ニュートン流体

粘性流体において、ニュートンの粘性法則（流体に加わるせん断応力が変形速度に比例する）が成り立つ場合にニュートン流体といい、空気、水などが相当します。

一方、ニュートンの粘性法則が成り立たない場合に非ニュートン流体といいます。図4. 2に、流体の速度勾配（ずり速度、せん断速度）du/dyとせん断応力τの関係を示します。図において、原点を通る直線で表される流体がニュートン流体であり、それ以外が非ニュートン流体です。非ニュートン流体の場合、せん断応力τは、一般的には次式で表されます。

$$\tau = \tau_0 + \left(\frac{du}{dy}\right)^n$$

τ_0は速度勾配du/dyが0の場合のせん断応力であり、nは定数です。

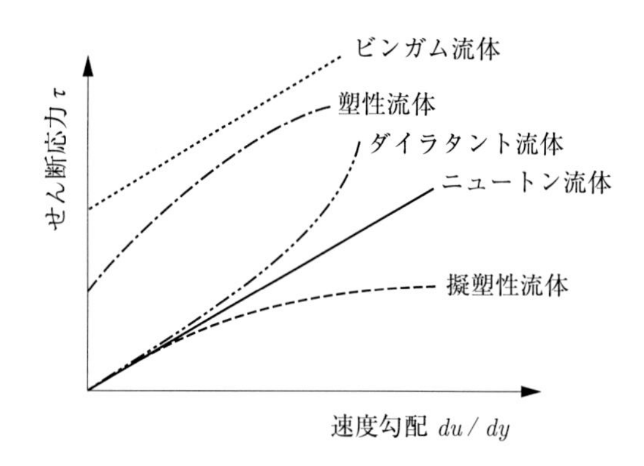

図4. 2　速度勾配とせん断応力との関係

図4. 2に示すように、非ニュートン流体には以下に示すようにいろいろな種類があります。

ビンガム流体または塑性流体は、速度勾配が0であってもせん断応力が働くものであり（$\tau_0 > 0$）、一定のせん断応力以上にならないと流体の変形を開始しません。静止している状態で、せん断応力がτ_0を超えない場合は、形状を保持することが可能です。粘土、アスファルトなどがこれに属します。

擬塑性流体は、速度勾配が0のときにせん断応力が0であり（$\tau_0 = 0$）、流れが強くなるほど流動しやすくなる流体です（速度勾配が大きいほど、せん断応力の増加率が減少します、$n<1$）。高分子溶液などがこれに属します。

ダイラタント流体は、速度勾配が0のときにせん断応力が0であり（$\tau_0 = 0$）、流れが強くなるほど流動しにくくなる流体です（速度勾配が大きいほどせん断応力の増加率が増加する、$n>1$）。砂と水を適当な比率で混合したものなどがこれに属します。

(3) 圧縮性流体と非圧縮性流体

流体を加圧すると体積が減少する性質を圧縮性といいます。圧縮性の影響を考慮する必要がある流体を圧縮性流体といいます。また、圧縮性の影響を無視できる流体を非圧縮性流体といいます。

流れに対する圧縮性の影響を表す無次元数は、マッハ数Mです。マッハ数Mは音速c [m/s] に対する流速Uの比、すなわち$M = U/c$です。音速c [m/s] は、次式で表されます。

$$c = \sqrt{\frac{dP}{d\rho}} = \sqrt{\frac{K}{\rho}}$$

ここで、Pは圧力、ρは流体の密度、Kは体積弾性係数です。体積弾性係数は、次式で表されます。

$$K = \rho \frac{dP}{d\rho}$$

一般的に、マッハ数Mが0.3より小さい場合は、非圧縮性流体として近似することができます。マッハ数Mが0.3より大きい場合は、圧縮性流体として取り扱う必要があります。空気のように圧縮性の大きい（圧力変化に対する体積変化の大きい）流体であっても、流速が音速に比べて十分に小さければ非圧縮性流体として取り扱うことができます。一方、液体のように圧縮性の小さい（圧力変化に対する体積変化の小さい）流体であっても、マッハ数が0.3を超える場合は圧縮性流体として取り扱う必要があります。流速が音速より速い流れ、すなわち$M>1$である場合を超音速流れ、$M<1$である場合を亜音速流れといいます。超音速で移動する物体のまわりなどでは、衝撃波（その前後で圧力が

不連続に変化する波）が発生することが知られています。

3. 流体の流れ

（1）流れを表す量

流れを表す量として、運動学的なものとして流速があります。流速は、方向があり、ベクトル量となります。その他の状態量として、圧力、密度、温度、内部エネルギー、エンタルピー、エントロピーなどがあります。非圧縮性流体では、密度が一定であり、状態量として流速と圧力だけを考えれば、流れを表すことができます。したがって、3次元の流れの場合には、独立変数は流速の3成分と圧力とで合計で4個となります。この4個の独立変数を、質量保存の式（連続の式）と運動方程式（3方向）を連立させて解を求めることにより、流れを解くことができます。圧縮性流れでは、密度が変化しますが、その変化は温度と圧力に依存しています。その他の状態量である内部エネルギー、エンタルピー、エントロピーなどもすべて圧力、温度などと相関関係があります。例えば、気体の状態方程式により、圧力と密度と温度の相関関係が規定されます。したがって、独立変数は流速の3成分、圧力とエネルギーを表す量（温度、内部エネルギー、エンタルピーなどのどれか1つ）との合計で5個となります。この5個の独立変数を、質量保存の式（連続の式）、運動方程式（3方向）とエネルギー方程式を連立させて解を求めることにより、流れを解くことができます。

乱流では、上述の諸量に加えて、乱流エネルギー、粘性消散率などを変数として加え、これらの変数に関連する方程式を考慮することにより流れを表します。

（2）流れを表す方法

流れを表す方法として、ラグランジュの方法とオイラーの方法の2種類の方法があります。ラグランジュの方法は、流体を無数の粒子の集まりと考え、各粒子の運動を調べる方法です。時刻0における粒子の初期座標を（a, b, c）とすれば、粒子の位置 (x, y, z) は、以下のように粒子の初期座標 (a, b, c) と時間 t の関数として表されます。

$$x = x(a, b, c, t)$$

$$y = y(a, b, c, t)$$

$$z = z(a, b, c, t)$$

オイラーの方法は、流れの状態を表す速度 (u, v, w)、圧力 P などを、以下のように座標 (x, y, z) と時間 t の関数として表す方法です。

$$u = u(x, y, z, t)$$

$$v = v(x, y, z, t)$$

$$w = w(x, y, z, t)$$

$$P = P(x, y, z, t)$$

(3) 定常流と非定常流

流速、圧力などの流れを表す各変数が、時間とともに変化せず一定である流れを定常流といいます。これに対し、これらの各変数が時間とともに変化する流れを非定常流といいます。

非定常流には、振動流と過渡流とがあります。流速、圧力などの流れを表す各変数が周期的に変化する流れを振動流といい、水面の波、血液の流れなどがこれに相当します。時間的な変化が周期的ではなく、ある状態から別の状態へ過渡的に移行する流れを過渡流といい、蛇口を開けた後の流れなどがこれに相当します。

(4) 流線と流跡線

流れの状態を把握するために、流線という概念が良く用いられます。流線とは、流れ場の中に引いた曲線で、その各点における接線が速度ベクトルの向きに一致する線です。流線上の微小変化量のデカルト座標における3方向成分を (dx, dy, dz)、速度ベクトルを (u, v, w) とすると、微小要素の向きと速度の向きが一致するため、流線の方程式は次式で表されます。

$$\frac{dx}{u} = \frac{dy}{v} = \frac{dz}{w}$$

流体粒子は、定常流においては流線に沿って運動します。しかしながら、非定常流では、速度ベクトルは時々刻々変化するため流線も変化し、そのため流体粒子は必ずしも流線に沿って運動するとは限りません。この流体粒子の動きを表したものを**流跡線**（または流れの道すじ）といいます。川の表面に木の葉を浮かべた場合、木の葉の動きの跡が流跡線になります。

流れの中に、インクまたは煙を入れて流れを可視化した場合、流れの様子をインクまたは煙の跡で把握することができます。このインクまたは煙の跡を、**色つき流線**（または**流脈線**）と呼びます。非定常流では、色つき流線は、必ずしも流線または流跡線と一致しません。

(5) 渦

流体がある点のまわりを回転して流れる現象を渦といいます。代表的な渦のパターンとして**自由渦**と**強制渦**とがあります。また、この2種類の渦の組み合わせとして、**ランキンの組み合わせ渦**があります。

自由渦は、回転方向の速度Vが、回転中心からの距離に反比例する渦であり、$V \propto 1/r$の関係が成り立ちます。外部からエネルギーの供給がないときに発生し、浴槽や流しの栓を抜いたときの流れは、近似的に自由渦とみなすことができます。自由渦においては、流体要素の回転成分は0になります（渦度＝0）。例えば、木の葉が川の流れの自由渦に乗って動いた場合、回転せずに向きを変えずに流れていきます。

強制渦は、回転方向の速度Vが、回転中心からの距離に比例する渦であり、$V \propto r$の関係が成り立ちます。外部からエネルギーを供給されたときに発生します。例えば、容器に水を入れ、容器を回転させたときに生じる流れが強制渦であり、流体の一部分に着目すると、形を変えずに回転することになります。

自由渦は回転中心で速度が無限大となるため、完全な自由渦は存在しません。実際に見られる多くの渦は、回転中心付近で強制渦、その外側で自由渦となるランキンの組み合わせ渦となります。この境界の半径をr_cで表すと、$V \propto r$ at $r < r_c$、$V \propto 1/r$ at $r > r_c$となります。台風、竜巻、渦潮などはランキンの組み合わせ渦の例です。

(6) 層流と乱流

流体が、流線（速度ベクトルの包絡線）上を規則正しく運動している流れを**層流**といい、レイノルズ数が低い場合の流れです。これに対して、レイノルズ数が大きくなると、流体の運動に不規則性が生じますが、この状態を**乱流**といいます。

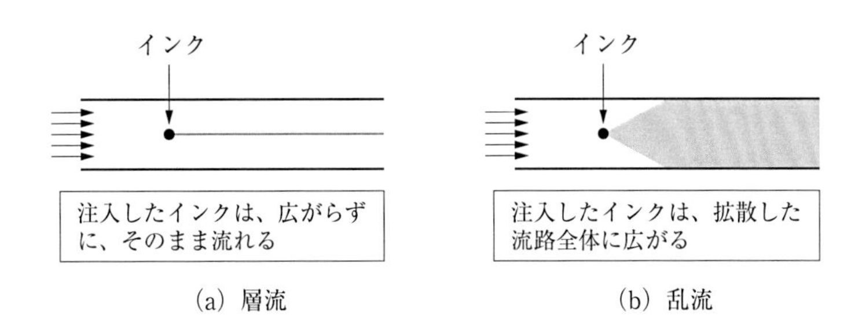

(a) 層流　　(b) 乱流

図4. 3　層流と乱流

円管内の流れでは、レイノルズ数$R_e = UD/\nu$（Uは平均流速、Dは配管内径、νは動粘度）が2,300以下のときに層流となり、流れの中央に着色液を流した場合、着色液は拡散せずにほぼ1本の線で下流へと流れていきます（図4. 3参照）。これに対し、R_eが4,000を超えると、流れは乱流となり、流れの中央に流した着色液は、配管内全体へと広がっていきます（図4. 3参照）。その中間の領域、すなわち$2{,}300 < R_e < 4{,}000$では、層流と乱流とが混在した不安定な状態となり、**遷移域**と呼ばれています。層流から乱流へと遷移しはじめるレイノルズ数（円管内の流れの場合は$R_e = 2{,}300$）を**臨界レイノルズ数**といいます。

乱流では、ミクロ的にみるとランダムな速度の変動（乱れ）があり、流れは時間的・空間的に変化します。そのため、運動量の移送において乱れに起因した影響が生じ、流れを均一化する作用を持ちます。この乱れによる影響は、応力の発生として捉えることができ、これを**レイノルズ応力**と呼びます。また、この乱れの影響により、層流に比べて物質移動が促進され、その結果、運動量やエネルギーの混合速度が大きくなります。そのため、物質濃度拡散や温度拡散が大きくなります。この現象を、**渦拡散**または**乱流拡散**と呼びます。上述の着色液が配管内全体へと広がっていく現象も、この物質濃度拡散が促進された影響によるものです。

(7) 混相流

気体、液体、固体の2種類以上が同時に存在する流れを混相流といい、その組み合わせから、気液2相流、固気2相流、固液2相流があります。

例えば、ボイラの蒸発管では、水だけの単相流から入熱により蒸気が発生して、水と蒸気の気液2相流となります。

キャビテーションも気液2相流の例です。バルブの縮流部など高流速部では局所的に圧力が蒸気圧まで低下して、蒸気泡が発生します。この現象をキャビテーションといいます。縮流部下流で圧力が回復すると発生した気泡は潰れて、その際に局所的に非常に高い圧力が発生し、騒音・振動の発生、あるいは機器・配管の表面に侵食（エロージョン）により損傷を与える場合があります。

固気2相流、固液2相流は、粉体・固体の輸送に用いられます。固気2相流の例としては、配管を用いた空気による粉体輸送があります。泥、砂などを、配管を用いて水で輸送する場合は固液2相流の代表的な例です。

4. 静止流体の力学

(1) 静止流体中の圧力

流体が静止している場合、流体中の任意の面に働く力は面に垂直方向の力のみとなり、せん断応力は加わりません。この垂直力を力が加わる面積で割ったものを圧力といいます。

圧力の特徴として、流体中のすべての面について同じ圧力が働く、すなわち流体中の圧力は方向によらず同一となります。この圧力の性質をパスカルの原理といいます。

圧力の表し方として、絶対圧とゲージ圧の2種類があります。絶対圧は真空状態を0として表したものであり、ゲージ圧は大気圧を0として基準にしたものです。絶対圧を表す場合には、圧力の単位の後ろにa、A、absなどの表記を加え（例えばPaA)、ゲージ圧を表す場合には、圧力の単位の後ろにg、G、gageなどの表記を加えます（例えばPaG)。

圧力の単位は、SI単位系ではパスカル［Pa］（＝N/m^2）が用いられます。

また、bar（$=10^5$ Pa）、kgf/cm^{2}などの単位系も良く用いられます。大気圧は、1.013×10^5 PaA $=$ 1.013 barA $=$ 1.033 kgf/cm^{2}A です。

マノメータは、配管や容器などの内部の圧力を測定するのに使用されます。図4.4に示すように、マノメータを圧力を測定する部位に接続して、液面の高さhを読むことにより圧力を求めます。この図に示す例では、途中にU字管を設けて、測定部位を流れる流体より密度の高い液体をU字管部に入れています。U字管を用いることにより、内部の液体が測定部位へ流れ込むことが防止できます。

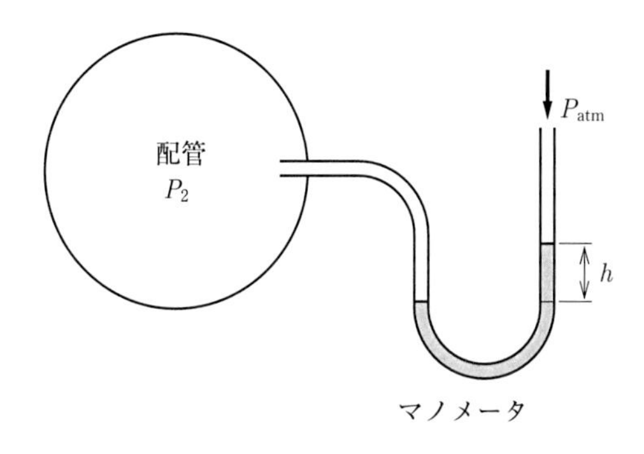

図4.4　マノメータ

(2) 壁面に働く静止流体力

壁面には、圧力により、壁面に対して垂直方向に力が加わり、その力は圧力×面積となります。一般に、圧力は場所の関数として表されます。したがって、壁面に加わる力の総和は、次式に示すように面に垂直な方向の圧力を面積分して求めることができます。

$$\mathbf{F}=\int P\mathbf{n}dA$$

ここで、$\mathbf{F}$は壁面に加わる力、Pは圧力、$\mathbf{n}$は壁面に垂直な方向の単位ベクトル、dAは面要素です。なお、$\mathbf{F}$は力の加わる方向を示すため、ベクトル表示としています。

図4.5に示すように深さのある容器を考える場合、壁面に加わる圧力は水深が深くなるにつれて増加します。水面の圧力が大気圧に等しくなり、水深の増加に伴い、その深さに相当する液体の重さ分の圧力が増加します。この圧力と

水深の関係は$P = P_{atm} + \rho gh$で表されます。ここで、Pは圧力、P_{atm}が大気圧、ρは流体密度、gは重力加速度、hは水深です。圧力をゲージ圧で表示すれば$P_{atm} = 0$となるので、$P = \rho gh$となります。静止流体中では、この圧力の関係式を用いて、上述の圧力を壁面表面にわたって面積分することにより、壁面に加わる力を求めることができます。

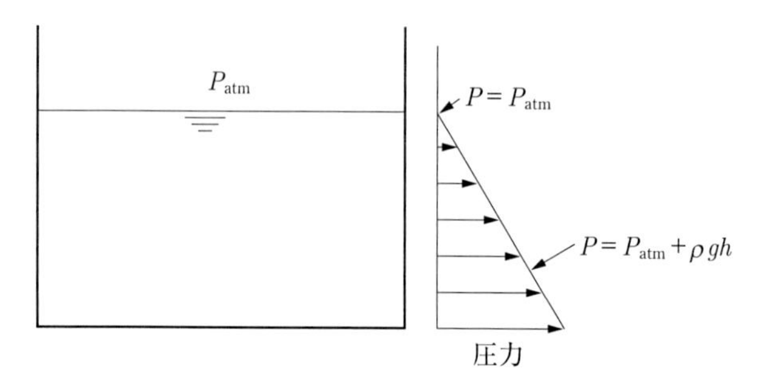

図4.5　容器内の壁面に働く圧力

(3) 浮力

図4.6に示すように、液体中に置かれた物体に加わる力を考えます。壁面に働く横方向の力については、図中の左方向と右方向とで等しくなりバランスするので0となります。壁面に働く縦方向の力は、上面に加わる力と下面に加わる力との差より求まり、次式で表されます。

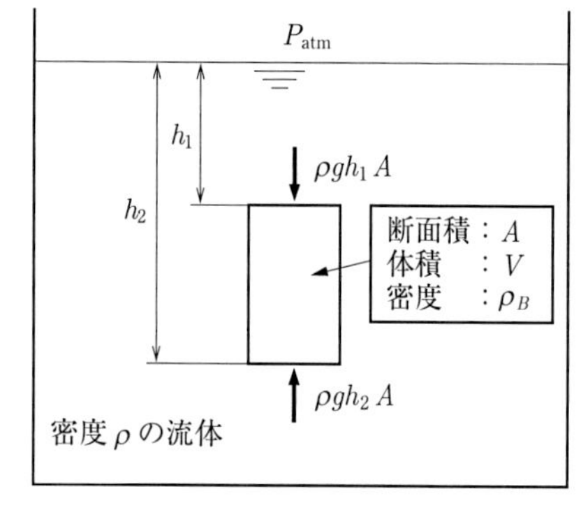

図4.6　液体中の物体に加わる浮力

$$F = \rho gh_1 A - \rho gh_2 A = -\rho g(h_2 - h_1)A = -\rho gV$$

ここで、力Fの加わる方向は下向きを正（+）としています。したがって、物体が排除する液体の重さに等しい力が、物体に対して上向きに働くことになります。これをアルキメデスの原理と呼び、この上向きの力を浮力といいます。一方、物体には重力による体積力$\rho_B gV$が下向きに加わっているので、物体に加わる力の総和は次式となります。

$$F = -\rho g V + \rho_B g V = (\rho_B - \rho)\, g V$$

この式より、物体の密度が液体の密度より大きいときには下向きの力が、物体の密度が液体の密度より小さいときには上向きの力が働くことがわかります。したがって、水より密度の小さい物体は水に浮くことになり、水より密度の大きい物体は水に沈むことになります。また、物体の内部に空洞を設けることにより、物体の重量を浮力$\rho g V$より軽くすれば、物体は流体中に浮くことができます。船や気球などはこの浮力を利用して、水上や大気中で浮くことができます。

5. 理想流体の１次元流れ

(1) １次元定常流の連続の式

粘性および圧縮性のない流体を理想流体といいます。理想流体は、実在する流体と矛盾する点もありますが、取り扱いが簡単であり流れの基本的性質を調べるうえで有用である点が多いのが特徴です。

流体が、ある閉曲線で囲まれた領域内に沿って流れるとき、1次元の流れとして考えることができます。この流路内の流量が一定であれば、定常流となります。この1次元の流れにおいて理想流体を考えると、質量保存の関係からある断面を通過する体積流量Qは一定となります。したがって、流路面積をA、流速をUとして、以下の連続の式（質量保存の式）が成り立ちます。

$$Q = AU = \text{一定}$$

流体の密度が圧力により変化する圧縮性を考慮する場合、定常状態では、ある断面を通過する質量流量Wは一定となります。したがって、流体の密度をρとして、以下の連続の式が成り立ちます。

$$W = \rho AU = \text{一定}$$

(2) ベルヌーイの式

流体の単位質量あたりのエネルギーは、内部エネルギーu、運動エネルギー$U^2/2$、および位置エネルギーgz（gは重力加速度、zは高さ）の和で表すことができます。

流路内の地点1（面積A_1、流速U_1、密度ρ_1、高さz_1）から、地点2（面積A_2、流速U_2、密度ρ_2、高さz_2）への非粘性流体の流れを考えます。この際、外部からの熱および仕事の授受を考えなければ、圧力による仕事が流体に加わり、その結果、流体の保有するエネルギーが変化すると考えることができます。この場合、圧力による単位時間あたりの仕事量W_pは、次式で表すことができます。

$$W_p = P_1A_1U_1 - P_2A_2U_2$$

ここで、PAが流体に加わる力であり、Uは流速で、単位時間あたりに流体が移動する量に等しくなります。この仕事量とエネルギー変化量がバランスすることになるので、エネルギーの式は次式で表されます。

$$\dot{m}\left[\left(u_1 + \frac{U_1^2}{2} + gz_1\right) - \left(u_2 + \frac{U_2^2}{2} + gz_2\right)\right] + \left(P_1A_1U_1 - P_2A_2U_2\right) = 0$$

ここで、$\dot{m}$は流路内を流れる質量流量です。上式と、$\dot{m} = \rho_1A_1U_1 = \rho_2A_2U_2$の関係式を用いて整理すると次式が得られます。

$$\frac{P_1}{\rho_1} + u_1 + \frac{U_1^2}{2} + gz_1 = \frac{P_2}{\rho_2} + u_2 + \frac{U_2^2}{2} + gz_2$$

比エンタルピーの定義式$h = u + P/\rho$を導入して変形すると、次式となります。

$$h_1 + \frac{U_1^2}{2} + gz_1 = h_2 + \frac{U_2^2}{2} + gz_2$$

理想流体の場合は、非圧縮で密度が一定で、非粘性であるため摩擦による熱の授受も考慮しないので、内部エネルギーuが一定となります。また、非圧縮性流体を考えて、密度が一定である場合には、エネルギーの式より次式のベルヌーイの式が得られます。

$$P_1 + \frac{\rho U_1^2}{2} + \rho gz_1 = P_2 + \frac{\rho U_2^2}{2} + \rho gz_2$$

ベルヌーイの式より、zが等しい場合、$P + \rho U^2/2$が一定となり、流速Uが上昇すると圧力が低下することがわかります。$P + \rho U^2/2$を全圧（または総圧）、Pを静圧、$\rho U^2/2$を動圧と呼びます。図4.7に示すように、圧力P_0、流速U_0の流れの中に物体が置かれた場合、よどみ点において流速が0となり、ベルヌーイの式から圧力は$P_0 + \rho U_0^2/2$となります。この流速0となる地点の圧力をよどみ圧といいます。よどみ圧は、よどみ点圧力ともいいます。

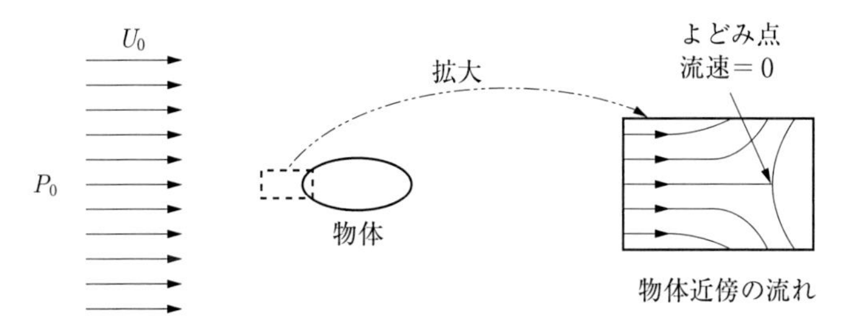

図4.7　一様流中におかれた物体近傍の流れ

このよどみ圧の原理を利用して、流路内の流速を求めるものとしてピトー管があります。ピトー管は、図4.8に示すように流れ方向と、流れ直角方向の2方向の圧力検出口があり、2個の検出口の圧力差から流速が求まります。すなわち、検出口1では速度が0となるので、圧力が$P_0+\rho U_0^2/2$となり、検出口2では圧力がP_0となるので、検出口間の差圧$\Delta P=\rho U_0^2/2$となり、$U_0=\sqrt{\frac{2\Delta P}{\rho}}$となります。

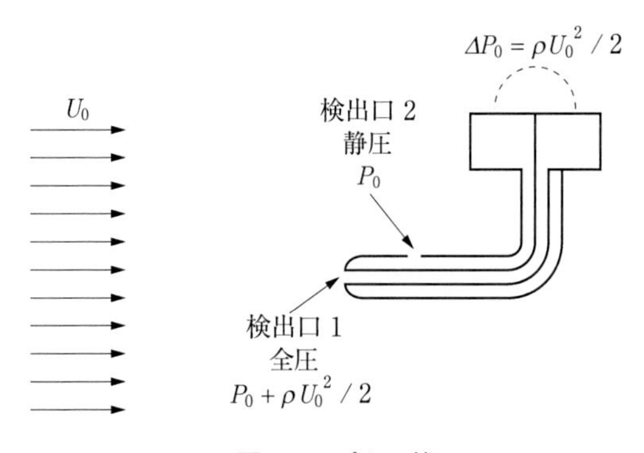

図4.8　ピトー管

オリフィス流量計、ベンチュリー流量計も、ベルヌーイの式を利用した流量計です。流路内にオリフィスあるいはベンチュリーなどの絞りを設けると、絞り部では流速が上昇して圧力が低下します。この圧力の変化を測定し、絞り面積から流路内と絞り部での流速比が求まるので、この関係とベルヌーイの式から流速が求まり、面積を乗じて流量が計算できます。

(3) 容器からの流出

図4. 9に示すような、排出口から内部の液を放出する容器を考えます。液面と排出口の双方において圧力が大気圧P_aに等しく、液面では流速がほぼ0であると考えられるので、出口から液面までの高さをh、液体の密度をρ、重力加速度をgとして、ベルヌーイの式より、次式が得られます。

$$P_a + \rho gh = P_a + \frac{\rho V^2}{2}$$

この式から、排出口から流出する流速Vは、次式で求められます。

$$V = \sqrt{2gh}$$

これをトリチェリの定理といいます。

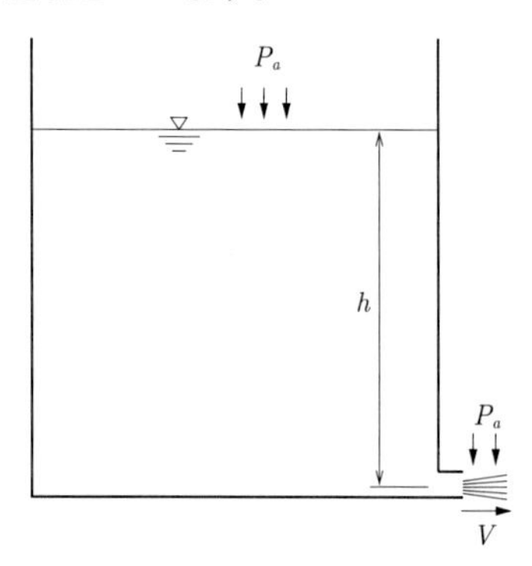

図4. 9　容器からの排出

ここで、容器に溜まった流体の全量が流出する時間を考えてみます。

容器の断面積をA、放出口の有効面積をA_o、微小時間Δtあたりの液面変化量をΔhとすると、容器内の液体の体積変化が、放出口から流出量に等しくなる関係から、次式が成り立ちます。

$$-A\Delta h = A_o U \Delta t$$

この式に、$U = \sqrt{2gh}$ を代入して微分形で表すと、次式が得られます。

$$-A\,dh = A_o\sqrt{2gh}\,dt\,, \quad -\frac{dh}{\sqrt{h}} = \frac{A_o}{A}\sqrt{2g}\,dt$$

容器の断面積Aが一定であるとし、時刻0で$h = h_0$、時刻Tで$h = h_1$であるとして、この式を積分すると、次式が得られます。

$$-\left[2\sqrt{h}\right]_{h_0}^{h_1} = \frac{A_o}{A}\sqrt{2g}\,T\,, \quad T = \sqrt{\frac{2}{g}}\frac{A}{A_o}\left(\sqrt{h_0} - \sqrt{h_1}\right)$$

$h_0 = h$、$h_1 = 0$を代入すると、高さhの液面の液体の全量が流出するまでの時間が、次のように求まります。

$$T = \sqrt{\frac{2h}{g}}\frac{A}{A_o}$$

なお、放出口の有効面積A_oは、一般的には実面積に縮流係数を乗じることにより表します。

6. 運動量の法則

(1) 運動量方程式

物体が力を受け流速が変化する場合を考えます。その際、ニュートンの運動の第2法則より、運動量の単位時間あたりの変化は物体に作用する外力に等しくなります。この関係式を**運動量方程式**といい、次式で表されます。

$$\frac{d}{dt}(mv) = F$$

ここで、mは物体の質量、vは物体の速度、Fは物体に作用する力です。

運動量方程式を流体に適用すると、次式となります。

$$\Delta(\rho Qu) = F$$

ここで、ρは流体の密度、Qは体積流量、uは流速です。

この流体の運動量方程式の特徴は、考える領域の境界（検査面）を通過して出入りする流体の運動量と作用する力だけを考えればよく、内部の状態は考慮しなくてよいことです。

例えば、図4.10に示すように噴流が板に当たる場合を考えると、流れ方向（壁に垂直な方向）の運動量がρQuから0となるので、板が受ける力は次式で表されます。

$$F = \rho Qu = \rho Au^2$$

ここで、Aは噴流の面積、uは噴流の流速です。

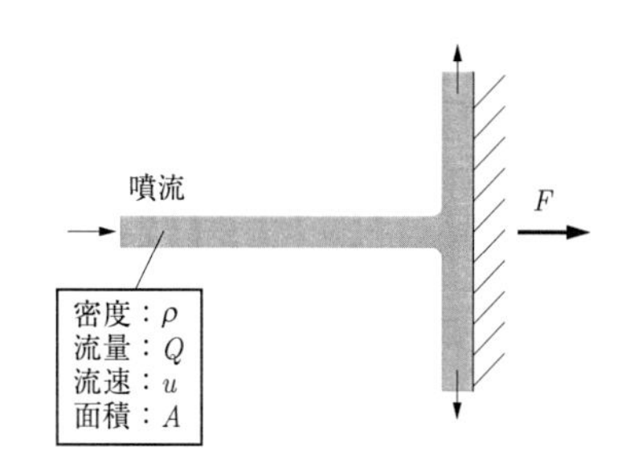

図4.10　噴流から受ける力

(2) 配管が受ける力

図4. 11に示すような配管の曲がり部（角度90°）では、x方向の運動量がρQuから0となり、y方向の運動量は0からρQuに増えます。したがって、この運動量の変化に対応して、配管曲がり部では図中に示すように$F=\rho Qu=\rho Au^2$の力がx方向およびy方向に加わります。

2方向の合力は、$\sqrt{2}\rho Qu=\sqrt{2}\rho Au^2$となります。

なお、ここでは配管の圧力が大気圧に等しい状態を考え、配管内圧力Pによる力PAを無視しています。配管内が加圧されている場合は、この圧力による力を加えて、$F=PA+\rho Qu$として配管に加わる力を求めます。

図4. 12に示すように配管から大気への放出部においては、放出する流れ方向の力を考えると、放出部上流側の曲がり部には$F=\rho Qu=\rho Au^2$が加わるのに対して、放出部では配管は力を受けません。したがって、$F=\rho Qu=\rho Au^2$が噴出し反力として放出部に加わることになります。消防用のホースに加わる反力も、この噴出した分の運動量変化によるものです。

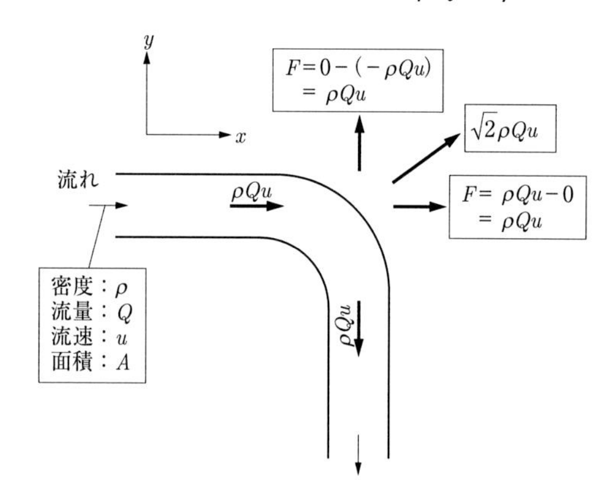

図4. 11　配管曲がり部に加わる力

なお、配管出口部では、通常は、出口で動圧分が損失するので、配管内圧力は大気圧に等しくなり、圧力による力PAは加わりません。圧縮性流体を放出し、出口流速が音速に等しくチョーキング（閉そく）している場合は、圧力Pは大気圧より高くなるので、その場合は圧力による力PAを加えて反力を$F=PA+\rho Qu$として求める必要があります。

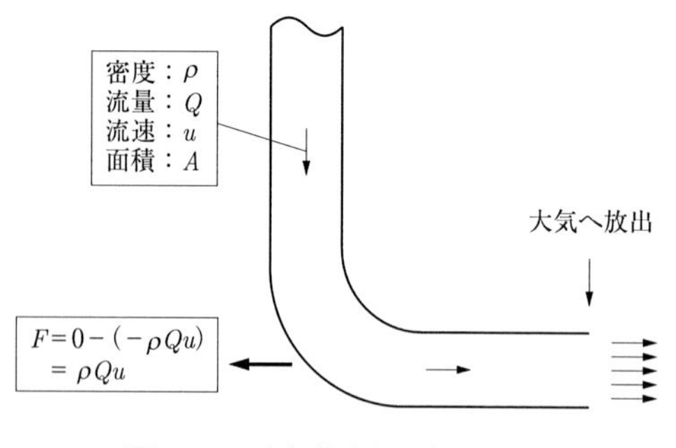

図4. 12　大気放出部に加わる力

(3) ジェットエンジンの推進力

ジェットエンジンからの噴出し反力（推力）Fは、運動量の法則から求めることができます。エンジンの入口と出口とで、運動量方程式を適用すると、次式となります。

$$(P_2A_2 + W_2V_2) - (P_1A_1 + W_1V_1) = F$$

ここで、Pは圧力、Aは断面積、Wは質量流量、Vは流速、Fは反力であり、添字1、2はそれぞれ入口と出口を示します。PAは圧力により流体に加わる力を示しており、入口と出口で圧力・面積とも異なるため、運動量WVとは別に考慮する必要があります。

(4) 角運動量方程式

ポンプの羽根車内の流れなど、流れがある軸のまわりを回転する方向に力を受ける場合を考えます。このとき、回転軸からの位置ベクトルを$\mathbf{r}$として、$\mathbf{r}$と運動量方程式との外積をとることにより、次式が導かれます。

$$\frac{d}{dt}\left(\mathbf{r} \times m\mathbf{v}\right) = \mathbf{r} \times \mathbf{F}$$

$\mathbf{r} \times m\mathbf{v}$は、回転軸まわりの流体の角運動量$\mathbf{L}$であり、右辺は流体に加わる力のモーメント$\mathbf{T}$を表しています。したがって、この関係を代入して、次式で表される角運動量方程式が導き出されます。

$$\frac{d\mathbf{L}}{dt} = \mathbf{T}$$

$d\mathbf{L}/dt$は、対象としている領域内の角運動量の変化率$d\mathbf{L}_{cv}/dt$と、領域に流入・流出する角運動量$\dot{\mathbf{L}}_{\mathrm{out}} - \dot{\mathbf{L}}_{\mathrm{in}}$の和で表すことができるので、次式が導き出されます。

$$\frac{d\mathbf{L}}{dt} = \frac{d\mathbf{L}_{cv}}{dt} + \mathbf{L}_{\mathrm{out}} - \mathbf{L}_{\mathrm{in}} = \mathbf{T}$$

定常状態では、$d\mathbf{L}_{cv}/dt = 0$となるので、次式が成り立ちます。

$$\mathbf{L}_{\mathrm{out}} - \mathbf{L}_{\mathrm{in}} = \mathbf{T}$$

7. 管内の流れ

(1) 圧力損失

管内を流体が流れると、管壁面で働くせん断力によりエネルギーが損失します。この損失をΔPとすると（区間1から区間2の損失）、非圧縮性流体の場合、ベルヌーイの式にエネルギー損失項を加えて、次式が成り立ちます。

$$P_1 + \frac{\rho {U_1}^2}{2} + \rho g z_1 = P_2 + \frac{\rho {U_2}^2}{2} + \rho g z_2 + \Delta P$$

ここで、Pは圧力、ρは流体密度、Uは流速、gは重力加速度、zは高さです。上式の両辺をρgで割って圧力の代わりにヘッド（水頭）hを導入することにより、次式が得られます。

$$h_1 + \frac{{U_1}^2}{2g} + z_1 = h_2 + \frac{{U_2}^2}{2g} + z_2 + \Delta h$$

ヘッドは、「圧力／密度／重力加速度」であり、ゲージ圧で表した場合、管内の圧力により流体を持ち上げられる高さを意味しています。

損失水頭Δhは、次式のダルシー–ワイスバッハの式で表されます。

$$\Delta h = \lambda \frac{L}{D} \frac{U^2}{2g}$$

ここで、λが管摩擦係数、Lが配管長さ、Dが管内径です。管摩擦係数（管摩擦損失係数ともいう）は、一般に、「配管表面粗さ／管内径」とレイノルズ数の関数で表されます。

(2) 円管内の流れ

円管内の流れを考えます。円管内のレイノルズ数$R_e = UD/\nu$（νは動粘性係数）が2,300以下のときは、流れは層流となり、管摩擦係数λはレイノルズ数R_eの逆数に比例し、次式で表されます。

$$\lambda = \frac{64}{R_e}$$

配管入口の助走区間など、層流から乱流への遷移は、流れの乱れの状態により異なります。

流れが乱流になると、レイノルズ数R_eの増加に伴い管摩擦係数λは一定値へ

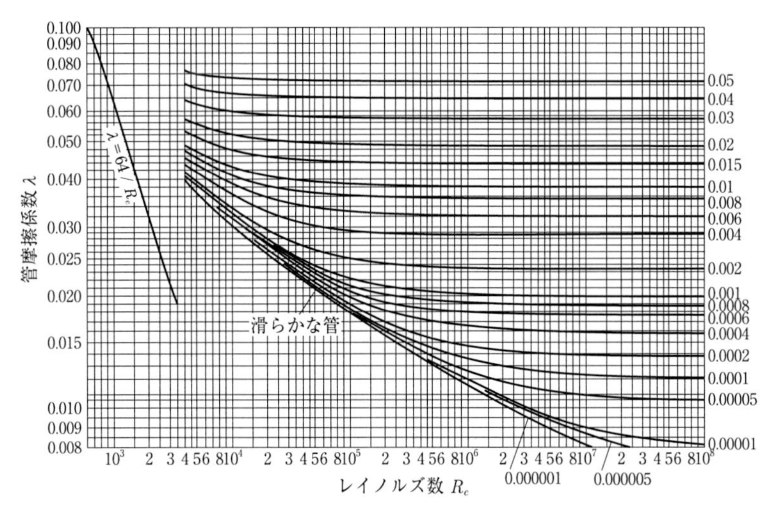

出典：日本機械学会編、技術資料「管路・ダクトの流体抵抗」(1979年)

図4. 13　ムーディ線図

近づきます。表面がなめらかな円管については、管摩擦係数λについては種々の近似式が提案されています。例えば、ブラジウスの式（適用範囲3,000＜R_e＜80,000）は次式で表されます。

$$\lambda = 0.3164\ R_e^{-0.25}$$

また、表面が粗い円管については、管摩擦係数はレイノルズ数に加えて「表面粗さ／管内径」の影響を受けます。図4. 13に示すムーディ線図が、円管の管摩擦係数を表す図として一般的に用いられています。

(3) 円管内の流れの流速分布

円管内の流れが層流である場合は、流速分布は放物線状となります（後述のポアズイユの流れ参照)。流れが乱流になると、乱流の物質拡散効果により管の中央付近の流れは均一に近くなり、壁面近傍で流速は急速に低下する速度分布となります。この速度分布を表す方法として、対数則と指数則があります。

対数則では、流速分布を次式で表します。

$$u = A + B \log \frac{x}{r_0}$$

ここで、uは流速、A、Bは係数で、xは壁面からの距離、r_0は円管の半径になります。指数則は、流速分布を次式で表します。

$$u = u_{\max}\left(\frac{x}{r_0}\right)^{\frac{1}{n}}$$

ここで、$u_{\max}$は円管中央での流速、指数nはレイノルズ数により異なり、6～10までの数値をとります。

容器などから管へ流入する管入口部では、一様な速度分布で管へ流入した後、一定区間を経た後に管内で発達した流速分布へと変化します。この管入口から発達した流れに達するまでの区間を、**助走区間**、その区間の長さを**助走距離**と呼びます。

(4) 継ぎ手、バルブなどの圧力損失

エルボ、ティー、レデューサなどの継ぎ手、管路の入口・出口、バルブなどの圧力損失Δh（損失水頭）は、動圧$\frac{1}{2}\rho U^2$に**損失係数**ζを乗じて次式で表されます。

$$\Delta h = \zeta \frac{U^2}{2g}$$

管路出口では、エッジの角の丸み（r）によらず、$\zeta = 1$となります。管路入口では、エッジのrにより異なりますが、エッジにrがない場合で損失係数は0.5となり、rの影響により損失係数は0.5より小さくなります。

また、損失係数を用いる代わりに、継ぎ手、バルブなどの圧力損失（損失水頭）を相当長L_Eを用いて、次式で表す方法も良く用いられています。

$$\Delta h = \lambda \frac{L + L_E}{D} \frac{U^2}{2g}$$

この式は、配管の実長に継ぎ手、バルブなどの相当長を加えて、配管系の損失水頭Δhを求めるものです。

(5) 配管内の圧力損失

配管の圧力損失ΔP（全圧の損失）は、直管部分（長さL）、曲がり部、フィッティング、バルブ、配管入口／出口などの損失（損失係数ζ）、およびエレベーション差（H）による水頭圧の変化の和で、次式のように表すことができます。

$$\Delta P = -\rho\left\{\left(\lambda\frac{L}{D} + \sum\zeta\right)\frac{U^2}{2} + gH\right\}$$

ここで、ρは密度、Dは配管内径、$\sum\zeta$は損失係数の総和を示しています。なお、圧力（静圧）は、全圧から動圧を引いて求めることができます。

8. 物体まわりの流れ

(1) 抗力と揚力

一様流の中に物体があるとき、物体は流体から力を受けます。この流体から受ける力のうち、流れ方向の力を抗力、流れと直交する方向の力を揚力と呼びます。抗力F_Dと揚力F_Lは、次式で表されます。

$$F_D = C_D\frac{\rho U^2}{2}A,\quad F_L = C_L\frac{\rho U^2}{2}A$$

ここで、Uは一様流の流速と物体の流速との速度差、ρは流体密度、Aは物体の流れ方向の投影面積、C_Dは抗力係数、C_Lは揚力係数です。この式からもわかるように、抗力係数と揚力係数は、物体表面でよどみ圧（流速が0となった場合の圧力）により加わる力に対する抗力と揚力の比を示しています。抗力係数と揚力係数は、物体の形状、レイノルズ数の関数です。抗力係数は、図4. 14に示すように流線形では流れが物体表面に沿って流れて物体後方で圧力が回復するため小さくなります。一方、円柱、球、角柱などでは、物体後方で流れがはく離し圧力が低い領域が生じるため抗力は大きくなります。

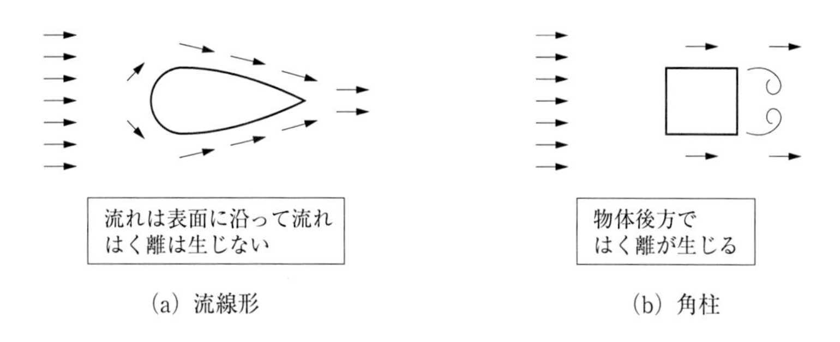

図4. 14　物体まわりの流れ

羽根のような形状の場合、羽根の曲率の影響によって羽根の両側で圧力が異なり、その圧力差により揚力が生じます。飛行機の翼、ターボポンプ・圧縮機・スクリューの羽根などは、この原理に基づいています。

(2) 円柱まわりの流れとカルマン渦

円柱まわりの流れの様相は、レイノルズ数$R_e = Ud/\nu$（Uは一様流の流速、dは円柱直径、νは流体の動粘性係数）により大きく異なります。図4. 15に示すように、R_eが6以下と低い場合、円柱後方ではく離が生じずに、流体は円柱に沿って流れます。R_eが上昇すると（$6 < R_e < 40$）、円柱後方ではく離が生じて、はく離した流れは円柱後方で2つの対称な渦（双子渦）を生じます。さらに、R_eが上昇すると（$R_e > 40$）、円柱後方で交互に渦がはく離する状態となります。はく離した渦は円柱後方へ流れていき、一定間隔を有する千鳥状の列を形成します。この渦の発生をカルマン渦と呼び、後方で生じる渦列をカルマンの渦列と呼びます。渦の発生振動数fと、円柱の直径d、一様流の流速Uから、次式で表される無次元数であるストローハル数S_tが定義されます。

$$S_t = \frac{fd}{U}$$

ストローハル数S_tは、一般にレイノルズ数R_eの関数ですが、$5 \times 10^2 < R_e < 2 \times 10^5$の範囲では、ほぼ0.2で一定となります。

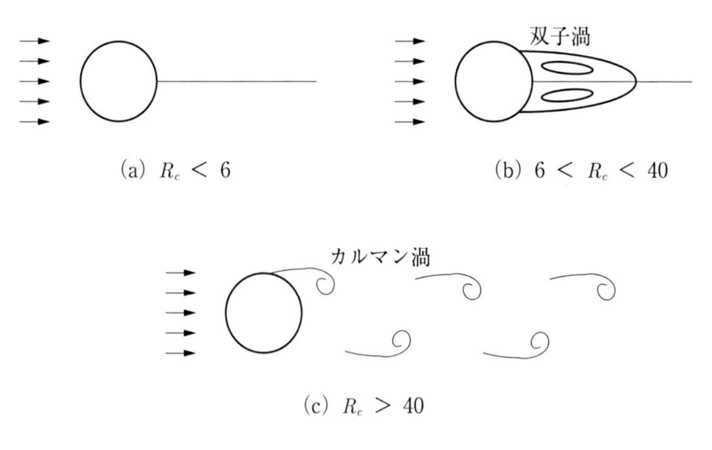

図4. 15　円柱まわりの流れ（流れのパターンの変化）

円柱の固有振動数がカルマン渦の発生振動数に近くなると、円柱が流れ直角方向に振動します。この場合、渦が円柱の振動に同期して発生するので、図4. 16に示すようにカルマン渦の発生振動数が円柱の固有振動数に引き込まれる現象が起きます。これをロックイン現象と呼びます。また、円柱の固有振動数がカルマン渦の発生振動数の約2倍であり、円柱の構造減衰が小さい場合、あるいは流体の密度が液のように大きい場合、図4. 17に示すように円柱の流れ方向の振動に同期して円柱後方に対称な渦が発生する場合があります。この対称な渦による円柱の振動をインライン振動と呼びます。

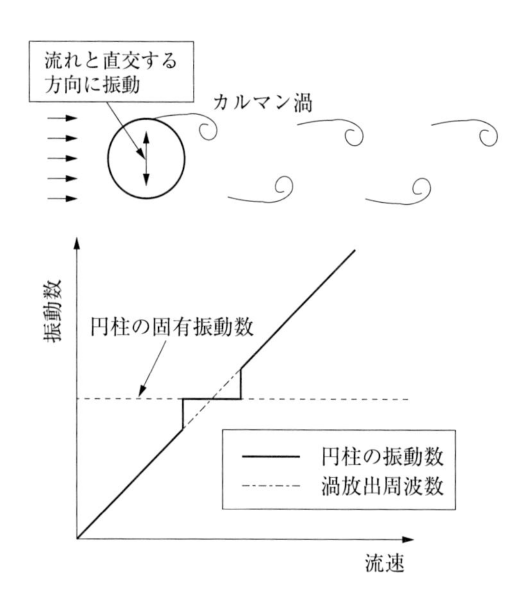

図4. 16　円柱まわりの流れのロックイン現象

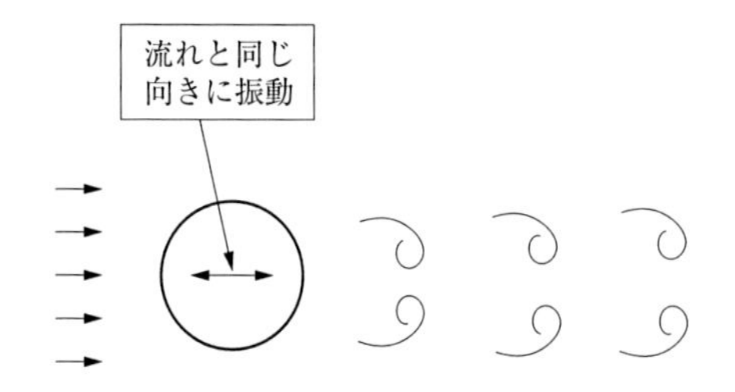

図4. 17　円柱まわりの流れによるインライン振動

9. 流 体 の 運 動

(1) 連続の式

領域中の任意の体積 Vに対して流入・流出する量の総和は、体積 V内の質量変化に等しくなります。この質量保存則に基づき導出されるのが連続の式であり、次式で表されます。

$$\left(\frac{\partial}{\partial t}+\mathbf{v}\cdot\nabla\right)\rho+\rho\nabla\cdot\mathbf{v}=0$$

ここで、ρは流体の密度を、$\mathbf{v}$は速度ベクトルを、∇は体積表面の法線方向の微分を表します。微分の演算子 $\frac{\partial}{\partial t}+\mathbf{v}\cdot\nabla$ は、流体粒子の動きに沿って時間微分することを意味しており、$\frac{\partial}{\partial t}+\mathbf{v}\cdot\nabla=\frac{D}{Dt}$ と表すと、連続の式は次式で表されます。

$$\frac{D\rho}{Dt}+\rho\nabla\cdot\mathbf{v}=0$$

非圧縮性の流体では、$D\rho / Dt=0$となるので、連続の式は次式（流体の密度を含まない）となります。

$$\nabla\cdot\mathbf{v}=0$$

デカルト座標系（xyz座標系）で表すと、連続の式（圧縮性流体）は以下のようになります。

$$\left(\frac{\partial}{\partial t}+u\frac{\partial}{\partial x}+v\frac{\partial}{\partial y}+w\frac{\partial}{\partial z}\right)\rho+\rho\left(\frac{\partial u}{\partial x}+\frac{\partial v}{\partial y}+\frac{\partial w}{\partial z}\right)=0$$

ここで、u, v, wはそれぞれx, y, z方向の流速を表します。また、流体粒子の動きに沿った時間微分の演算子は $\frac{\partial}{\partial t}+\frac{u\partial}{\partial x}+\frac{v\partial}{\partial y}+\frac{w\partial}{\partial z}=\frac{D}{Dt}$ です。非圧縮性流体では、連続の式は次式で表されます。

$$\frac{\partial u}{\partial x}+\frac{\partial v}{\partial y}+\frac{\partial w}{\partial z}=0$$

(2) 運動方程式（オイラーの式）

流体粒子に加わる力がその質量と加速度の積に等しくなるニュートンの法則

より運動方程式は導かれて、非粘性流体では次式で表されます。

$$\rho\left(\frac{\partial}{\partial t}+\mathbf{v}\cdot\nabla\right)\mathbf{v}=\frac{D\mathbf{v}}{Dt}=-\nabla p+\rho\mathbf{g}$$

これが、非粘性流体の**オイラーの運動方程式**です。ここで、$\mathbf{g}$は重力加速度のベクトルを示し、左辺が加速度項、右辺第1項が圧力項、第2項が外力項です。デカルト座標系で表すと、重力ベクトルを$\mathbf{g}=(0,\ -g,\ 0)$で表し（yは鉛直上向きとする）、運動方程式は、次式となります。

$$\rho\left(\frac{\partial u}{\partial t}+u\frac{\partial u}{\partial x}+v\frac{\partial u}{\partial y}+w\frac{\partial u}{\partial z}\right)=-\frac{\partial p}{\partial x}$$

$$\rho\left(\frac{\partial v}{\partial t}+u\frac{\partial v}{\partial x}+v\frac{\partial v}{\partial y}+w\frac{\partial v}{\partial z}\right)=-\frac{\partial p}{\partial y}-\rho g$$

$$\rho\left(\frac{\partial w}{\partial t}+u\frac{\partial w}{\partial x}+v\frac{\partial w}{\partial y}+w\frac{\partial w}{\partial z}\right)=-\frac{\partial p}{\partial z}$$

なお、ここでは「力＝質量×加速度」の関係から運動方程式の導出を説明しましたが、力積が運動量変化に等しくなる関係からも同じ式を導き出すことができます。

(3) 粘性流体の運動方程式（ナビエ・ストークスの式）

粘性流体には、前項 (2) で示したオイラーの運動方程式に粘性項が加わり、非圧縮性流体に対して次式で表されます。

$$\rho\left(\frac{\partial}{\partial t}+\mathbf{v}\cdot\nabla\right)\mathbf{v}=\frac{D\mathbf{v}}{Dt}=-\nabla p+\rho\mathbf{g}+\mu\nabla^2\mathbf{v}$$

これが、粘性流体に対する運動方程式（ナビエ・ストークスの式）です。デカルト座標系で表すと、重力ベクトルを$\mathbf{g}=(0,\ -g,\ 0)$で表し（yは鉛直上向きとする）、粘性流体の運動方程式は次式となります。

$$\rho\left(\frac{\partial u}{\partial t}+u\frac{\partial u}{\partial x}+v\frac{\partial u}{\partial y}+w\frac{\partial u}{\partial z}\right)=-\frac{\partial p}{\partial x}+\mu\left(\frac{\partial^2 u}{\partial x^2}+\frac{\partial^2 u}{\partial y^2}+\frac{\partial^2 u}{\partial z^2}\right)$$

$$\rho\left(\frac{\partial v}{\partial t}+u\frac{\partial v}{\partial x}+v\frac{\partial v}{\partial y}+w\frac{\partial v}{\partial z}\right)=-\frac{\partial p}{\partial y}+\mu\left(\frac{\partial^2 v}{\partial x^2}+\frac{\partial^2 v}{\partial y^2}+\frac{\partial^2 v}{\partial z^2}\right)-\rho g$$

$$\rho\left(\frac{\partial w}{\partial t}+u\frac{\partial w}{\partial x}+v\frac{\partial w}{\partial y}+w\frac{\partial w}{\partial z}\right)=-\frac{\partial p}{\partial z}+\mu\left(\frac{\partial^2 w}{\partial x^2}+\frac{\partial^2 w}{\partial y^2}+\frac{\partial^2 w}{\partial z^2}\right)$$

この、ナビエ・ストークスの式の完全解の例として、ポアズイユの流れ（またはハーゲン・ポアズイユの流れ）とクエットの流れがあります。ポアズイユの流れは、2枚の平行平板、あるいは円管に圧力勾配を加えたときに生じる流れです。平行平板の場合のポアズイユの流れは、次式で表されます。

$$u = \frac{\alpha}{2\mu}\left(h - y\right)y$$

ここで、uは流速、αが圧力勾配、μが粘性係数、hは2枚平板間の距離、yは流れに直交する座標で$y = 0$と$y = h$に平板が置かれています。流量Qは、流速を0からhまで積分することにより求まり、次式で表されます。

$$Q = \frac{\alpha}{12\mu}h^3$$

円管の場合のポアズイユの流れは、次式で表されます。

$$u = \frac{\alpha}{4\mu}\left(R^2 - r^2\right)$$

ここで、uは流速、αが圧力勾配、μが粘性係数、Rは円管の半径、rは円管の中心からの半径方向の距離です。流量Qは、流速を円管断面にわたって積分することにより求まり、次式で表されます。

$$Q = \frac{\pi\alpha}{8\mu}R^4$$

2枚の平行平板において、片側の平板が静止、もう一方の平板が一定流速で平行に動いているときの流れをクエットの流れといい、次式で表すことができます。

$$u = \frac{U}{h}y$$

ここで、uは流速、Uは動いている平板の速度、hは2枚平板間の距離、yは流れに直交する座標で$y = 0$と$y = h$に平板が置かれています。

ポアズイユの流れとクエットの流れは層流に対するナビエ・ストークスの式の完全解です。乱流の場合は、乱流拡散効果により流速の分布は変化します。ナビエ・ストークスの式の完全解は、ポアズイユの流れとクエットの流れを含めて少なく、一般的な領域の流れに対してナビエ・ストークスの式の完全解を求めることは困難です。そのため、境界層近似を行い、境界層の中と外とで個別に流れを解き、その解をつなげる方法がとられました。近年では、コンピュータによる解析技術の進展に伴い、流れの領域内を細かく要素分割し、要素ごとに流体の支配方程式から差分式を導き、それらを連立させて境界条件に合わせるように収束計算によって、流れの解を直接求めるCFD（Computational Fluid Dynamics）が一般的に行われるようになってきました。

10. 流 体 機 械

(1) ポンプ

回転体に取り付けた翼（羽根車）の間を液体が通り抜け、そのときに羽根車に沿って加速することによりエネルギーを与える機械をターボポンプといいます。一方、ピストンなどの往復運動、あるいはギヤ、スクリューなどを回転させて液体を移動させる機械を容積ポンプといいます。ポンプにおいて、流体がポンプから受け取る全ヘッド（全圧／密度／重力加速度）を全揚程または揚程といいます。

ターボポンプにおいて、流体が羽根の半径方向に流れるものを遠心ポンプ、羽根の回転軸方向に流れるものを軸流ポンプ、その中間のものを斜流ポンプといいます。ターボポンプにおいて、一般に、遠心ポンプは揚程が高く、軸流ポンプは揚程が低く流量が大きくなります。また、容積ポンプは、流体を強制的に移送できるので、ターボポンプに比べて揚程を高くすることができます。

ポンプ動力 P_w [W] を表す次式は、理論動力 $P\rho QH$ を効率 η で除すことにより、実際の動力を求めるものです。他の流体機械の場合も同様に、理論動力を効率で除すことにより実際の動力が求まります。

$$P_w = \frac{\rho g Q H}{\eta}$$

ここで、ρ は流体密度 [kg/m^3]、g は重力加速度 [m/s^2]、Q はポンプ流量 [m^3/s]、H は全揚程 [m]、η はポンプ効率です。ポンプ効率 η は、流体効率 η_h、体積効率 η_v、機械効率 η_m の積で表されます。流体効率は「実際の揚程／理論揚程」であり、ポンプ内部のエネルギー損失の影響を表します。体積効率は、「ポンプ流量／羽根を通過する流量」であり、ポンプ内の漏れの影響を表します。機械効率は、羽根車の摩擦、軸受などの機械要素の損失の影響を表します。

ターボ形ポンプの羽根の性能を表すパラメータとして、比速度があります。

比速度n_sは次式で表されます。

$$n_s = n\frac{Q^{1/2}}{H^{3/4}}$$

ここで、nはポンプの回転数、Qは流量、Hは揚程です。比速度の値は単位系により異なりますが、一般に（rpm、m^3/min、m）が使用されることが多いようです。比速度n_sは、羽根の相似則より導き出されるパラメータであり、比速度が同じ場合、同じ羽根の性質を有する特徴を持ちます。比速度が大きくなるにしたがって、遠心ポンプ→斜流ポンプ→軸流ポンプと性能が変化します。

（2）羽根車

図4. 18に示すように、遠心ポンプの羽根車は多数の羽根を持ち、回転する構造となっています。液は内側から流入し、羽根車の回転により加速されて外側に流出し、この加速によりエネルギーを与えます。流体が羽根に沿って流れると考え、入口と出口の速度をv_1、v_2、羽根の周速度をu_1、u_2、羽根車からとともに回転する座標系から見た速度をw_1、w_2とすると、図4. 19に示す速度三角形の関係が成り立ちます。羽根車に流入する流体の単位時間あたりの角運動量$\dot{L}_1$、および羽根車から流失する単位時間あたりの角運動量$\dot{L}_2$は次式で表せます。

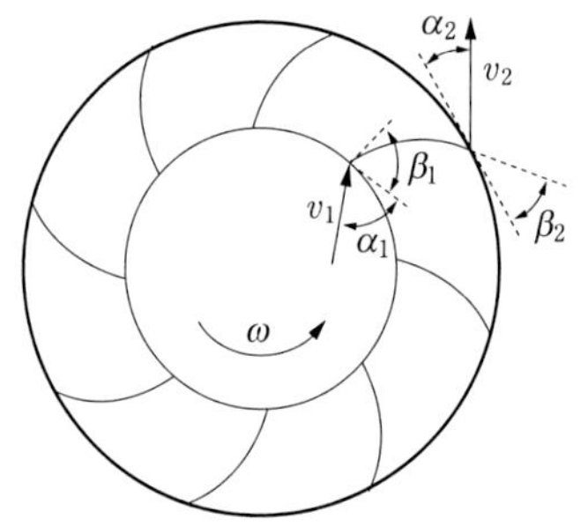

図4. 18　羽根車内の流れ

$$\dot{L}_1 = \left(r_1 v_1 \cos\alpha_1\right)\rho Q\,,\quad \dot{L}_2 = \left(r_2 v_2 \cos\alpha_2\right)\rho Q$$

ここで、α_1、α_2は羽根車に流入および流出する角度、ρは流体の密度、Qは流量です。回転軸まわりの角運動量の変化が軸まわりの力のモーメント（トルク）Tと等しくなるので、この関係は次式で表せます。

$$T = \dot{L}_2 - \dot{L}_1 = \left(r_2 v_2 \cos\alpha_2 - r_1 v_1 \cos\alpha_1\right)\rho Q$$

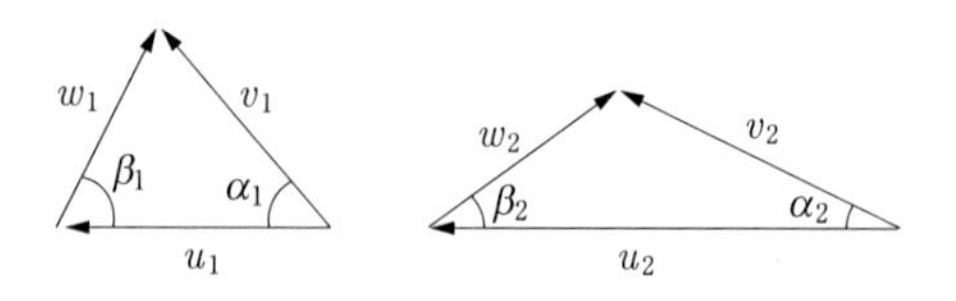

図4. 19　速度三角形

ここで、α_1、α_2は羽根車に流入および流出する角度、ρは流体の密度、Qは流量です。羽根車を回転させるために必要な動力Wは、トルクT×角速度ωに等しくなり、次式で表せます。

$$W = T\omega = \rho Q\omega\left(r_2 v_2 \cos\alpha_2 - r_1 v_1 \cos\alpha_1\right) = \rho Q\left(u_2 v_2 \cos\alpha_2 - u_1 v_1 \cos\alpha_1\right)$$

一方、羽根車の動力は、「入口と出口の圧力差ΔP×流量Q」と等しくなるので、次式が成り立ちます。

$$W = \Delta PQ = \rho gQH_{th}$$

ここでgは重力加速度、H_{th}は羽根車の揚程です。この式を変形して、羽根車のH_{th}は、次式で表せます。

$$H_{th} = \frac{W}{\rho gQ} = \frac{\rho Q\left(u_2 v_2 \cos\alpha_2 - u_1 v_1 \cos\alpha_1\right)}{\rho gQ} = \frac{\left(u_2 v_2 \cos\alpha_2 - u_1 v_1 \cos\alpha_1\right)}{g}$$

この式で表した揚程は、粘性のない羽根車に沿った理想的な流れに対する揚程であり、理論揚程と呼ばれます。実際の揚程Hは、理論揚程H_{th}から内部流れの損失H_{loss}を引くことにより求まり、次式で表されます。

$$H = H_{th} - H_{\mathrm{loss}}$$

また、羽根車の水力効率は次式で表されます。

$$\eta_h = \frac{H}{H_{th}} = 1 - \frac{H_{\mathrm{loss}}}{H_{th}}$$

(3) 送風機、圧縮機

気体にエネルギーを加えて送り出す機械を空気機械といいます。空気機械において、圧力比（吐出し圧力／吸入圧力）が2以上で吐出し圧が100 kPa（1 kgf/cm^2）以上のものを圧縮機（コンプレッサ）、それ以下のものを送風機（ブロワ：圧力比1.1～2.0、ファン：圧力比1.1以下）といいます。

圧縮機において、羽根車を回転させ運動エネルギーを与えるものをターボ圧縮機、気体を圧縮してエネルギーを与えるものを容積圧縮機といいます。ターボ圧縮機において、気体が羽根の半径方向に流れるものを遠心圧縮機、羽根の回転軸方向に流れるものを軸流圧縮機といいます。容積圧縮機には、往復圧縮機（ピストンの往復運動により圧縮）、ダイヤフラム圧縮機（ダイヤフラムの往復運動により圧縮）、スクリュー圧縮機（スクリューの回転により圧縮）などがあります。

送風機についても、羽根車の回転半径方向に流れるか軸方向に流れるかにより、遠心ファン、軸流ファン、斜流ファン、遠心ブロワ、軸流ブロワなどに分類しています。

(4) キャビテーション

ポンプ内では、羽根に沿った流れに伴い流速が上昇します。この流速上昇に伴い、ベルヌーイの定理からも明らかなように圧力が低下します。低下した圧力が飽和蒸気圧以下になると、液は蒸発して液体中に蒸気泡が発生します。この現象をキャビテーションといいます。圧力が蒸気圧まで低下しない場合であっても、液体中に存在する微小な気泡あるいは溶存空気が気泡となって現れ、キャビテーションが生じることがあります。キャビテーションで発生した気泡は、液体とともに高圧部に移動し、そこで消滅します。消滅時に、気泡まわりの液体が高速で衝突するので、局所的に極めて高い圧力が発生します。この局所的な高い圧力の発生に伴い、騒音・振動の発生、あるいは機器・配管の表面に侵食（または壊食という）により損傷を与える場合があります。キャビテーションは、ターボポンプ内の他、船のスクリュー、あるいは高差圧のバルブ・制限オリフィスの縮流部においても発生します。

11. その他

(1) ポテンシャル流れ

非圧縮の理想流体の渦なし流れにおいては、その方向に微分することによりその方向の速度が得られる速度ポテンシャルϕが存在し、その流れをポテンシャル流れといいます。速度ポテンシャルϕは、その定義から速度との間に以下の関係式が成り立ちます。

$$u = \frac{\partial \phi}{\partial x}, \quad v = \frac{\partial \phi}{\partial y}, \quad w = \frac{\partial \phi}{\partial z}$$

ここで、u, v, wはそれぞれ、x, y, z方向の流速です。

速度ポテンシャルを連続の式に代入することにより、次式で示すようにラプラスの方程式が得られます。

$$\frac{\partial u}{\partial x}+\frac{\partial v}{\partial y}+\frac{\partial w}{\partial z}=\frac{\partial^2\phi}{\partial x^2}+\frac{\partial^2\phi}{\partial y^2}+\frac{\partial^2\phi}{\partial z^2}=\Delta\phi=0$$

ここで、$\Delta=\frac{\partial^2}{\partial x^2}+\frac{\partial^2}{\partial y^2}+\frac{\partial^2}{\partial z^2}$ です。

したがって、ラプラスの方程式の解を所定の境界条件下で解くことにより、ポテンシャル流れの解が求まります。

なお、速度ポテンシャルを渦度に代入すると、次式で示すように渦度が恒等的に0となります。したがって、ポテンシャル流れ＝渦なし流れとなります。

$$\frac{\partial w}{\partial y}-\frac{\partial v}{\partial z}=\frac{\partial^2\phi}{\partial z\partial y}-\frac{\partial^2\phi}{\partial y\partial z}=0$$

$$\frac{\partial u}{\partial z}-\frac{\partial w}{\partial x}=\frac{\partial^2\phi}{\partial x\partial z}-\frac{\partial^2\phi}{\partial z\partial x}=0$$

$$\frac{\partial v}{\partial x}-\frac{\partial u}{\partial y}=\frac{\partial^2\phi}{\partial y\partial x}-\frac{\partial^2\phi}{\partial x\partial y}=0$$

(2) 境界層

一様流の中に置かれた物体の表面では、粘性の効果により流速は0となります。物体表面から離れるにしたがって流速は増加し、物体表面の影響を受けずに理想流体としての取り扱いが可能となります（図4. 20参照）。このように、物体の表面近くで粘性の影響を受ける流体の層を**境界層**と呼び、境界層の外側の粘性の影響を無視できる流れを**主流**あるいは**自由流**と呼びます。

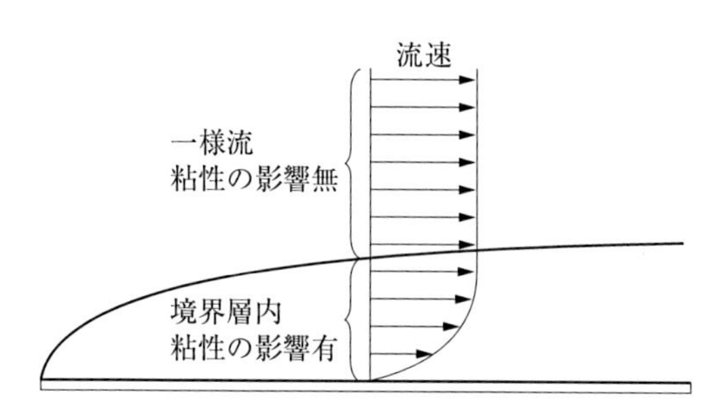

図4. 20　境界層（平板上）

境界層内において、壁面では流速は0であり、壁面の極近傍では粘性が支配し、流速が壁面からの距離に比例して増加する**粘性底層**があります。その外側では、**レイノルズ応力**（乱れにより、運動量移送が促進され、平均速度を均一化するように働き、乱れにより応力が発生したととらえることができる）が作用し、流速分布は**対数則**（対数速度則または対数分布則ともいう）を用いて表すことができます。

物体表面からの境界層の厚さを**境界層厚さ**といいます。通常は、一様流の流速の99％になるところまでを境界層と定義して境界層厚さを決めることが慣例となっています。ただし、境界層内の速度分布によっては、この定義では意味がない場合もあり、代表的な厚さとして、**排除厚さ**（流速が遅くなったぶんだけ境界層がせり出したと考える）、**運動量厚さ**（せん断応力によってエネルギーが失われている部分すべてを含める）などがあります。

排除厚さは、壁面からの距離をy、流速をu、一様流の流速をU_∞として、次式により表せます。

$$\int_0^\infty \left(1 - \frac{u}{U_\infty}\right) dy$$

運動量厚さは、次式により表せます。

$$\int_0^\infty \frac{u}{U_\infty}\left(1 - \frac{u}{U_\infty}\right) dy$$

境界層の中で、流れの下流に行くほど圧力が高くなるような勾配が形成されると、そのため境界層内では減速され逆流が生じる場合があります。逆流が生じると、境界層が物体からはがれたように見えることから、この現象を**境界層はく離**と呼びます。

平板の境界層では、前縁からの距離をx、粘性係数をμ、動粘性係数をν、一様流の流速をUとすると、境界層の厚さは$\sqrt{\nu x / U}$に、平板に加わるせん断応力は$\mu U\sqrt{U / \nu x}$に比例します。

図4. 21に示すように円柱まわりの流れの円柱後方側では、この境界層はく離が生じます。

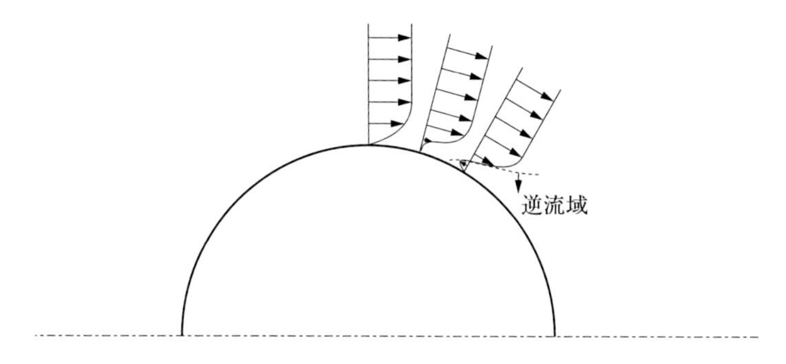

図4. 21　円柱後方の境界層はく離

境界層の内部の流速が低い場合、境界層内部の流れは層流となります。これを**層流境界層**といいます。これに対し、境界層の内部の流速が高くなると境界層内の流れが乱流となります。これを**乱流境界層**といいます。レイノルズ数が上がり、層流境界層から乱流境界層へ変化することを遷移といいます。乱流境界層では、境界層内の流れが平均化されるのではく離が生じにくくなります。この原理を応用し、飛行機の翼にはヴォルテックスジェネレータが設けられ、この効果により乱流境界層を形成させ、はく離による失速を防止する場合があります。ゴルフボール表面の凹凸も、乱流境界層へと遷移させてはく離の位置を後方へ移動させ抗力を低減するためのものです。

(3) 流量・流速測定

流量・流速を測定する代表的な計器を以下に説明します。

● ベンチュリー流量計

図4. 22に示すようなベンチュリーにより流路を絞り、絞り部において流速上昇に伴い圧力が低下する原理により流量を計測します。

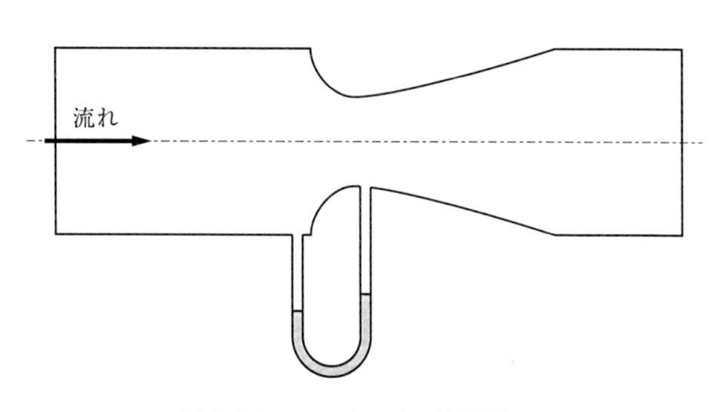

図4. 22　ベンチュリー流量計

● オリフィス流量計

図4. 23に示すように、流路内にオリフィスプレートを設置し、オリフィスプレートの前後の差圧から流量を計測します。形状および計測方法についてはJIS規格で定められています。

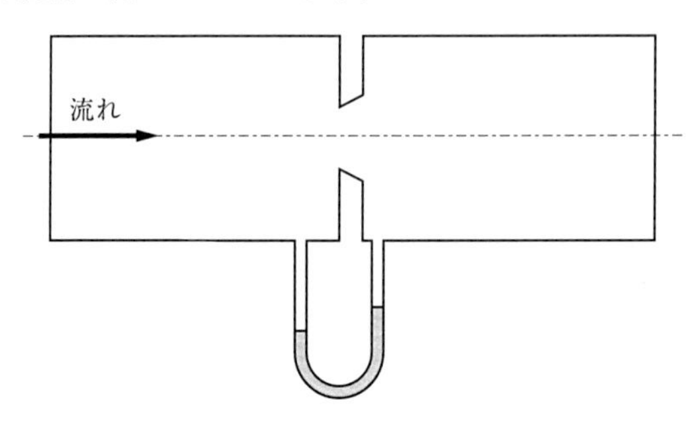

図4. 23　オリフィス流量計

● ピトー管

全圧（よどみ圧）と静圧の差を利用して流速を計測します（図4. 8参照）。

● フロート型流量計

入口から出口へ管径が広がるテーパ管中に、浮き（フロート）を浮かせて、その位置により流量を計測します。

● 熱線式流量計

管路内に置かれた電熱線が流体の流れによって奪われる熱量から流量を計測します。熱線風速計は、同じ原理を用いて風速を計測します。

● カルマン渦流量計

管路中に置かれた障害物後方に生じるカルマン渦の周波数から流量を計測します。

● タービン流量計

回転子（タービン）の回転数から流量を計測します。

● 超音波流量計

管路外から超音波を流路内に斜めに送り、反射波の伝播時間およびドップラー効果の影響から流量を計測します。

● 堰式流量計

堰を越える液面高さから流量を計測します。

(4) 水撃

水撃とは、配管内の流速の急激な変化に伴い、圧力が変化する現象です。圧力が急激に上昇する場合にはハンマーでたたくような音を生じることもあり、ウォーターハンマーとも呼ばれます。配管系において、ポンプの起動・停止、弁の開放・閉鎖などにより、非定常に配管内の流動状態が変化したときに水撃が発生します。水撃により発生した圧力変動および流速変動は、圧力波伝播速度で配管内を伝播します。スチーム配管のスタートアップ運転などにおいて、蒸気が冷たい液と接触して急激に蒸気が凝縮して水撃が発生することもあります。水撃の発生により、瞬時に大きな圧力上昇が発生し、配管サポートの破損やフランジからの漏洩などの問題を起こします。

配管内の流速が瞬時に変動したときの圧力変化は、次のジューコフスキーの式で表されます。

$$\Delta P = \rho a \Delta V$$

ここで、ΔPは圧力変化、ρは密度、aは圧力波伝播速度、ΔVは流速変化です。圧力波伝播速度は、液体の圧縮性を表す体積弾性係数Kおよび密度ρから求まる音速$\sqrt{\dfrac{K}{\rho}}$に対して、圧力変化に伴う配管の剛性の影響を考慮して、次式で表されます。

$$a = \sqrt{\frac{K}{\rho}\frac{1}{\left(\dfrac{K}{E}\dfrac{D}{t}+1\right)}}$$

ここで、Eは配管の縦弾性係数、Dは配管内径、tは配管肉厚です。

水撃の発生を防止、または緩和するための方法を以下に示します。

a) 弁の緩閉鎖・緩開放：弁の操作時間を延長することにより、流速変化を小さく抑え、水撃による圧力変化を緩和します。

b) ポンプ起動速度の調整：回転数制御を行っているポンプでは、ポンプ起動速度を調整して流速変動を抑え、水撃を緩和します。

c) 水撃緩和装置の設置：アキュムレータ、サージ逃がし弁（安全弁と同様に圧力が規定値以上になったときに系外に液を放出する、安全弁より作動が速く急峻な圧力上昇に対応できる）などの水撃緩和装置を設置します。

(5) 脈動

往復ポンプ・圧縮機まわりの配管では、往復ポンプ・圧縮機の間欠的な吸入・吐出しにより、配管内に周期的な流量および圧力が変動します。この現象を脈動といいます。往復ポンプ・圧縮機以外にも、ダイアフラムポンプ、真空ポンプ、ルーツ・ブロワ／ポンプなど容積式のポンプ・圧縮機まわり配管、およびルーツ式流量計まわりの配管においても脈動が発生します。また、ターボポンプ・圧縮機（送風機）の場合は、低流量域において、サージング、旋回失速、リサーキュレーションなどの不安定現象により脈動が発生する場合があります。

配管系内で発生した脈動（圧力と流量の変動）は配管内を伝播し、境界で反射します。この反射により脈動が増幅される場合があります。配管系の音響の固有振動数が、脈動の加振周波数に一致すると、共鳴により著しく脈動が大きくなります。配管系の音響の固有振動数は、配管の境界の条件、配管の長さL、および音速cにより決まります。以下に両端が閉鎖端（流速変動が0）または開放端（圧力変動が0）である場合と、一端が閉鎖端、もう一端が開放端である場合の、音響固有振動数（共鳴振動数）の計算式を示します。

$$f_n = \left(\frac{c}{2L}\right)n \text{、} n = 1, 2, 3, \cdots$$ （両端が閉鎖端、または両端が開放端）

$$f_n = \left(\frac{c}{4L}\right)(2n-1) \text{、} n = 1, 2, 3, \cdots$$ （一端が閉鎖端、もう一端が開放端）

往復ポンプ・圧縮機まわり配管では、脈動の発生を緩和するために、アキュムレータ（ガス袋を有しており、液体の脈動を吸収する）、スナッバ（圧縮機の吸い込み部および吐き出し部に設置する大きな容器）などを設置します。その他、脈動の低減対策としては、配管のサイズ変更・長さ変更、オリフィスの設置（流動抵抗の減衰作用により共鳴時の圧力脈動を低減する）、共鳴器の設置などがあります。

(6) 無次元数

流れに関する状態を一般化して表す指標として、レイノルズ数、フルード数などの無次元数が用いられます。同じ無次元数の条件化では相似則が成り立つので、流れの特徴を把握するうえで無次元数は重要なパラメータとなります。

代表的な無次元数について、以下に説明します。

● レイノルズ数

$R_e = UD/\nu$、Uは代表速度、Dは代表寸法、νは動粘性係数です。レイノルズ数は「慣性力／粘性力」であり、レイノルズ数が大きいほど粘性の影響は小さくなります。流れの中におかれた物体に働く力はレイノルズ数とマッハ数（後述）のみの関数であり、圧縮性が無視できる場合はレイノルズ数が同じ条件であれば、流れは相似となります。これを**レイノルズの相似則**といいます。レイノルズ数が大きくなると流れは層流から乱流へ遷移し、この遷移するときのレイノルズ数を**臨界レイノルズ数**といいます。例えば、円管内の流れでは、レイノルズ数が2,000～4,000で層流から乱流へ遷移します。また、レイノルズ数が非常に小さく粘性力が支配的で慣性力を無視できる流れを**ストークス流れ**といいます。

レイノルズ数は、粘性流体の流れに対して重要な無次元数であり、例えば次のようなときに用いられます。

① 層流から乱流への遷移（円管内の流れでは、レイノルズ数が2,000～4,000で遷移する）

② 層流境界層から乱流境界層への遷移

③ 円管内の流れに対する管摩擦係数は、層流状態で$64/R_e$、乱流状態では「配管表面粗さ／管内径」とR_eの関数となる

④ 物体の抗力係数はR_eの関数となる

⑤ 物体まわりの流れにおいて、物体下流で発生する渦の様相は、R_eにより異なる

⑥ 物体まわりの流れにおいて、物体下流で発生するカルマン渦の周期を表すストローハル数はR_eの関数となる（$5\times10^2 < R_e < 2\times10^5$の範囲では、ほぼ0.2で一定となる）

● マッハ数

$M_a = U/C$、Uは流速、Cは音速です。マッハ数は、「流速 / 音速」であり、一般的にマッハ数が0.3より小さい場合は非圧縮性流体として近似することができますが、マッハ数が0.3より大きい場合は、圧縮性流体として取り扱う必要があります。マッハ数の等しい流れでは圧縮性による影

響が等しくなり、すなわち圧縮性に関して相似であるといえます。さらに、物体まわりの流れにおいてレイノルズ数と幾何学的形状が一致すれば流れは完全に相似となります。マッハ数が1より小さい流れを亜音速流れといい、マッハ数が1より大きい流れを超音速流れといいます。

● フルード数

$F_R = \dfrac{U}{\sqrt{gh}}$、$U$は代表流速、$g$は重力加速度、$h$は代表長さ（水深）です。

フルード数は、「慣性力／重力」の平方根であり、重力の影響を表すパラメータです。自由表面を有する流れでは、フルード数を用いて自由表面の影響を考慮する必要があります。開水路流れにおいて、$\sqrt{gh}$ は水深hの開水路流れの波の速度を表し、フルード数が1より小さい流れを常流、フルード数が1より大きい流れを斜流といいます。流れが斜流から常流に遷移するときに、跳水現象が生じ、水深が急激に上昇します。自由表面を有する水槽試験では、フルード数が同じ条件で試験を行う必要があります。

● ウェーバー数

$W_E = \dfrac{\sigma}{\rho U^2 D}$、$\sigma$は表面張力、$\rho$は流体の密度、$U$は代表流速、$D$は代表寸法です。ウェーバー数は、「表面張力／慣性力」であり、表面張力の影響を表します。液滴の挙動、気液二相流で液滴または気泡がある状態の流れはウェーバー数に依存しています。

● ストローハル数

$S_t = fL / U$、fは振動数、Lは代表寸法、Uは代表流速です。ストローハル数は、「実際に生じる振動数／代表流速と代表寸法から決まる周波数U / L」です。円柱まわりの流れでは、ストローハル数は、一般にレイノルズ数R_eの関数ですが、$5 \times 10^2 < R_e < 2 \times 10^5$の範囲ではほぼ0.2で一定となります。

● プラントル数

$P_r = \nu / \alpha$、νは動粘性係数、αは温度拡散率（温度伝導率または熱拡散率ともいう）です。プラントル数は、粘性により速度が拡散していく現象と、熱伝導により温度が拡散していく現象の比を示しています。プラントル数は、流体の種類により異なり、空気などの気体の場合は約0.7、液体金属では小さく、通常の液体では大きくなります。温度境界層と速度境界層が等しいとき$P_r = 1$となり、温度境界層が速度境界層に比べて薄い場合は$P_r > 1$となり、逆に厚い場合は$P_r < 1$となります。なお、温度拡散率は、非定常の熱伝導において、温度の伝わる速さを示す係数です。温度の伝わる速さを示すことから温度伝導率、または熱の拡散を示すことから熱拡散率とも呼ばれています。流体の熱伝導率をλ、密度をρ、定圧比熱をc_pとすると、温度拡散率は$\alpha = \lambda / (\rho c_p)$ となります。

● ヌセルト数

$N_u = hL / \lambda$、hは熱伝達率、Lは代表寸法、λは熱伝導率です。ヌセルト数は、「流れによる熱伝達による伝熱量／流れがない場合の熱伝導による伝熱量」であり、ヌセルト数が大きいことは対流による伝熱量が熱伝導に比べて大きいことを示しています。

● グラスホフ数

$G_r = g\beta \Delta T L^3 / \nu^2$、$g$は重力加速度、$\beta$は体膨張係数、$\Delta T$は温度差、$L$は代表寸法、$\nu$は動粘性係数です。グラスホフ数は、「浮力／粘性力」であり、自然対流の駆動力を表すパラメータです。一般に、慣性力に対する浮力の比であるG_r / R_e^2が1より大きい場合は自然対流が支配的、1より小さい場合は強制対流が支配的となると判断されます。

● レイリー数

$R_a = G_r P_r$、G_rはグラスホフ数、P_rはプラントル数です。レイリー数は、グラスホフ数とプラントル数の積であり、自然対流の発生の有無の判別に用いられます。レイリー数が臨界レイリー数以下では自然対流は発生せず、臨界レイリー数を超えると対流が発生します。代表寸法を流体層の厚さ、温度差を流体層の上下面の温度差とすると、上下面が固体面の場合で臨界レイリー数は1,708、下面が固体面で上面が自由表面の場合で臨界レイリー数は1,108になります。また、レイリー数が10^9を超えると、自然対流により流れが層流から乱流へ遷移することが知られています。

● ペクレ数

$P_e = \rho c_p UL / \lambda = P_r R_e$、$\rho$は流体の密度、$c_p$は流体の定圧比熱、$U$は代表流速、$L$は代表寸法、$\lambda$は流体の熱伝導率です。ペクレ数$P_e$は、「対流で運ばれる熱量／熱伝導で運ばれる熱量」であり、P_eが大きいときは対流による伝熱が支配的になり、P_eが小さいときには熱伝導による伝熱が支配的になります。

なお、ペクレ数とヌセルト数は、いずれも「対流による伝熱量／熱伝導による伝熱量」ですが、前者は対流の大きさを代表流速Uを用いて表しているのに対し、後者は対流の大きさを熱伝達率hを用いて表しています。

(7) 模型実験

実物の流れを、縮尺モデルで模型実験を行い再現する場合、流れに影響する無次元数を合わせて行う必要があります。粘性のみの影響がある場合はレイノルズ数を、粘性と圧縮性の影響がある場合はレイノルズ数とマッハ数を、自由表面の流れ、重力による流れではフルード数を合わせて、模型実験を行います。気泡、液滴を含む流れでは、これらの無次元数に加えて、ウェーバー数の影響を考慮する必要があります。

第5章

機械設計、機械要素、機械材料、加工法

技術士第一次試験で出題されている問題は、第1章から第4章までに記載した、いわゆる機械工学における4大力学が中心となっています。

それらに加えて、過去には機械設計、機械要素、機械材料および加工法から幾つかの問題が出題されていました。

ここでは、これらの項目のうちから機械部門の技術士第一次試験の受験者として、また、機械設計技術者として知っておくべき内容を記載します。

1. 機 械 設 計

機械や装置とそれらを構成する部品などを製作する場合には、使用目的を満足するように仕様を決めて、機構や構造などを計画し、大きさ、使用材料、各部分の寸法・形状、強度計算、加工方法、組立て手順などを決めますが、これら一連の業務を機械設計といいます。

機械設計では、製作しようとする機械の完成までに必要なすべての図面を作成します。作成された図面は設計者の意思を表現する手段であり、機械を製作する指示書となります。図面に基づいて材料が選定され、部材の調達、工作と組立てが行われます。

万一設計に誤りがあったり、あるいは図面寸法の誤記があった場合には、そのまま製作すれば十分な機能を発揮できなくなります。場合によっては再製作となり経済的な損失が発生します。

よい設計とは機械工学全般の知識を総合してはじめて可能であり、設計のしかたで製品の出来ばえが左右されますので、設計者は深い知識と経験により常に細心の注意を払って、機能的に十分な利便性のある機械を設計するように心がけることが重要です。

よって、実際に設計を実施するためには、機械力学、材料力学、熱工学、流体工学はもちろんのこと、機械材料、機械工作法など機械工学の基礎的な事項を正しく理解して、その応用力を高め、それに経済性を考慮した幅広い知識を身につける必要があります。

また、最近のメカトロニクス化の高度化により、機械工学の専門分野に加えて、電気・電子工学、制御工学、情報工学などの関連分野の知識も必要となります。

(1) 設計の手順

機械やその構成部品を最適に設計するためには、使用目的に合った機能、仕様や品質を明確にして、製作、検査、運転、解体、リサイクル使用などその機械や構成部品のライフサイクル全般にわたって要求される項目をあらゆる角度から検討する必要があります。

その検討結果により、基本設計から詳細設計までを実施することになります。製作段階に入ってからの設計変更は、全体工程や経済性への影響がありますので極力なくすようにする必要があります。

以下に設計を実施する場合の手順について、一般的な例を記載します。

(a) 設計仕様の決定

機械や装置を製作あるいは注文する場合には、その機械や装置の目的、使用条件、要求される性能、形式や種類、構造、形状、寸法、材料、製作・加工方法、数量のほか価格や完成納期など、機械や装置が満たすべき諸条件を明確に示す必要があります。

これらの諸条件を仕様といい、それを示す書類を仕様書といいます。

機械を設計する場合には、まずはこの仕様書を作成する必要があります。仕様書の作成にあたっては、法規、規格、特許、市場調査、新技術の動向などの文献・資料・情報も合わせて調査する必要があります。

(b) 基本設計

設計仕様書に基づいて、基本設計を行います。基本設計では、機械や装置全体としての形態、形状、性能、デザイン、主要寸法、機能系統図、構成する要素機械や部品、それらの配列と寸法、主要部品の材料、想定重量など、全体にわたっての総括的な設計を行います。これは、次の詳細設計の基礎となるものです。

この段階では、概略図を作成して各種の検討を行い、改善と修正をしながら最終目的に合うように仕上げていきます。大型、大重量の機器や部品があれば、この段階で製作工場から組立て場所までの輸送や吊上げ方法を検討して、分割や現地組立て方式も検討する必要があります。

(c) 詳細設計

詳細設計では、機械や装置の構成部品や機能ごとに基本設計に示された諸元や機能が得られるように、細部の構造、機構、配列、寸法、材料、加工法などを決定します。

ここでは製造コストの低減を考慮して、規格・標準部品の採用、使用する材料規格、加工方法と加工機械、寸法公差と精度、試験・検査方法などについても検討します。

その結果を、組立図や部品詳細図など製作に必要な図面として作図します。また、各種部品の強度設計を行い、強度計算書や全体構造計算書などを作成します。強度に加えて部材の変形量が性能に影響する場合には、各部材のたわみ量を計算して剛性を保つような寸法形状になるように検討します。必要に応じて模型実験や詳細な応力解析などを行うこともあります。

(d) 生産設計

機械や装置の製造は生産部門において実施されますが、実際の製造に際して詳細設計のみでは十分でない場合もあります。特に生産効率を上げる場合には、詳細設計の段階で作られた製作図面を再検討して、設計を修正、改良を加える設計を行うこともあります。これを生産設計といい、先の詳細設計とは区別することがあります。

生産設計において改善が行われるのには、部材の構造・機能・形状の合理化や単純化、製造・工作方法の変更、部品の統合や分割などがあります。

(e) 設計検証

実際の製作に入る前には、詳細設計あるいは生産設計で作成した図面、計算書や要領書などが間違いなくできているかを検討する必要があります。

このため、関係者による設計検証を実施することがあります。

例えば、性能評価においては所定の目標を満足しているか、構造評価では軽量化や最適設計、寿命保証、信頼性設計が実施されているか、また、省エネルギーや環境対策が考慮されているか、などについて検討すべき項目をリストアップして定量的に設計検証を実施します。また、品質を確保するために、製作開始前にあらゆる事項を設計段階で考慮・検討する必要があります。

一般的には、この設計検証は経験豊富なベテラン（有識者）により、チェックリストを用いて行われます。

(2) 設計標準化

機械や装置はその使用に際して、作業者や周辺の公衆に対しての安全を確保する必要があります。故障や破壊などが直接・間接的に人的な傷害や、周辺施設の損傷をあたえるようなことがあってはなりません。

そのため、機械や装置の構造・試験・検査・取扱方法などが、労働基準法（労働安全衛生規則、構造規格など）などの関係法令において規定されています。

これは安全を守るための設計標準化ともいえます。

また、機械工業が能率向上と経済性の追求を発展的に行うためには、いわゆる3M（無駄、むら、無理）をなくすことが必要です。

そのため、設計においても関連する諸活動を工学的・科学的に分析して、無駄を排除し必要なものを残して整理し、合理的に統合・統一することが重要になります。

このことを設計標準化といい、統一された基準を設計標準といいます。

機械工業における標準化としては、設計のみならず、材料、機械部品、製造・加工方法、試験・検査など多岐にわたって制定されていて、コスト低減や使用の合理化に重要な役割を果たしています。

以下に主な標準化の分類を示します。

(a) 国際規格

国際的に適用・実施されているもので、その主なものはISO(国際標準化機構)やIEC(国際電気標準会議)によって制定されるもので、内容は国際的に基本的なものとしています。

(b) 国家規格

各国の標準化機構で審議・制定されているもので、わが国の鉱工業製品を対象としたものは日本産業規格(JIS)です。規格番号は、部門を示すアルファベット記号と4けたの数字で表されます。機械部門はBで最初の2けたが分類番号、後の2けたが個別番号になっています。

(c) 団体規格・基準

学会や関係協会などの団体で審議・制定されたもので、それらに関連する業界で適用される規格・基準です。

例えば、FIJ(日本ねじ工業協会)、JASO(自動車技術会)、JEM(日本電機工業会)、JARA(日本ロボット工業会)、JPI(石油学会)など多数の団体があります。

(d) 社内標準

各企業の社内のみで適用されるもので、公的な規格ではありませんが標準化の趣旨によって制定されているものです。これにより経営の合理化、品質確保などを目的としています。

(3) JIS製図法

機械設計技術者によって設計された機械やその部品は、その後の製作に正確に伝える必要があります。構造部材等が設計どおりに確実に製作されない場合には、要素部品の不良のみに限らず機械全体が組み立てられなくなります。

そのため、設計者は、製作者に設計情報を正確にかつ確実に伝えるために、図面を作成します。この図面を作成することを製図といいます。

機械に関する製図が機械製図であり、機械製図の基本的な項目とその内容は、日本産業規格(JIS)の製図総則に規定されています。また、最近はコンピュータによる設計や製図を行うことが多くなりましたが、この場合のCAD製図についても規定があります。その内容の主なものを以下に記載します。

(a) 線の種類

製図に用いられる線は、線の種類によって実線、破線、一点鎖線、二点鎖線の4種類があります。これに加えて、線の太さは細い線、太い線、極太の線があります。

表5. 1　線の種類と用途

用途による名称	線の種類		線の用途
外形線	太い実線		対象物の見える部分の形状を表すのに用いる。
寸法線	細い実線		寸法を記入するのに用いる。
寸法補助線			寸法を記入するために図形から引き出すのに用いる。
引出線			記述・記号などを示すために引き出すのに用いる。
回転断面線			図形内にその部分の切り口を90度回転して表すのに用いる。
中心線			図形に中心線を簡略に表すのに用いる。
水準面線			水面、液面などの位置を表すのに用いる。
かくれ線	細い破線又は太い破線		対象物の見えない部分の形状を表すのに用いる。
中心線	細い一点鎖線		a) 図形の中心を表すのに用いる。 b) 中心が移動する中心軌跡を表すのに用いる。
基準線			特に位置決定のよりどころであることを明示するのに用いる。
ピッチ線			繰返し図形のピッチをとる基準を表すのに用いる。
特殊指定線	太い一点鎖線		特殊な加工を施す部分など特別な要求事項を適用すべき範囲を表すのに用いる。
想像線	細い二点鎖線		a) 隣接部分を参考に表すのに用いる。 b) 工具、ジグなどの位置を参考に示すのに用いる。 c) 可動部分を、移動中の特定の位置又は移動の限界の位置で表すのに用いる。 d) 加工前又は加工後の形状を表すのに用いる。 e) 図示された断面の手前にある部分を表すのに用いる。
重心線			断面の重心を連ねた線を表すのに用いる。
破断線	不規則な波形の細い実線又はジグザグ線		対象物の一部を破った境界、又は一部を取り去った境界を表すのに用いる。
切断線	細い一点鎖線で、端部及び方向の変わる部分を太くしたもの		断面図を描く場合、その断面位置を対応する図に表すのに用いる。
ハッチング	細い実線で、規則的に並べたもの		図形の限定された特定の部分を他の部分と区別するのに用いる。例えば、断面図の切り口を示す。
特殊な用途の線	細い実線		a) 外形線及びかくれ線の延長を表すのに用いる。 b) 平面であることを示すのに用いる。 c) 位置を明示又は説明するのに用いる。
	極太の実線		薄肉部の単線図示を明示するのに用いる。

出典：JIS B 0001 機械製図

線の種類によって、外形線、中心線、寸法線などがありますが、よく用いられる線の種類と用法を表5. 1に示します。

(b) 投影図

一般的な物体は3次元の立方体ですが、この形状を平面上の図面として表す方法として投影法があります。この投影法には、第一角法と第三角法がありますが、機械製図では第三角法で描くように定められています。

第三角に部品を置いて、部品の手前側の各画面にそれぞれの図面を投影して、通常では正面図、平面図、側面図の3つの図を記載しています。図5. 1に第三角法における部品の形状と各投影図およびその投影方向を一例として示します。

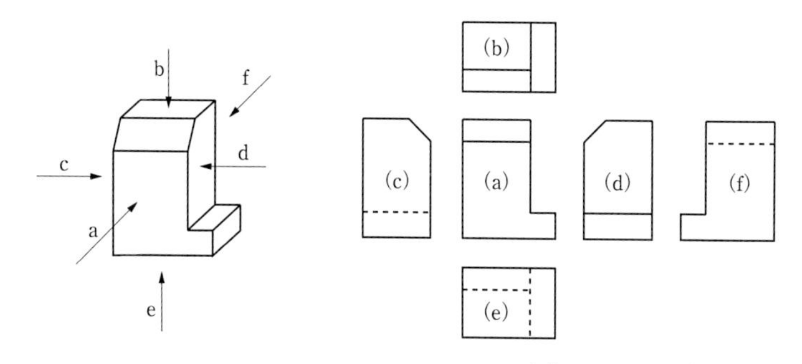

出典：JIS B 0001 機械製図

図5. 1　第三角法の投影図

なお、部品が複雑で第三角法で図示するとわかりにくい場合には、矢印と注記を付加して図の詳細を示すことができます。

(c) 製作図

機械部品の使用材料、形状、寸法、表面仕上げ程度、寸法公差など、部品の製作に必要な情報を記載した図面を製作図と呼びます。

製作図には、その部品などの外形や形状が最もわかる方向を正面図として描き、平面図、側面図などを必要に応じて描きます。場合によっては、内部の断面図を描いて形状をわかりやすく表します。

一般的な製作図面には、以下のような内容を記載します。

・設計条件：機械や各部品の設計条件を記載します。

・使用材料：各部品を製作する材料名をJISの規格により記載します。

・尺度と寸法：図面上に描かれた図形と実際の部品との長さを尺度として記載します。ただし、使用できる尺度は規格によって定められています。また、図面に記入する部品の各部位の長さは、実際の部品の長さを記入することになっています。

・寸法公差：部品を機械加工する場合には、記載された寸法に正確に仕上げることは不可能です。そこで、各部品の使用状況に応じて許容される寸法公差を記載する必要があります。一般的には、許容できる最大となる**最大許容寸法**と最小の**最小許容寸法**の両方を記載します。

・表面加工：表面の機械加工の精度が必要な場合には、仕上げ程度を記載します。

・はめあい：軸と穴が互いにはまり合う関係をはめあいといいますが、隙間や締め代を指定する場合にはそれを記載します。

・その他としては、部品の数量や重量、関連図面のリスト、改訂履歴、などを記載します。

(4) CAD・CAE

CAD（Computer Aided Design）システムは、入力装置・演算処理装置・記憶装置・出力装置から構成されるハードウェアと、これらを有効に運用して設計を行うソフトウェアから構成されています。

CAE（Computer Aided Engineering）とは、コンピュータ技術を活用して製品の設計を行うツールのことで、設計支援システム、設計した製品の3Dモデルを使って強度や耐久性などの特性を計算する解析システム、製品の機能や性能を確認するためのシミュレーションシステムなどが含まれるものをいいます。

これらによる設計では、設計者が入力した各種の情報からコンピュータ内の各種設計・計算ソフトにより、対象機器や部品などのモデルを構築して構造計算や図形処理を行います。また、構成する部品相互の干渉の有無をチェックしたり、組立て手順を模擬的に検討するシミュレーションを行い、その結果を2次元あるいは3次元の形状として表示したり出力することも可能です。

CADシステムによって得られた設計情報やデータから、NC工作機械を制御する装置に転送して、部品の加工を自動的に行うことも可能となっています。

このように、設計と生産が連携した形態をCAD/CAMといい、設計から生産までの作業を合理的かつ能率的に実施することにより、品質の向上、工程の短縮と経済性の向上を図ることができます。

また、近年では3Dプリンタの普及により、3次元のCADデータから立体モデルを短期間に製作することが可能となっています。

(5) 信頼性設計

信頼性設計とは、装置やシステムまたはそれらを構成する要素や部品が使用開始から設計寿命までのライフサイクル期間を通して、ユーザーが要求する機能を満足するために、故障や性能の劣化が発生しないように考慮して設計する手法です。

信頼性設計の目指すところは、製品のライフサイクルで以下の項目に対応することです。

①故障が発生しないようにする。

②故障が発生しても機能が維持できるようにする。

③故障が発生してもただちに補修できるようにする。

信頼性設計には幾つかの手法がありますが、ここではフェイルセーフ設計、フールプルーフ設計と冗長性設計について、以下にその概要を記述します。

なお、これら以外の手法としては、FMEA、FTA、信頼度予測、設計審査などがあります。

(a) フェイルセーフ設計

フェイルセーフ設計とは、機械や装置では故障が必ず起こるという考えで、誤操作や誤動作によって機械に障害が発生した場合、被害を最小限にとどめるように常に安全側に制御できるように考慮して設計する手法です。例としては、以下のようなものがあります。

① ボイラの安全弁は、ボイラが異常運転になり内部の蒸気の圧力が最大使用圧力を超えると作動して、ボイラ本体の破壊事故を未然に防止します。

② 石油ストーブには、転倒すると自動的に消火する装置が設置されています。

(b) フールプルーフ設計

フールプルーフ設計とは、人間は偶発的なミスを犯すことを前提にして、人間が誤って操作しても機械が作動しないように設計する手法です。フールプルーフを直訳すれば「愚か者にも耐えられる」です。日本語では馬鹿除けまたは馬鹿避けとも言います。その意味するところは、「なんの知識をもたない者が取り扱っても事故には至らないようにする。」ということです。例としては、以下のようなものがあります。

① 洗濯機や脱水機は、フタを閉めないと回転しません。

② 電子レンジは、ドアを閉めなければ加熱できません。

③ オートマチック車は、フットブレーキを踏んで安全を確保しなければギアが入りません。

(c) 冗長性設計

冗長性設計とは、機械のある部分が故障しても運転が続けられるように、余分に機器や装置を組み入れておくことです。

機械やシステムが故障したときに作動する二重の対策化を装備しておき、システム全体の信頼性を増加させる手法を冗長性といいます。機械は多くの部品から構成されていて、部品のひとつが破損しても機械全体が連鎖的に停止してしまう場合がありますが、このようなことが起きないために、部品故障があっても他の部品によって機能を代替できるようにすることです。そのために、故障をあらかじめ考慮した部品を構成した機械とすることで、信頼度を高めることができます。適用例としては、二重化した安全装置など多数あります。

2. 機 械 要 素

機械や装置には、それらを構成する多数の部品が使用されています。

高度で複雑な動作をする機械装置であっても、あるいは簡単な機械であってもその内部を分解してみると、ボルトやナット、軸や軸受など要素的な部品で構成されていることがわかります。このように、どのような機械や装置でも共通して使用される要素的な部品のことを機械要素といいます。

なお、機械や装置を作ることは、数多くの部品の製作にはじまり、最終的にはこれらの部品を組み立てて総合し、目的とする機能を発揮する機械に仕上げることになりますが、合理的・経済的に適切な機械要素を選定して使用することが重要になります。

そのため、先に述べた機械設計を実施するうえでも、機械要素の理解は欠かせないものとなります。ボルトや軸受などの機械要素を実際に詳細に設計して製作を行うことはほとんどないでしょうが、使用目的に合った機械要素を選択することは常に求められます。

ここでは、機械要素のうち特に重要なものについて記載します。

(1) 締結用機械要素

機械や装置の構成部品を組み立てて固定する部品は、最も基本的な機械要素となります。特にねじは、あらゆる機械や器具に使用されています。

取り外しが必要な部品類はねじやピンで固定され、取り外す必要のない部品や構造物は溶接やリベットで固定されます。また、はまり合う部品として、穴側を軸より小さく作り、穴側を加熱して熱伸びで大きくしてから軸を挿入して、その後冷却して固定する焼きばめという方法もあります。

(a) ねじ

ねじは、円筒や円錐の面にらせん状の溝を設けたもので、溝の斜面に沿って動くことにより、小さな力で大きな締め付け軸力を得ることができる締結用の機械要素です。部品の締結以外にも、例えば工作機械の刃物台テーブルの移動用として、回転運動から直線運動に変換する場合などに用いられます。

軸の外面に溝を設けたものを「おねじ」、溝を穴の内面に設けたものを「めねじ」と呼び、これらが互いに組み合わされて使用されます。よく知られているのは、ボルトとナットの組合せです。ボルトがおねじ、ナットがめねじです。図5. 2（a）に示すように1筋のねじ山でできているねじを一条ねじといいます。同図（b）の2筋の場合を二条ねじといい、3筋の場合を三条ねじといいます。

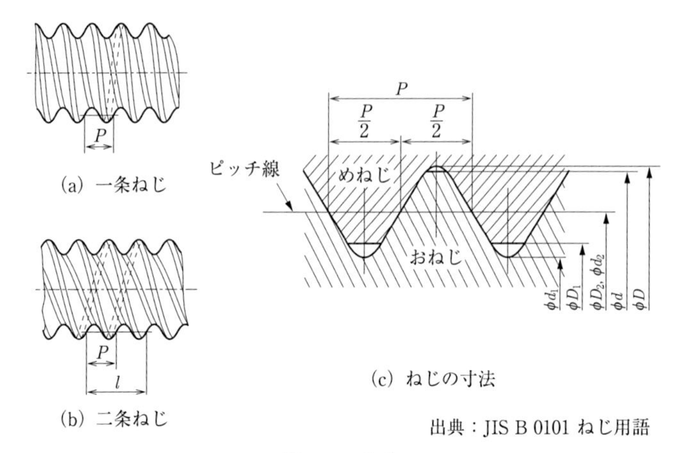

図5. 2　ねじ

また、ねじが1回転して進む距離をリードl、互いに隣り合う山の相対する2点間の距離をピッチPといいます。ねじ山の条数をn条とすれば、リードはピッチのn倍となります。

同図（c）に示すように、おねじの山頂の径をおねじの外径d、谷底の径をおねじの谷径d_1といいます。

ねじの呼び径は、外径寸法で表して、例えば、M10の場合には外径dは10 mmとなります。ねじの強度計算には、一般的にはおねじの谷径の断面積が用いられます。

また、ねじ溝の幅とねじ山の幅が等しくなるような仮想的な円筒の直径を有効径d_2といいます。この有効径d_2とリードlとの関係において、以下の式で表すβをリード角といい、ねじのらせん曲線と軸に直角な平面が成す角度となります。

$$\tan\beta = \frac{l}{\pi d_2}$$

ねじ山の断面が正三角形に近いものを三角ねじといい、主な目的は機械部品の締結用です。三角ねじはさらにその山形の種類に応じて、メートルねじ、ユニファイねじ、管用ねじがあります。

メートルねじは、おねじの外径を［mm］単位で表して、それを呼び径とするものです。ピッチもミリで表していて、ピッチの違いにより並目ねじと細目ねじがあります。ユニファイねじは、外径はインチでピッチは

1インチ（25.4 mm）あたりの山数で表しています。これもピッチの違いにより並目ねじと細目ねじがあります。

管用ねじは主に配管用の鋼管を継ぐのに用いられていて、管用テーパねじと管用平行ねじがあります。

それ以外には、ねじ山が台形をしている台形ねじ、のこ歯ねじ、角ねじなどがあり、機械部品の移動や弁の締め付けなどのように、主にねじを使って動力を伝達する場合に用いられています。

(b) ピン

穴に差し込んで、部品同士の連結、部品相互の位置決め、ねじの回り止めや部品の脱落防止などに用いられる棒状の部品をピンといいます。

ピンには、図5.3に示すように平行ピン（JIS B 1354）、テーパピン（JIS B 1352）、割ピン（JIS B 1351）などがあります。

平行ピンは、部品などの位置ぎめに用いられるもので、分解しても組立ての際にお互いの相互位置が常に一定の場所に保たれるようにします。

テーパピンは、1/50のテーパをもっていて、主として軸をボスに固定する際に用いられます。

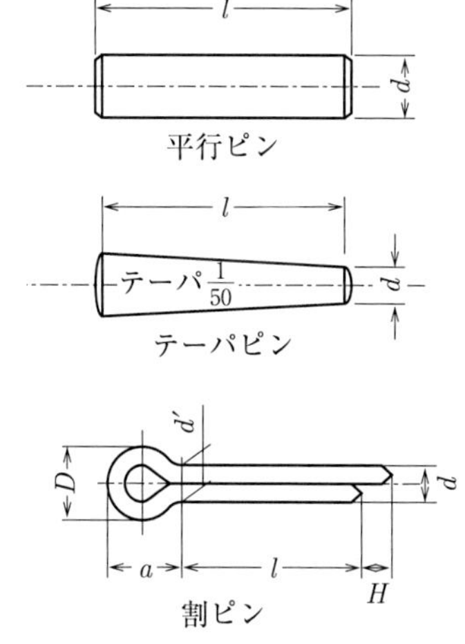

図5.3　ピンの種類

割ピンは、軸が抜けたり輪が軸から抜け落ちるのを防止するために用いられます。

ピンを設計する場合には、部品から受ける荷重についてピンのせん断、ピンの曲げ、およびピンの接触面圧を考慮して強度計算を行います。

(c) キー

キーは、ベルト車・歯車・ハンドルなどの回転体を軸に取り付けて、軸からこれらの回転体へ、あるいは回転体から軸に動力を伝達するときに用いられます。

キーには、図5.4に示すようにくらキー、平キー、接線キー、沈みキーなどがあります。

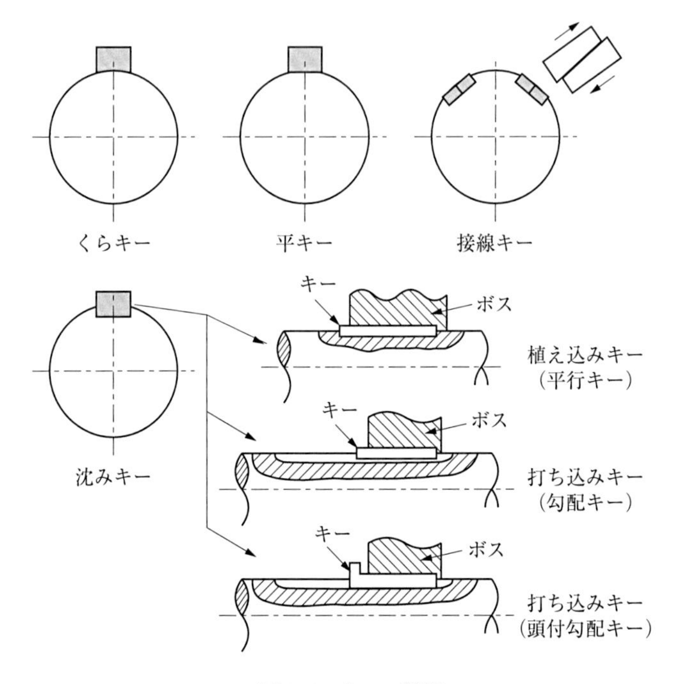

図5.4　キーの種類

くらキーは、回転体のボスにキー溝を作り、軸は加工しないで勾配をもったキーを打ち込んで固定します。軸の任意の位置に固定できますが、摩擦力のみによる伝達となるため大きなトルクを伝えることはできません。

平キーは、軸にキーの幅だけの平らな座をつくり、くらキーよりも大きなトルクに耐えますが、回転方向が変わるところに用いるとゆるむことがあります。

接線キーは、キー溝を軸の接線方向につくり、2本のキーを勾配を逆に向かい合わせて両側から打ち込みます。一般的には回転方向が変わることに対応するため2カ所に設けます。

沈みキーは、回転体のボスと軸の両方にキーがはまるようにキー溝を設けるもので、最も広く用いられています。軸のキー溝にあらかじめキーを植え込んでから、ボスを移動して軸にはめ込んで固定する植え込みキーと、ボスと軸をセットしてからキー溝にキーを打ち込んで固定する打ち込みキーがあります。

なお、伝達するトルクが大きくて1本のキーでは必要とする強度が得られない場合には、軸とボスに互いにはまり合う数本の溝をもつスプライン軸とスプライン穴を用います。

キーを設計する場合には、軸とボスの境界面に働く接線方向の荷重によるキーのせん断と、側面からの圧縮による破壊について強度計算を行います。

(2) 軸に関する機械要素

機械装置には回転する部分が多くあります。回転運動によって動力を伝達する軸に関連する機械要素には、軸、軸を支持する軸受、軸を接合する軸継手、回転動力を繋いだり断ったりするクラッチなどがあります。

(a) 軸

軸は、動力の伝達や運動の伝達用として使用されていますが、作用する荷重のかかり方によって分類するとおおむね次の3種類になります。

①主としてねじりを受ける軸

動力伝達を主目的とする回転軸で、これを伝動軸といいます。主としてねじりを受けて、エンジンの動力を伝達するプロペラ軸があります。旋盤やフライス盤などの工作機械の主軸であるスピンドルは、ねじり強度とともに特に変形量が少ないことが要求されます。

②主として曲げを受ける軸

鉄道用の車両の車軸は、主として曲げを受ける軸となります。車輪の車軸には、回転軸と静止軸があります。

③曲げ、ねじり、引張り、圧縮などの作用を同時に受ける軸

ウインチのドラム軸やエンジンのクランク軸などがこれに分類されますが、軸線の形式から直軸とクランク軸があります。軸線が直線のものを直軸といいますが、大部分はこの軸となります。クランク軸は、主として往復運動を回転運動に、あるいは回転運動を往復運動に変換するときに用いられます。

また、軸の断面形状から分類すると中実丸軸、中空丸軸、その他四角や六角の軸がありますが、一般的には丸軸が用いられます。重量軽減の目的からは、中空丸軸が優位となりますが工作費は高くなります（第1章の5節参照）。

軸の強度計算は、トルクを受ける場合と曲げを受ける場合では異なります。

(b) 軸受

回転する軸を支える機械要素を軸受といいます。軸と軸受との間には相対運動により摩擦が生じますが、これが動力の損失となります。場合によっては、発熱や焼付けを起こして機械が損傷する原因にもなります。また、回転軸の振動が生じないように軸心をしっかりと保持しておく必要がありますが、これにも軸受が関係してきます。

そのため、適用箇所に合った軸受を選定する必要があります。

軸受は、その形式から2つに大別されます。1つは玉やころを軸と軸受の間に入れて間接的に転がり接触するもので、これを転がり軸受といいます。

もう1つは、軸と軸受とが面で接触するものですが、双方の間に潤滑油を入れてすべらせるものを滑り軸受といいます。

また、軸受にはそれに作用する荷重方法による分類があります。

軸線に直角方向の荷重をラジアル荷重といいますが、この荷重を支える

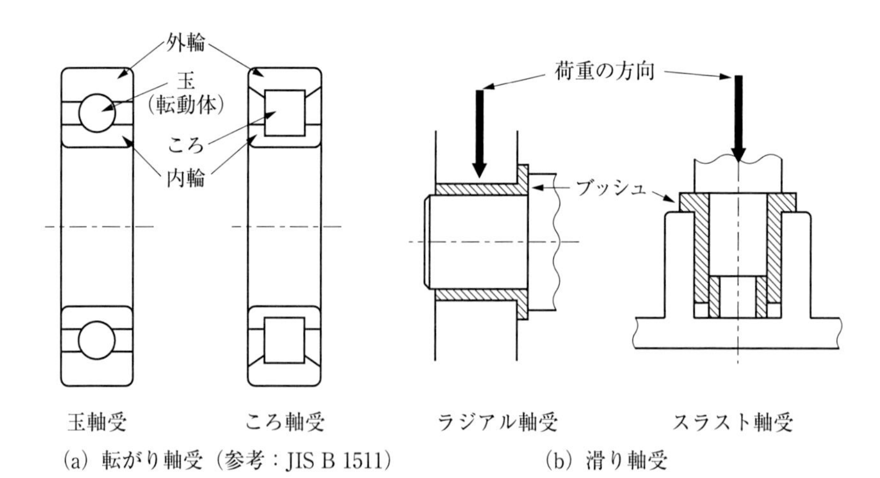

(a) 転がり軸受（参考：JIS B 1511）　(b) 滑り軸受

図5.5　軸受の種類

ものをラジアル軸受といいます。これに対して、軸線方向の荷重をスラスト荷重といい、この荷重を支えるものをスラスト軸受といいます。

図5.5に軸受のいくつかの例を示します。

転がり軸受と滑り軸受の長所と短所について、転がり軸受からみた場合を以下に記載します。

有利な点としては、

・伝達する動力の損失が少なく、特に始動時の抵抗が少ない
・軸受の幅が小さくなり軸方向の長さを短くできる
・潤滑油（グリース）が少なくてすむ
・種類が豊富で規格化されているので、互換性があり選択や交換が容易である

欠点な点としては、

・振動や騒音が生じやすく、衝撃的な荷重に弱い
・高速回転や重荷重に対しての性能はよくない
・構造が複雑で、部分的な修理はできないため交換する必要がある
・軸受箱の外径が大きくなる

(c) 軸継手

軸の回転を軸から軸へ伝える目的で結合する機械要素を軸継手といいます。例えば、原動軸と従動軸をお互いに連結するときに使用されます。

軸継手には、種類も多くそれぞれの特徴がありますが、主な分類としては両軸の位置の関係から次の4種類があります。

①固定軸継手

駆動軸と従動軸の両方の軸の心を同一線上にするもので、2軸を完全に固定する形式の継手です。加工する場合にも両軸の中心を一致させる必要があります。

図5.6に示すような、筒形（スリーブ）軸継手やフランジ形軸継手などがありますが、完全固定型です。

②たわみ軸継手

2軸がほぼ同一線上にありますが、加工や組立て誤差によって生じる

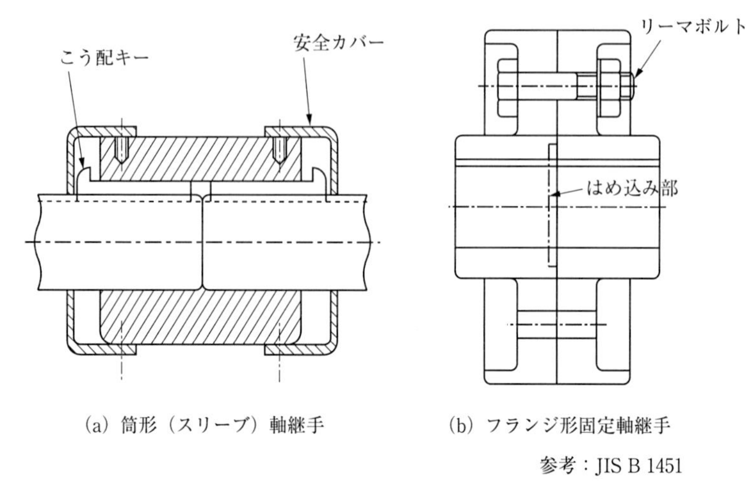

(a) 筒形（スリーブ）軸継手　　(b) フランジ形固定軸継手

参考：JIS B 1451

図5.6　固定軸継手

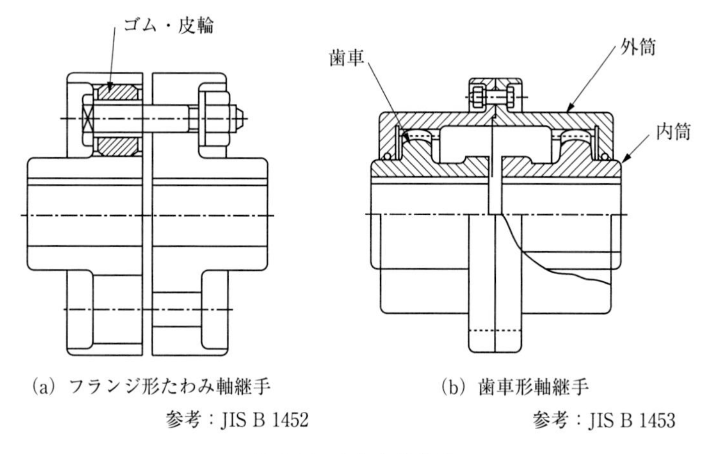

(a) フランジ形たわみ軸継手　参考：JIS B 1452

(b) 歯車形軸継手　参考：JIS B 1453

図5.7　たわみ軸継手

軸心のずれを吸収できるように、お互いの軸の中心線が多少ずれていても使用できるようにした継手です。

図5.7に示すような、フランジ形たわみ軸継手、歯車形軸継手などがあり、結合部にブッシュと呼ぶゴムや皮などの弾性体、あるいは歯車やローラチェーンなどを設定して多少のずれを吸収できるようにしています。

③オルダム軸継手

2軸が平行で軸の中心が少しずれている場合に用いる継手です。

図5. 8に示すようなもので、両方の軸の端部に角溝をもつフランジを取り付け、その間に直交して角溝にはまる突起を両面にもつ平板を入れたものです。遠心力により振動が発生するために高速回転には不適当であり、低速回転用として使用します。

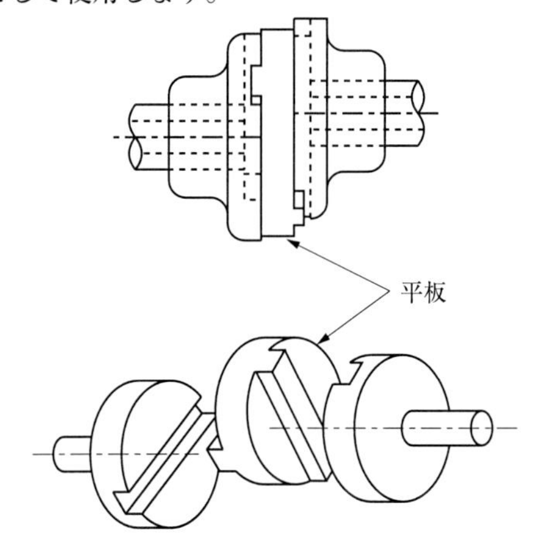

図5. 8　オルダム軸継手

④自在軸継手

図5. 9に示すように、軸がある角度をもって交わっている場合に、十字形の中間軸によって回転を伝えるものです。ユニバーサルジョイントともいいます。一般的には図中のαは30°以下になるように設定します。

自在軸継手には、駆動軸と従動軸の回転角速度が等しく変化しない等速型と変動する不等速型があります。不等速型には、フック形軸継手やこま形

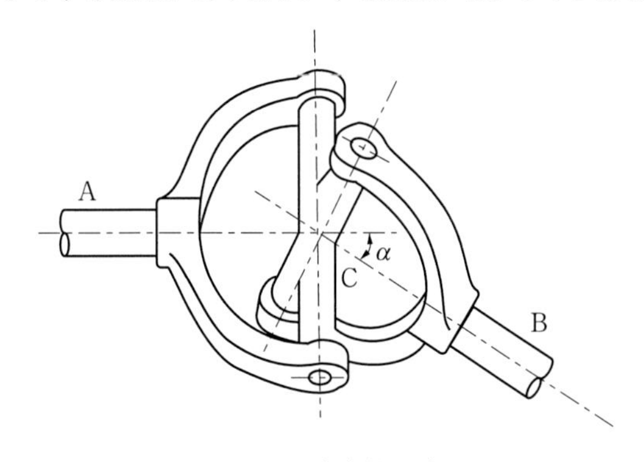

図5. 9　自在軸継手

軸継手などがあります。等速型には、等速ボールジョイントなどがあります。

また、駆動軸と従動軸の回転角速度を等しくするため、中間軸を設けて使用する場合も多くあります。

(d) クラッチ

原動軸の回転を止めることなく、運転中に原動軸と従動軸との連結と切り離しが断続してできる機械要素をクラッチといい、使用目的は軸継手と同じです。

クラッチには、2本の軸の端面につめをもつフランジを設けてかみ合わせるかみ合いクラッチと、摩擦円板を押し付ける摩擦クラッチなどがあります。

①かみ合いクラッチ

従動軸のつめを軸方向に移動して、原動軸に着脱し動力の伝達を断続して行います。つめの形状と回転可能な方向を図5. 10に示しますが、長方形および台形は両方の回転方向に伝達が可能で、スパイラル形とのこ歯形は一方向のみの動力伝達を行います。

なお、かみ合いクラッチによる動力伝達の断続は、接合部分の面が凹凸になっていますので、軸の回転がごく低速かあるいは停止した状態のときに行われます。

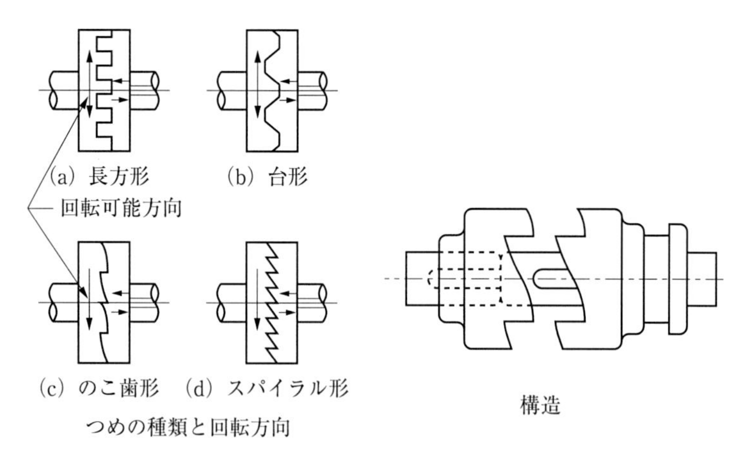

出典：機械工学便覧β4 機械要素・トライボロジー

図5. 10　かみ合いクラッチ

②摩擦クラッチ

従動軸側のクラッチ板を軸方向に押し付けて、原動軸側のクラッチ板に接触して生じる摩擦により動力を断続して伝達するものです。摩擦クラッチは、動力伝達用として広く用いられています。

形状から、以下のようなクラッチがあります。

・円板クラッチ：接触面が平面の円板で、1枚の大きな単板式と小さな多数の板を用いた多板式があります。

・円すいクラッチ：接触面が円すい状になったクラッチで、くさび効果により比較的小さな軸方向の押付け力で大きな摩擦力が得られるため、大きな動力を伝達する場合に用いられます。

・一方向クラッチ：原動軸の1方向のみを従動軸に伝達するクラッチで、同一軸心上の円筒と内輪の間にくさび状の空間を作り、球やコロを入れてそれが1方向の回転のみに食い込むようにして動力を伝達するクラッチです。

・遠心クラッチ：回転による遠心力を利用して、原動軸が回転してある速度に達すると摩擦面同士が接触してクラッチが自動的に入るようにしたものです。スタータなどに用いられます。

(3) 動力伝動用の機械要素

機械装置を駆動するときの動力源としては、多くの場合にモータあるいはエンジンが使われています。動力源から機械装置の仕事部分に回転運動を伝達する機械要素には、歯車、ベルトとベルト車（プーリ）、チェーンとチェーンホイール（スプロケット）などがあります。

(a) 歯車

2軸間に回転力を伝達する場合、摩擦車ではトルクが大きくなるとすべりが生じて確実に伝達はできなくなります。そこで、回転する摩擦車にお互いにかみ合うように歯を付ければ確実に回転力が伝達できます。

歯車は、円筒や円すいなどの摩擦車の周辺部に歯を等間隔に付けてかみ合うようにして、駆動歯車が回転することにより従動歯車の歯みぞに入りながら歯面を押して回転を伝える機能をもつ機械要素です。

円筒形の摩擦車に歯をつけたものを**平歯車**といい、円すい形の摩擦車に歯をつけたものを**かさ歯車**といいます。

①特徴

歯車には以下のような特徴があります。

・回転力を確実に伝達できます。

・回転速度の伝達比率が自由に選択できます。

・動力の伝達損失が少なくなります。

・平行軸や食い違いのある軸、回転軸が交差する場合など原動軸と従同軸の相互位置が比較的自由に設計できます。

②各部の名称と歯の大きさ

図5. 11に歯車各部の名称を示します。

歯の大きさは、同じピッチ円の直径をもつ歯車であれば、歯数が少なければ歯は大きくなり、歯数が多くなれば歯は小さくなります。このように、歯の大きさは歯数とピッチ円の直径により変わりますので、JIS規格では

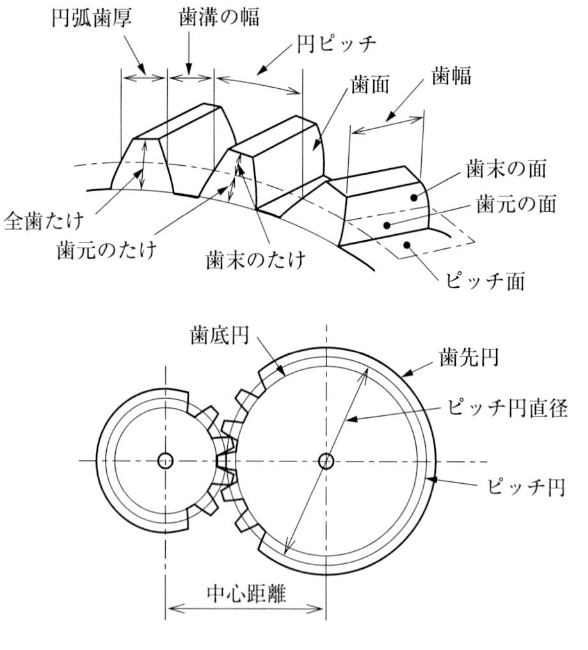

図5. 11　歯車の各部の名称

歯車の歯の大きさを歯1枚あたりの直径の大きさで表し、モジュールと呼んでいます。

円ピッチは、隣り合う歯の対応する部分間の距離をピッチ円に沿って測った円弧の長さをいいますが、これをtで表しますと、ピッチ円直径D［mm］、歯数Z、モジュールmとの関係は、以下のようになります。

$$t = \frac{\pi D}{Z} \ [\mathrm{mm}] \qquad m = \frac{D}{Z} = \frac{t}{\pi}$$

すなわち、モジュールは円ピッチtをπで割った数値となります。

また、かみ合う歯車の2軸間の距離が一定で、2軸の角速度比が一定になるような歯形をもつ歯車をインボリュート歯車といいます。最近では、サイクロイド歯車はほとんど使われていません。

③歯車の種類

歯車は、軸の位置関係と歯車の形状から分類して、その種類、特徴および用途の主な例を以下に示します。これらの歯車の形状は、図5. 12に示します。

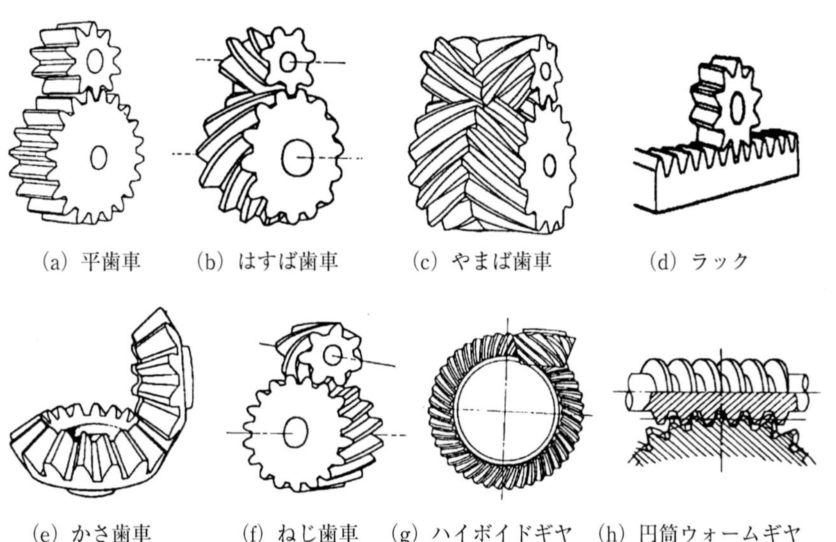

出典：機械工学便覧β4 機械要素・トライボロジー

図5. 12　歯車の種類と形状

1）2軸が平行な場合

・平歯車：図（a）に示すように歯すじが直線で軸に平行な円筒歯車で、2軸間の回転運動により動力伝達用に用いられます。2軸の回転方向は逆となります。最も一般的に使われている歯車です。

・はすば歯車：図（b）に示すように歯すじがつる巻き線である円筒歯車で、2軸間の回転運動により動力伝達用に用いられます。平歯車より大動力を伝達できますが、スラスト荷重が生じます。

・やまば歯車：図（c）に示すように左右のつる巻き線のはすば歯車を組み合わせたもので、スラスト荷重が生じないようにしてより大動力伝達用に用いられます。

・ラック：図（d）に示すように平らな板の一面に歯を刻んだもので、平歯車の一方のピッチ円の径が無限大になったものと考えたものです。図のように小歯車との組合せによりラックの往復運動が相手歯車に回転運動を与えます。

2）2軸が交差する場合

・かさ歯車：図（e）に示すように、交差する2軸間の回転運動により動力伝達用に用いられます。

3）2軸が平行でもなく交差もしない場合

・ねじ歯車：図（f）に示すように、食い違いのある2軸間の動力伝達用をはすば歯車で行うものです。

・ハイポイドギヤ：図（g）に示すように、食い違いのある2軸間の動力を伝達する円すい状の歯車です。

・円筒ウォームギヤ：図（h）に示すように、2軸間は直交で交わらない場合で、歯車軸をねじとした円筒ウォームとこれにかみ合うホイールとの対で用いられます。通常、ウォームを原動軸として高い減速比が得られます。

(b) ベルト

動力を伝達しようとするとき、2軸間の距離が長い場合には歯車や摩擦車で直接動力を伝えることは困難となります。そのため、原動軸と従動軸にベルト車（プーリともいいます）を取り付けて、その間にベルトを巻き掛けて動力を伝動します。この装置のことをベルト伝動といいます。

ベルト伝動は、摩擦伝動とかみ合い伝動に分類できます。

①摩擦伝動

摩擦伝導の場合、伝動中に生じる多少のすべりや振動により回転速度の変動がありますが、実用上では特に問題はありません。摩擦伝動では、ベルトの種類により以下のようなものがあります。

・平ベルト伝動：皮、ゴム、特殊織物などからできた平形ベルトとプーリ間の摩擦力によって動力を伝えるもので、特に高速伝動や長い軸間距離の場合に使用されます。

・Vベルト伝動：合成繊維などを心材とした台形断面のゴムベルトをVベルトといい、V溝をもつプーリの間に掛けて動力を伝達するものです。最も代表的なベルト伝動で、産業機械、自動車などに広く用いられています。

②かみ合い伝動

歯付きベルトによる伝動で、ベルトに付けられた歯とプーリの歯がかみ合って動力が伝達されます。そのため、ベルトとプーリの間にはすべりは生じませんので、伝動効率が良くて回転を確実に伝達できます。

(c) チェーン

チェーンによる動力の伝動は、ベルト伝動と同じように平行な2軸間の距離が離れていて歯車では困難な場合ですが、ベルトではスリップして問題が生じるようなときに使用されます。

チェーン伝動はベルト伝動に比べて、一定の速度比が得られる、大きな動力の伝達が可能となる、などの利点があります。一方で、質量が重い、摩擦により振動や騒音を発生しやすい、などの欠点もあり、高速回転には用いられません。低速用として使用され、急な速度や荷重の変化が生じるところでは使用されません。

基本的な構造を図5. 13に示しますが、軸に取り付けたスプロケットとチェーンのかみ合いにより、回転を伝達するものです。

代表的なチェーンとしては、ローラチェーン、ブッシュチェーン、サイレントチェーン、オフセットチェーン、ビルトインチェーンなどがあります。

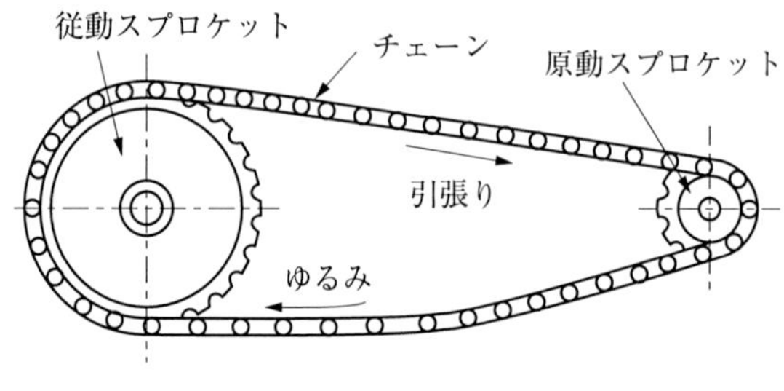

(a) 基本的な構造

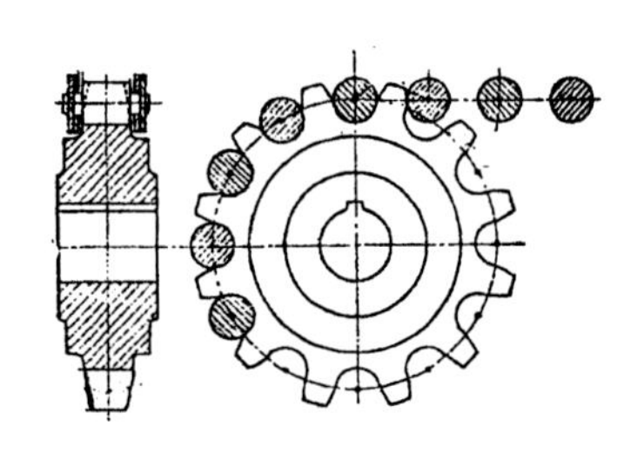

(b) スプロケット

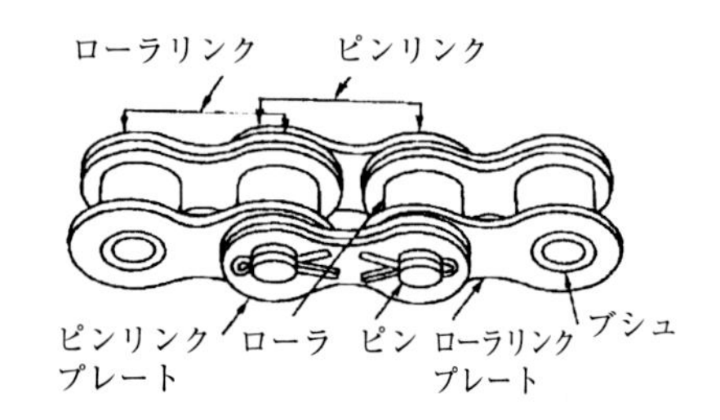

(c) ローラチェーンの構造

出典：JIS B 1801

図5.13　チェーン伝動の構造

(4) その他の機械要素

その他の機械要素として幾つかのものを以下に記載します。

(a) ばね

機械や装置などに加えられた衝撃を緩和して保護するものを緩衝器といい、振動を防止するものを防振装置といいます。これらには、多くの場合ばねが用いられています。

例えば、日常的に使用している自動車のサスペンションには、コイルばねが使用されています。

ばねは、形状や使用材料から多くの種類があります。また、用途からも上記のような衝撃荷重やエネルギーの吸収を目的としたもの、ばねばかりやばね式安全弁のような荷重測定やセンサとして、ばね座金のような荷重調整用、など広い分野で使用されています。

形状からの分類としては、引張コイルばね、圧縮コイルばね（円筒形や円すい形など）、うず巻きばね、皿ばね、竹の子ばね、重ね板ばね、などがあります。

(b) 管・管継手・弁

管はパイプともいいますが、流体の輸送に用います。管には金属管（鋼、鋳鉄、銅、ステンレス、鉛、アルミニウムなど）および非金属管（コンクリート、合成樹脂など）があります。

管の選定をする場合には、内部の流体の種類、圧力、温度、流量、流速、設置場所、施工方法などを検討してから、使用材質、内径や肉厚などを決めます。

管継手は、管と管をつなぐ場合あるいは方向を変える場合に用いられます。

永久継手としては突合せ溶接が多く採用されていますが、取り外し可能とする場合には、ねじ込み型やフランジ型が使用されます。方向変換する場合にはエルボ、分岐にはＴ（ティー）、Ｙ（ワイ）やクロス継手が、閉止にはキャップやプラグが使用されます。

温度差による伸縮の吸収や配管軸の変位の調整などの場合には、伸縮継手が用いられます。

弁はバルブともいいますが、流路の開閉を行って内部流体の流れを変えることにより、流量や圧力を調節するために用いられます。

弁の構造や特徴から、仕切弁、玉形（ボール）弁、アングル弁、ニードル弁、逆止弁、ちょう形（バタフライ）弁、安全弁などがあります。

(c) 密封装置

密封装置は、接触する部品間からの流体の漏れを防止するための機械部品です。

大別すると、静止した部品間に用いられるものをガスケットといい、例えば回転軸のような運動部分に用いられるものをパッキンといいます。

ガスケットは、例えばフランジ同士のような接合部分にはさんで、ボルトにより締め付けることによって内部流体の漏れを防止します。

ガスケットには、その構成材料や形状から極めて多種多様なものがありますので、流体の種類、圧力、温度などの使用環境に応じて適切なものを選定する必要があります。

一般的には、低温・低圧用には非金属系のものが、高温・高圧系には金属系のガスケットが採用されています。

パッキンもこれを構成する材料やその用途によって極めて多くのものが使用されていますので、使用形態としての往復運動用か回転運動用かの区別、流体の種類、圧力、温度、速度などに応じて適切なものを選定する必要があります。

回転軸用のパッキンとしては、一般的に低速用にはグランドパッキンが採用され、高速用としてはメカニカルシールが採用されています。

(d) **カム**

カムは、運動の方向を変えたり、特定の動きをさせる場合に用いられる機械要素です。

カムの種類には、図5.14に示すように以下のものがあります。

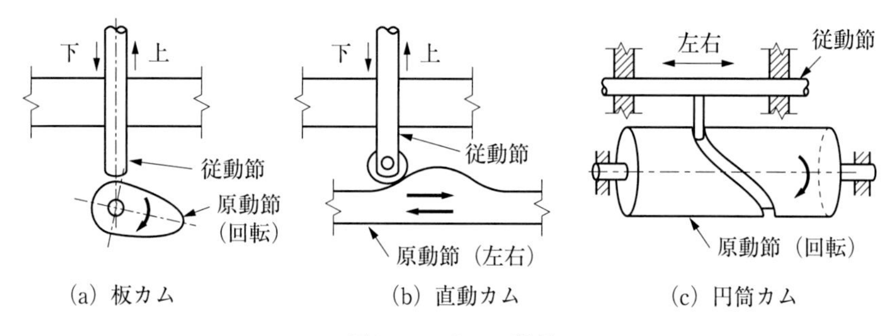

図5.14　カムの種類

①板カム

回転軸の中心から外周までの距離が一定ではない、例えば卵型のような特定の形状を持った板状のカムを**板カム**といいます。この板カムを回転する原動軸に取り付け、この板に接するように従動節として板あるいは棒を設置すると、周期的な上下の往復運動が得られます。有名な例としては、自動車用エンジンの弁の開閉に使われています。

②直動カム

山形の板を原動節として、それを左右に直線運動させます。その山形の板の上に従動節として棒を垂直に設置すると、棒は上下に直線運動を繰り返します。このようなカムを**直動カム**といいます。

③円筒カム

円筒に軸方向にある距離をもって円周上を1周してから、原点に戻る溝を作ります。この溝にはまり込んで動く軸と、それに直交する円筒の中心と平行な軸を従動節として設置します。

円筒を原動節とすれば、これが回転することにより従動節は円筒の中心と平行に左右に揺動運動をします。このようなものを**円筒カム**といいます。

(e) フライホイール

フライホイールははずみ車ともいい、重量のある円盤を回転させてエネルギーを保存する機械要素です。

一般的には、回転する軸の中心から離れたところに厚肉のリムを設けて、それにより大きな慣性モーメントをもたせます。適用例としては、レシプロエンジンなどに取り付けて、回転エネルギーの蓄積と放出を繰り返して、回転むらを少なくしています。

3. 機 械 材 料

機械工業は機械材料がなくては成り立ちません。また、機械や構成部品が設計どおりの機能を発揮して使用目的を果たすためには、その目的に合った機械材料で製作する必要があります。例えば、採用された材料が使用環境に不適当であれば、機械や構成部品は破損や故障を生じて本来の目的を発揮できなくなったり、非効率化につながります。

そのため、機械材料の性質を把握しておくことが重要となります。

ここでは、機械材料として多く採用されている鉄鋼材料を中心として記載します。

(1) 主要な機械材料（鉄鋼、ステンレス鋼、非鉄材料）

機械材料は、物質の性質から金属材料と非金属材料に大別できます。金属材料は鉄鋼材料と非鉄金属材料に、非金属材料は無機質のセラミック類と有機質の高分子材料に分けられます。なお、これらの材料を組み合わせたものを複合材料といいます。

表5.２に機械材料の分類と材料の例を示します。

表5.２　機械材料の分類例

<table>
<tr><td rowspan="4">機械材料</td><td rowspan="2">金属材料</td><td>鉄鋼材料</td><td>炭素鋼、鋳鉄、合金鋼、ステンレス鋼など</td></tr>
<tr><td>非鉄金属材料</td><td>銅、アルミニウム、ニッケル等およびその合金</td></tr>
<tr><td rowspan="2">非金属材料</td><td>無機材料</td><td>セラミックス、セメント、ガラスなど</td></tr>
<tr><td>高分子材料</td><td>合成樹脂、合成ゴム、合成繊維など</td></tr>
</table>

これらの材料にはそれぞれの特徴的な性質がありますが、機械材料に使用される材料は広範囲ですから、必要な性質や特徴を材料ごとに列挙するのは困難です。そのため、極めて標準的ですが、機械材料に求められる性質や特徴を列挙すると以下のようになります。

・安価であって安定して供給されていて、購入しやすいこと
・機械的な性質（強度、靭性など）に優れていて、所要の性質が均一であること
・加工性（切削、溶接など）や成形性に優れていること
・耐食性、耐候性、耐久性に優れていること
・廃却時に回収して再利用できるか、安全に廃却可能であること　などです

金属組織をミクロ的に観察してみると、小さな結晶の集合体で構成されています。この一つ一つの結晶を結晶粒といい、結晶粒が集まったものが結晶体です。結晶体は原子や分子が規則的に配列した集合体です。この結晶体は、その固有の配列を示す結晶構造を表しています。金属の結晶構造には、主に「面心立方格子」、「体心立方格子」と「稠密六方格子」が代表例として挙げられます。

(a)　鉄鋼

純鉄は極めて軟らかくて伸びが大きいので延性には優れた性質がありますが、引張強さが弱いため、そのまま機械材料として使用されることはほとんどありません。

そのため、ほとんどが炭素鋼、合金鋼や鋳鉄などの鉄合金として用いら

れています。

含まれる炭素量により鉄鋼材料の性質が異なりますので、通常は炭素C%の量によって鉄合金を分類しています。

炭素Cの量が、0.02%以下のものを純鉄、0.02～2.06%のものを炭素鋼あるいは単に鋼、2.06%以上のものを鋳鉄といいます。

また、炭素鋼に合金成分を加えて機械的な性質を改良したものを合金鋼といいます。

①純鉄

純鉄は、炭素の含有量が少ない鉄で一般的には0.02%以下のものをいいます。

工業的に製造される純鉄には、電解鉄、カーボニル鉄、アームコ鉄などがあります。純鉄の組織はフェライトで、引張強さは低く、極めて軟らかく、伸びが大きく延性に優れた特徴があります。

金属が融解点から固体相に凝固後した後の温度の下降に伴って、あるいは常温の金属が温度上昇に伴って結晶格子の状態が変化することを変態といいます。その変化が起こる温度を変態点といいます。

純鉄は、約1,400 ℃と約910 ℃で変態して、前者をA_4変態といい後者をA_3変態といいます。それぞれの温度をA_4変態点およびA_3変態点といい、単にA_4点、A_3点ともいいます。

A_4点以上融点まではδ鉄といい体心立方格子（bcc）のフェライト、A_4点とA_3点の間のものはγ鉄といい面心立方構造（fcc）のオーステナイト、A_3点以下のものはα鉄といい体心立方結晶（bcc）のフェライトです。

②炭素鋼

炭素の量が多くなると引張り強くて硬い、伸びが少ないもろい鋼となり、反対に炭素が少ないと引張強さが弱くて軟らかい、延性に富んだ加工性がよい材料になります。

また、鋼にはCの他に、Mn、Si、P、Sなどの鉱石や精錬の過程からの微小元素が混じることが避けられません。

組織は、フェライト、セメンタイト、フェライトとセメンタイトが層状になったパーライトの組合せとなります。

炭素量が0.8%付近を境として、組織に大きな相違が認められています。一般に、炭素量0.8%以下を亜共析鋼といい組織はフェライトとパーライトからなっています。0.8%の鋼を共析鋼といい、組織は全部パーライトからなっています。また、炭素量0.8%以上を過共析鋼といい組織はセメンタイトとパーライトからなっています。

フェライトは、α鉄に微小の炭素を固溶した組織で、軟らかく延性に富んでいます。セメンタイトは炭化鉄Fe_3Cで、硬くてもろい組織です。パーライトは、微細なフェライトとパーライトが層状に混合した組織で、この2つの組織の性質の中間的な性質を持ちねばり強い性質があります。この組織が現れる変態点をA_1変態点といい727℃（参考図書や文献によりこの数値には若干の相違があります）です。

溶接構造物に用いられる場合には、溶接性を考慮しておおむね炭素量は0.3%以下になるようにします。炭素量が多くなると、溶接時に割れが発生する可能性があります。

③鋳鉄

鋳鉄は炭素を2.06～6.67%含有するFe−C系合金を意味しますが、通常は2.5～3.5%の範囲の鋳造品が多く用いられています。また、組成上でSiの量は0.8～2.5%と多くなっています。

そのため、成分元素のうちで特にCとSiとが鋳鉄の性質に大きな影響を与えますので、Fe−C−Siの3元素の合金とも考えられます。

また、C含有量が非常に多いために全部のCがFeと固溶しないで、Cが黒鉛として単独で存在する場合があります。組織からは、以下のように分けられています。

・白鋳鉄は、黒鉛が析出せずセメンタイトのままで破断面は白くなっています。
・まだら鋳鉄は、黒鉛とセメンタイトが混在したものです。
・ねずみ鋳鉄は、炭素が黒鉛として析出、遊離して、破断面がねずみ色をしています。

鋳鉄の種類には、以下のものがあります。

1）チルド鋳鉄は、組織は白鋳鉄で金型を利用して鋳込んで表面部分だけを急冷して硬化しますが、この現象がチル化でチルド鋳鉄といいます。

2) 可鍛鋳鉄は、白鋳鉄を製造した後で熱処理によって機械的性質や強度を向上しています。黒心可鍛鋳鉄、白心可鍛鋳鉄とパーライト可鍛鋳鉄があります。

3) 強靭鋳鉄は、特に熱処理をしないでも可鍛鋳鉄のようにねばり強く、耐摩耗性や強度の大きい鋳鉄を鋳放しのままで得られるように、黒鉛の析出を減らして大きさや分布を調整し、細かいパーライト組織にしたものです。ミーハナイト鋳鉄と球状黒鉛鋳鉄（ノジュラー鋳鉄あるいはダクタイル鋳鉄ともいいます）があります。

④合金鋼

合金鋼は、炭素鋼を基準にしてNi、Cr、Mo、W、Vなどの合金元素を添加して、機械的性質の改良を目的とした鋼です。合金鋼は特殊鋼ともいいます。

添加される元素の種類や含有量の組合せにより、多種多様な種類の合金鋼があります。

以下に主なものを記載します。

1) 構造用合金鋼には以下のようなものがあります。

クロム鋼は、Crが添加されて、焼入れ性を改善して耐摩耗性に優れた自動車用の小物部品などに多く使用されています。

クロムモリブデン鋼は、CrとMoが添加されていて、クロム鋼をさらに改善しています。高温強度に優れていてクリープ強度が向上します。また、衝撃特性も優れています。

ニッケル鋼は、Niが添加されて特に低温脆性に優れているため、低温の貯蔵タンクなどに広く用いられています。

2) 工具用合金鋼には、合金工具鋼と高速度鋼があります。合金工具鋼は、炭素鋼にCrを添加して焼入れ性を向上させて硬度を増し、WやVの添加により耐摩耗性を高めた合金です。高速度鋼は、高速度で切削加工が可能なように、刃先が高温になっても軟化しにくいように多量のWとVを添加したものです。

3）耐食耐熱鋼としては、後で述べるステンレス鋼と、多量のCrを添加して高温での耐酸化性を高めた耐熱鋼があります。耐熱鋼にはCrの他にSi、NiやMnなどが添加されてエンジンやタービンなどの高温で使用される部品に用いられています。

4）その他の特殊用途としては、ばね鋼、軸受鋼、快削鋼などがあります。

主なJIS規格の鉄鋼材料を表5.3に示します。

表5.3　主な鉄鋼材料と略記号

鋼の種類	略記号	鋼の種類	略記号
一般構造用圧延鋼材	SS	配管用炭素鋼	SGP
溶接構造用圧延鋼材	SM	炭素工具鋼	SK
ボイラ用圧延鋼材	SB	高速度工具鋼	SKH
圧力容器用鋼板	SPV	合金工具鋼	SKS
機械構造用炭素鋼	SC	冷間圧延鋼板及び鋼帯	SPCC
クロムモリブデン鋼	SCM	一般軽量形鋼	SSC
ステンレス鋼	SUS	軟鋼線材	SWRM

(b) ステンレス鋼

鉄に12%以上のクロムCrを添加したものをステンレス鋼といい、表面に酸化膜が形成されて耐食性に優れています。板、帯、棒や管などで製造されていて、機器、車体、建設や台所用品などに広く使われています。

ステンレス鋼には、大別するとクロムのみを添加したクロム系と、クロムとニッケルを加えたクロムニッケル系があります。

組織上の分類には、大別すると以下の3種類があります。

①フェライト系ステンレス鋼

常温の組織がフェライトで、Crを13～18%程度添加した鋼が基本となります。C量は0.08%程度と低く冷間加工性が良く、応力腐食割れ（以下の③を参照）を起こさないためボイラや熱交換器などの化学機械に使われています。代表例としては、SUS410LやAlを添加したSUS405などがあります。

②マルテンサイト系ステンレス鋼

常温の組織がマルテンサイトで、C量はフェライト系よりも高くなっています。焼入れと焼戻しにより硬化させて刃物などの工具鋼に用いられています。その他の用途としては、軸受、ボルト、バルブ、タービン羽根などに使われています。①のフェライト系とマルテンサイト系は、磁石に付きます。

③オーステナイト系ステンレス鋼

常温の組織がオーステナイトで、Crが18%でNiが8%の下限となっていて、18–8ステンレス鋼といわれています。加工性と耐食性が良くなり、建築資材、鉄道車両、化学プラントや厨房用品などに広く使われています。代表例はSUS304です。オーステナイト系は、磁石には付きません。

オーステナイト系ステンレス鋼は耐食性に優れていますが、高温で使用されると鋼中の炭素がクロムと結合してクロム炭化物を形成して結晶粒界に析出します。そのため粒界のクロム濃度が低下するため耐食性も低下し、粒界に沿って腐食が生じます。これを**粒界腐食**といいます。そのため、低炭素C量やクロムより炭素との結合力が強いチタンやニオブを添加した安定化オーステナイトステンレス鋼が使用されます。粒界腐食に対応するものとしては、SUS304L、SUS321や347があります。

なお、オーステナイト系ステンレス鋼は、塩化物を含む溶液やアルカリ溶液中で使用すると**応力腐食割れ**を発生するため、使用環境には注意する必要があります。応力腐食割れは、金属材料に内部応力と腐食作用が同時に作用したときに、ある一定の時間経過後にき裂割れが発生する現象です。

(c) 非鉄材料

機械材料は、鉄鋼以外にも非鉄材料が多く使用されています。**非鉄材料**には、大別すると非鉄金属材料と非金属材料がありますが、多種多様なものがあります。ここでは主なもののみを以下に記載します。

①銅と銅合金

銅Cuは、導電性と伝熱性が良好で、耐食性にも優れ軟らかく加工性が良いという特徴があります。

JIS規格による材料記号は、Cと合金の種類を示す4桁の数字で表されます。

主な銅合金には以下のものがあります。

1）黄銅は、銅と亜鉛の合金で真ちゅうとも呼ばれています。亜鉛が10％程度のものは丹銅といいます。30％前後のものは塑性加工もしやすいのですが、45％以上ではもろさがでます。40％が上限で六四黄銅といわれています。

2）青銅は、銅とすずの合金でブロンズとも呼ばれています。一般的にすずは15％未満です。10％未満のものは砲金といい、耐食性がありバルブなどに使われています。

3）りん酸銅は、脱酸剤としてりんを0.2％程度添加して強度を高めたものです。ばねなどに使われています。

4）白銅は、ニッケルを20％程度入れた合金です。

②アルミニウムとその合金

アルミニウムの最大の特徴は軽量です。また、耐熱性、耐食性、伝熱性、導電性、加工性に優れています。機械的性質は、伸びが大きく、また特殊合金を除いて引張強さも大きくありません。

JIS規格による材料記号は、Aと合金の種類を示す4桁の数字で表されます。

主なアルミニウムとその合金には以下のものがあります。

1）純アルミニウムは、99％以上のAlで1000系の数字で表します。その下2桁の数字は、小数点以下の純度を表します。例えばA1050は99.50％です。

2）純Alの機械的性質は、伸びが大きく引張強さも大きくありません。そのため、高力Al合金の代表がジュラルミンで、AlにMgとCuを添加した合金です。合金番号2014と2017がジュラルミン、2024が超ジュラルミンでAl−Mg−Cu系の合金です。7075は超々ジュラルミンでAl−Zn−Mg−Cu系の合金です。

3）その他、MgやMnを添加した耐食用Al合金、Cu、Mg、Ni、Siなどを添加した耐熱用Al、流動性を重視した鋳物用Al、など各種のAl合金がJIS規格に規定されています。

③ニッケルとその合金

ニッケルは軟らかくて延性が高く塑性加工しやすく、海水やアルカリにも強く耐食性があります。なお、ニッケル単独で使われるよりも、ステンレス鋼、耐熱鋼などの合金成分としての用途が多く、主に以下のような合金として使用されています。

1) モネルは、Cuを30%程度添加したもので靭性や耐食性が良いことから、船舶用プロペラ、バルブなどの化学・医薬品プラント用部材などに使われています。

2) ハステロイは、Moを添加したもので耐熱性と耐食性に優れていて、ガスタービン翼、耐酸や耐塩化物容器などに使われています。

3) コンスタンタンは、Cuが50～60%添加されているもので熱電対に使われています。

4) クロムを20%以下添加したものをニクロムといい、耐酸化性が高くなり電熱線に使われています。

④チタンとその合金

チタンは海水に対する耐食性に極めて優れていて、海水を用いた復水器などに使われています。また、軽量で強度も高く耐熱性にも優れているため、航空機用の部品、建築、医療や日用品としての需要がのびています。

⑤非金属材料

非金属材料は、金属成分を含まない材料を意味していますが、この材料は多種多様で広範囲にわたっています。

主な非金属材料には、セラミックスと合成樹脂材があります。

1) セラミックスは、最近開発が進んで用途が拡大しています。一般的には粘土を焼いた磁器がそうです。性質は、一般に耐熱性、耐食性、耐酸性、半導体性、非磁性などに優れています。原材料から、酸化物系と非酸化物系セラミックスに分けられます。前者はアルミナAl_3O_3などの酸化物が主成分で、後者はさらに窒素化合物を主成分とした窒化物セラミックスと、炭化物成分を主成分とした炭化物セラミックスに分けられます。

2) 合成樹脂材はプラスチックともいいます。熱可塑性樹脂と熱硬化性樹脂があります。前者は加熱により軟化して変形したり、いくつかの溶媒に溶ける性質があります。塩化ビニール、ポリエチレン樹脂などがあります。後者は加熱によって硬化して、溶媒にも溶けません。フェノール樹脂、メラミン樹脂などがあります。

(2) 材料の機械的性質

機械や部品に外力が加わると、材料の内部には応力が発生します。その応力が材料特有の許容値を超えると、大きな変形や破壊が生じて機械や部品は使用目的を果たせなくなります。そのため、使用される機械材料は、各種の外力に対応する能力を保有している必要があります。機械材料が必要とする機械的性質について、以下に述べます。

①引張強さと降伏強さ

引張荷重による破壊に耐える強さです。引張応力に対する強度としては、引張強さが大きいほど有利になります。その反面、引張強さが大きいと硬さが増加するので加工性の低下や、一般的にねばり強さが減って衝撃特性も低下します（第1章2節（2）項参照）。

なお、一度塑性予ひずみを与えてから逆方向の荷重を加えると、予ひずみを与えないときよりも降伏応力が低くなる現象が生じます。これをバウシンガー効果といいます。

②圧縮強さ

引張りと反対方向に圧縮を加えるときに、破壊に耐える強さです。

③曲げ強さ

材料を曲げるときの強さを表します。一般的には、棒状の材料に用います（第1章4節（4）項参照）。

④ねばり強さ（衝撃強さ）

急激な衝撃荷重に対しての強度としてねばり強さが必要になります。ねばり強さが弱いと衝撃荷重が作用したときに破壊します。一般的に、引張強さが大きいともろくなる傾向にあります。良好な材料は、引張強さとねばり強さがあるものです（第1章3節（1）項参照）。

⑤疲労強さ

繰返し荷重を受けるときの強さを表します（第1章3節（2）項参照）。

⑥クリープ強さ

主に高温で使用されるときの強さとして、クリープ強さが要求されます（第1章3節（3）項参照）。

⑦硬さ

材料は特有の硬さを持っています。工具鋼などは、使用目的にあった硬さを得るために合金元素を添加したり熱処理を施しています。

⑧耐摩耗強さ

機械部品は、使用環境に応じて摩耗を受けるものがあります。例えば滑り軸受では摩耗による損傷が重要課題となります。そのため、このような部品に採用される材料では、耐摩耗強さが求められます。

（3） 材料試験

材料試験は、材料の機械的な性質を求めるために行う試験のことです。その方法は、試験する材料に各種の試験に応じた力を加えて破壊や変形を起こして、その結果から材料の固有の強度などを決めます。試験方法や試験片の大きさ・形状などはJIS規格で規定されています。

主な材料試験の方法について、以下に述べます。

（a） 引張試験（JIS Z 2241）

試験片に引張荷重を加えると、荷重に比例して試験片が伸びて最大引張荷重を経てから破断します（第1章2節（2）項参照）。この試験結果から、引張強さ、伸び、絞りがわかります。伸びと絞りは材料の靱性に関連しますので、これらの値から加工のしやすさがわかります。通常は室温で試験しますが、高温で温度を指定して行う場合を高温引張試験といいます。

（b） 衝撃試験（JIS Z 2242）

振子型のハンマーを振り下ろして、最下部に設置したVあるいはU形の切り欠きが入った試験片を急激な荷重を加えて破断させて、衝撃吸収エネルギーを求めます。この試験結果から、材料の衝撃値がわかります。

衝撃値が高いほど、ねばり強い材料となります。

試験結果は温度により変化しますので、一般的には試験温度を指定して行います。

鉄鋼材料は、低温になるほど吸収エネルギーが低下します。また、ある温度で急激に吸収エネルギーが低下する温度があります。この温度を遷移温度といいます。遷移温度には、エネルギー遷移温度と破面遷移温度があります。

鉄鋼材料では、材料中の不純物（特にリンや酸素）が多い場合や材料の結晶粒度が大きい場合に、一般的には遷移温度が高くなります。すなわち、低温の衝撃吸収エネルギーが小さくなります。

(c) 疲労試験（JIS Z 2273～2275、2278、2279）

断続的あるいは交互に断続的に荷重を繰り返し加えて、試験片が破壊を起こすまで行い、そのときの荷重の大きさと繰返し回数を求めます。加える荷重の大きさを変えて試験を実施して、S−N曲線を求めます。この曲線から使用に耐えられる疲労強度がわかります（第1章3節（2）項参照）。

(d) 高温クリープ試験（JIS Z 2271）

材料のクリープ強さ（第1章3節（3）項参照）を求める試験です。試験材を一定の温度、一定の荷重下で行う引張クリープ試験が一般的です。この試験の主目的は、クリープひずみを測定して、クリープ速度を求めることです。

また、クリープ破断試験は、定荷重の引張クリープ試験でクリープ破断時間を求める試験です。

表5.4　硬さ試験方法

種　類	試験体との接触圧子	略号	方法	試験の概要
ブリネル硬さ	鋼球	HBS	試験片に一定の荷重で押し付ける	生じた永久くぼみの大きさから硬さを測定する。硬いとくぼみは小さい。
	超硬合金球	HBW		
ビッカーズ硬さ	ダイヤモンド四角錘	HV		
ロックウェル硬さ	鋼球	HRB		接触圧子の侵入深さから硬さを測定する。硬いと浅くなる。
	ダイヤモンド三角錘	HRC		
ショア硬さ	ダイヤモンド付きハンマ	HS	自由落下	跳ね上がり高さから硬さを測定する。

(e) 硬さ試験（JIS Z 2243～2246）

JIS規格に規定された硬さ試験方法には、表5. 4に示すものがあります。測定する材料の寸法や形状などに応じて試験方法を選択します。

(f) 破壊じん性試験：(JIS G 0564)

試験片に切欠きまたはき裂を設けて、試験材料を降伏せずに破壊させて、脆性き裂の発生、伝ぱ（播）停止または破断の条件、状態などを調べる試験のことです。

温度を変えて延性–脆性遷移曲線を求めるか、または特定の温度で破壊応力、破壊靭性などの材料特性を調べます。線形破壊力学では、この試験で得られた破壊靭性値が応力拡大係数よりも大きければ、脆性破壊は起こらない、として評価します。

(4) 熱処理方法

金属材料のうち特に鉄鋼は、加熱や加熱後の冷却の方法により金属組織を調整して、引張強さや硬さなどの性質をある範囲で改良することができます。これを熱処理といいます。熱処理には、以下の方法があります。一般的な温度領域を図5. 15に示します。

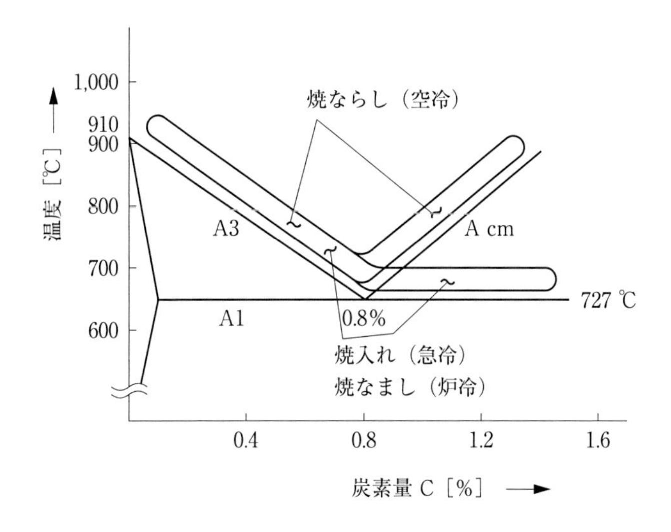

図5. 15　熱処理の温度領域

(a) 焼なまし

一定の温度に加熱保持してから徐冷することを焼なましといいます。焼鈍ともいいます。完全焼なましは、オーステナイト域に加熱するため亜共析鋼ではA_{c3}点を越え、過共析鋼ではA_{c1}点以上にします。加熱保持後は、炉内で徐冷します。加熱時間は一般に肉厚1インチに対して1時間としています。組織が微細化してフェライトとパーライトの標準組織に戻ります。加工性が回復して切削性も改善されます。

中間焼なましは、再結晶温度～A_{c1}点で加熱して放冷します。そのため低温焼なましともいいます。完全焼なましに比較すると、時間短縮と生産性の向上となります。また、オーステナイト域まで加熱しないために、組織の変態はありませんが、軟化して加工性は回復します。

応力除去焼なまし（応力除去焼鈍ともいう）は、500～600℃程度に加熱して徐冷しますが内部応力の除去やひずみ取りを目的として行います。

(b) 焼ならし

オーステナイト域の温度から空冷する場合を焼ならしといいます。焼準ともいいます。亜共析鋼ではA_{c3}点以上に加熱したあと炉外に出して放冷します。鍛造品や鋳造品の粗大化した結晶粒の組織を微細化して鋼を強化したり、内部応力を除去することができます。圧延したあとの繊維状組織の改善も可能です。

(c) 焼入れ

オーステナイト域の温度から急冷する場合を焼入れといい、組織は硬いマルテンサイトに変態します。マルテンサイト組織は、引張強さが大きく、硬くてもろくなります。急冷のために、加熱保持後には水あるいは油中に入れます。一般的にはこのままでは使用しないで、以下の焼戻し処理を行います。

(d) 焼戻し

焼入れ後にA_{c1}点以下に再加熱して冷却する操作を焼戻しといいます。焼入れ後に必ず行い、焼入れと対で実施します。低温焼戻しと高温焼戻しに分類できます。

低温焼戻しは、低温の150～200℃で行いますが、硬さを失わずに残留応力によるひずみを低減でき、主に過共析鋼の刃物、金型や計測具などに適用されます。

高温焼戻しは550～650℃で行い、主に共析鋼に適用して引張強さをあまり減少させずに硬さを低減して、靭性を高めて使用する構造用鋼に適用されます。

焼入れとこの高温焼戻しの一連の操作を調質といいます。

(5) 表面処理方法

鋼材の内部の機械的な性質を保持したまま、部材の表面の組成や組織だけを変化させて耐摩耗性や耐食性を向上させることを**表面処理**といいます。

主な表面処理には、高周波焼入れ、浸炭、窒化などがありますが、歯車、軸受、シャフト、カムなどに適用されています。

(a) 高周波焼入れ

高周波の電磁誘導で生じる渦電流は金属の表面付近に集中しますが、この渦電流のジュール熱で表面だけが加熱されます。**高周波焼入れ**は、被加工物の表面をこの方法により急速に加熱して、焼入れ温度に達してから直ちに冷却して焼入れを行う方法のことをいいます。全体を焼き入れる方法に比較して変形を小さくでき、また表面に圧縮残留応力を生じさせることができるために疲労強度が向上します。

(b) 浸炭

浸炭は、炭素量の少ない鋼を浸炭剤の中でA_{c3}点以上の温度で長時間加熱して、表面付近の炭素含有量を増加させて浸炭層を形成してから、焼入れ焼戻しを行い表面層を硬化させる方法です。ガス浸炭法が主流ですが、液体や固体浸炭法もあります。浸炭処理のコストは、他の表面処理方法に比べて一般にコストは高くなります。

(c) 窒化

一般に行われるのはガス窒化法であり、通常はNH_3ガス中でA_{c1}点以下の温度に加熱して、鋼の表面にNを浸透させて窒化鉄の硬化層を形成させます。その後の焼入れなどの熱処理は必要としません。窒化による寸法変形なども生じることがなく、表面層には圧縮応力が生じて、耐摩耗性と耐疲労性が向上します。

(6) 非破壊試験

材料、部品や製品などの表面や内部に、欠陥やきずの存在の有無とその種類、大きさや位置など、材料を破壊することなく調べることを**非破壊試験**といいます。

主な非破壊試験には、以下の方法があります。

(a) 放射線透過試験

X線やγ線などの放射線は、物体の内部を透過する性質があります。**放射線透過試験**は、放射線を試験物体に照射して、内部を透過してきた放射線を検知してその強弱の変化から、内部のキズや不純物などの欠陥を調べる試験のことをいいます。RTと略記されています。

一般には溶接部の品質確認のため、写真フィルムに撮影してその濃度差により欠陥の有無や大きさを判定しています。欠陥部分は黒く、無欠陥部分は白く現れます。

また、透視画像をTV上に映し出して画像処理をすることにより、オンラインでの試験も可能です。

(b) 超音波探傷試験

高周波の超音波は、直進性があり物体内部に欠陥があるとその界面で反射されやすい性質があります。**超音波探傷試験**は、超音波パスルを探傷子から試験物体に入射して、その反射波を受信して欠陥の有無とその位置を調べる試験のことをいいます。UTと略記されています。

超音波の入射角度から、物体に垂直に入射する垂直探傷法と、斜めに入射する斜角探傷法があります。

(c) 磁気探傷試験

試験材を磁気したとき、表面近傍に割れなどの欠陥が存在すると、表面に漏えい磁気が発生します。この原理を用いて、磁粉あるいはマグネットダイオードなどの感磁素子で検出して、欠陥の位置、形状や大きさを調べる方法を**磁気探傷試験**といいます。代表例としては、磁粉を用いる**磁粉探傷試験**があります。MTと略記されています。

ただし、オーステナイト系ステンレス鋼のような非磁性体の材料には適用できません。

(d) 浸透探傷試験

試験材の表面に浸透材を塗布して、毛細血管現象により表面に存在する割れなどの欠陥を肉眼で見えるような像にして検出する方法を浸透探傷試験といいます。PTと略記されています。

一般的な試験方法は、赤色染料を含んだ浸透液をスプレーなどで試験体の表面に塗布して、一定時間保持した後で表面の浸透液を洗浄処理してから、表面に白色微粉末の現像剤を薄く塗布します。表面に欠陥があると、赤く模様がでますので肉眼で判定できます。金属材料以外の表面のキズも探傷できますが、多孔質材料の探傷は困難です。

(e) 電磁誘導探傷試験

交流を流したコイルを試験材に近接すると、表面に欠陥がある場合にはコイルのインピーダンスが変化します。この方法により欠陥などを検出する方法を電磁誘導探傷試験といいます。ETと略記されています。

コイルの形状には、貫通形、プローブ形、内挿形などがあります。

欠陥検出のほかに、例えば熱交換器の管の腐食による減肉状況の測定にも適用できます。

4. 加　工　法

機械工業は、最終的に部品をつくり機械や装置を組立てます。「ものを作る」ことが究極の目的となりますが、それには設計されてから機械材料の選定を経て部品を加工する作業が必要となります。

より良い品質の製品をより安く作るためには、製品に対する最適な加工法の選択が重要です。そのため、機械技術者にとって加工法は基礎知識として必要となります。

加工法を選定するには、対象となる製品に仕上げるために、その精度、加工時間、工程、費用などを総合的に検討して行います。ここでは、加工法として広く採用されているものを中心として記載します。

（1）切削加工

切削加工とは、切削工具を用いて製品の表面を削り、切りくずを出しながら所定の製品形状に加工する方法をいいます。切削加工には工具の種類や加工方法で分類すると多くの種類がありますが、広範囲な加工が可能なため重要な加工法です。工具の形状や被削材または工具の切削送りによって加工面の凹凸が変わります。

NC装置と組み合わせることにより、生産性と精度の向上が可能となり有効性が一層高まっています。

（a）工具の寿命

切削加工には工具が必要です。しかし、工具は切削加工中に摩耗や欠損などの損傷を受けて、切削性能が低下します。このような状態になった工具は寿命が尽きて、研削により刃先を成形するか工具を交換する必要がありますが、それまでの切削時間を**工具寿命**といいます。

一般的な切削においては、切削速度と切削時間には以下の関係があります。

$$VT^n = C$$

ここで、Vは切削速度、Tは工具寿命、nは寿命係数、Cは定数です。VとTの関係を$V-T$線図として、両対数で表すことによりnは容易に求めることができます。

（b）切削液

切削加工では、工具切り刃と被切削材との接触面で摩擦を受けて切削熱が生じて、工具寿命や仕上げ面の精度に悪影響を与えます。そのため、加工するときには、工具寿命の延長、仕上げ表面精度の向上、消費動力の軽減などを目的として**切削液**が使用されています。切削液の作用としては、潤滑、冷却、切りくずの排除と運搬などがあります。

（c）切削加工の機械

主な切削加工を行う機械には以下のものがあります。

①旋盤

旋盤は、主に丸棒の加工に用いられます。主として工作物を回転させて、切削工具としてバイトを固定して加工を行います。

②フライス盤

フライス盤は、主に表面の削りや溝の削り加工に用いられます。多数の切り刃を持つフライス工具を用いて、工具は主軸とともに回転し、工作物は切削方向に送り移動させて加工します。

③平削り盤

平削り盤は、主に平面削りの加工に用いられます。工作物をテーブルに固定して往復の直線運動をさせて、テーブルの運動と直角方向にバイトを間欠的に送ることにより平面を削ります。

④ボール盤

ボール盤は、穴あけ加工に用いられます。工具はドリルで、ドリルは主軸とともに回転して軸方向に送られて、固定した工作物に穴あけ加工を行う工作機械です。

⑤中ぐり盤

ボール盤などで穴あけ加工後に、穴をくり広げることにより穴の表面状態や精度を改善することを中ぐり作業といいますが、これに用いる工作機械のことを中ぐり盤といいます。

⑥NC工作機械

NC工作機械は、刃物と工作物の相対的な運動位置や速度などを数値情報として制御して、製品の加工にかかわる一連の動作をプログラムの指令によって実行する工作機械のことをいいます。そのため、この機械で加工を行うためには、加工順序を検討して工具の移動距離や移動方向、主軸の回転数や送り速度などをプログラム化する必要があります。

⑦マシニングセンター

NC工作機械をさらに発展させて、穴あけ、中ぐり、フライス加工などの複数の加工を順次実行できるようにし、加えて工具の取り替えや工作物の付け替えまでもプログラムによって1つの工作機械で行えるようにしたものが、マシニングセンターと呼ばれる工作機械です。この工作機械により、切削加工の高能率化が大きく図られています。

(2) 研削加工

研削加工（あるいは研磨加工）は、本質的には上記で述べた切削加工の1つで、切削加工の場合の刃物工具の代わりに工具として研削砥石を用いて、これを回転させて工作物を削る加工方法です。加工現場では、研磨と呼ばれることもあります。

研削砥石は多くの微小な硬い切り刃を有していて、これを高速回転することにより工作物を所定の寸法形状に加工します。

研削加工の特徴は、切削単位が微小であるために加工精度と表面仕上げ精度が高い、高硬度の材料や脆い材料の加工も可能となる、などであり仕上げ工程で用いられることが多くなります。

(a) 研削砥石

研削砥石は、多数の微小の砥粒を結合剤で固めて研削工具としたものです。この砥石を拡大すると、砥粒、結合剤と気泡から構成されています。

砥粒は、切削工具の切り刃に相当しており、これで工作物の研削を行います。

結合剤は、砥粒の保持と連結を行います。また、気泡は、砥粒による切削時に発生する切りくずの除去と冷却液の循環を助ける役目を持っています。これを砥石の3要素をいいます。

また、砥石の性能を左右するのは、砥粒の種類、粒度、結合剤の種類、結合度、砥石の組織、の5項目です。これを砥石の性能を決める5大要素といい、加工する工作物の材質などにより適切に選択する必要があります。

砥粒は、強靭で耐摩耗性と耐熱性のある材料が求められますが、アルミナ質系、炭化けい素質系、ダイヤモンドが使われています。

砥粒の大きさを表すのが粒度ですが、研削性能や研削仕上げ面の粗さに影響を及ぼします。

(b) 研削加工の機械

主な研削加工を行う機械には以下のものがあります。

①平面研削盤

工作物の平面を研削する加工を平面研削といい、これに使用される機械が平面研削盤です。研削方法は、砥石を回転して砥石の外周部により工作物を研削する場合と、縦砥石端面の平面部で研削加工を行う2種類があります。

また、工作物は角テーブルあるいは丸テーブルに固定して、前者は前後と左右に移動させながら、後者は回転させながら加工します。

②円筒研削盤

円筒形の工作物の外周を研削する加工を円筒研削といい、これに使用される機械が**円筒研削盤**です。通常、工作物は両端で支持されて回転して、この回転する工作物の外面に砥石を回転させながら切り込ませて研削加工を行います。

③内面研削盤

穴の内面を研削する加工を内面研削といい、これに使用される機械が**内面研削盤**です。

2種類の加工方式があります。1つは、工作物を回転させて、砥石に回転と送りを与えて穴に挿入しながら加工する方式です。2つ目は工作物が大きくて回転できない場合で、工作物を固定して、砥石軸を穴の内面に沿って自回転と公転の遊星運動を行わせながら送りを与えて加工する方式です。

内面研削では、砥石は小径でかつ長くなるため、主軸の剛性を高くしたり軸の回転精度を高めるなどの工夫をしています。

④特殊研削

ねじは切削や転造などよって作られますが、特に精度が要求される場合にはねじ研削盤で仕上げられます。

歯車に精度が必要な場合には歯車研削盤で仕上げられます。

(3) 塑性加工

材料に塑性変形（第1章2節（2）項参照）を与えて、目的とする製品の形状に成形する方法を**塑性加工**といいます。

塑性加工の特徴としては、切削加工のような切りくずを出さないことや、同じ寸法の製品を大量に生産できることが挙げられます。すなわち、上述した切削加工や研削加工に比べて塑性加工は大量生産向きといえます。

主な塑性加工には、以下の方法があります。

(a) 圧延

回転している2本のローラの間に素材を挿入して、長さ方向に素材を延ばしながら所定の製品の断面形状に仕上げる加工法を**圧延**といいます。材料の再結晶温度以上で行う圧延を**熱間圧延**といい、再結晶温度以下での圧延を**冷間圧延**といいます。

熱間圧延の場合、材料は加熱により軟化して容易に塑性変形することができますので、大形の製品を生産するのに適しています。圧延は連続的なロール加工であるため大量生産に向いていて、工業製品の素材となるレール、棒鋼、線材、鋼管、形鋼などの製造に用いられています。

(b) 鍛造

ハンマーあるいはプレスによって金属材料の素材を打ちつけて塑性変形させて、所定の製品形状に仕上げる加工法を**鍛造**といいます。上述の圧延と同様に、材料の再結晶温度以上で行う鍛造を**熱間鍛造**といい、再結晶温度以下で行う場合を**冷間鍛造**といいます。

鍛造の方法には、開放型あるいはハンマーなどを用いて加熱した材料を少しずつ鍛造していく自由鍛造と、上下1対の鍛造型を用いて機械式のハンマー打撃による**型鍛造**があります。

(c) プレス

素材の金属板を上下1対の金型の間に置いて、金型同士に圧力をかけ押し付けることにより塑性変形させて、所定の製品形状に仕上げる方法を**プレス加工**といいます。工業製品の大量生産に大きく寄与しています。小形の製品も生産することが可能です。

プレス加工の最大の特徴は、プレス用の金型を製作することにより同一形状の製品を大量に安定して生産できることです。また、自動化が可能で製品の数が多いほど生産性が高くなり、コストの削減ができます。しかし、金型の製作がコスト的に高いため、多品種少量生産には向きません。

プレス加工には、せん断、打抜き、穴抜き、成形、曲げ、絞り加工などがあります。

(4) 精密加工および特殊加工

通常の研削で加工された仕上げ面をさらに寸法精度を高めて、精密に仕上げる方法を**精密加工**といいます。一般には、細かい砥粒を用いて、小さな圧力で熱を発生させないようにして仕上げる方法です。

また、通常の切削や研削加工では困難な工作物の場合に、機械的な加工方法とは異なった形態のエネルギーを利用して行う加工のことを**特殊加工**といいます。

主な精密加工と特殊加工には、以下の方法があります。

(a) ホーニング

ホーニングとは、粒度の細かい結合度の比較的に低い砥石を複数個組み合わせた工具軸を低速回転させながら往復運動させて、小さな圧力で内筒内面に押し付け、工作物表面を少しずつ研削して仕上げる加工法です。通常、多量の研削油を注ぎながら加工を行います。内燃機関のシリンダや油圧シリンダの内面が主な対象となりますが、内筒の内面を精密に仕上げる加工方法です。

(b) 超仕上げ

超仕上げとは、粒度の細かい結合度の比較的に小さい砥石を微小振動させて、回転している工作物の表面に小さな圧力で押し付けて、砥石と工作物に相対運動を与えて表面を鏡面仕上げする加工法です。各種の軸や軸受など、特に耐摩耗性が必要な機械部品の表面仕上げを行う加工方法です。

ホーニングやラッピングに比べて短時間で鏡面が得られて加工能率が良い、仕上げ面の平滑度が非常に良い、仕上げ面の方向性がほとんどないため摩擦係数が小さく耐摩耗性が良い、などの特徴があります。

(c) ラッピング

ラッピングとは、工作物と工作物よりも軟らかい金属で作られたラップという工具の間に遊離した砥粒を挟み込んで、工作物を押し付けた状態でしゅう動させて、工作物の表面を仕上げる加工法です。

加工能率は低いのですが、平滑な表面が得られるので精密測定用のゲージ、レンズやプリズムなど光学部品の表面仕上げに用いられています。

砥粒に加工液を加えながら仕上げる湿式ラッピングと、加工液を使用しない乾式ラッピングがあります。

(d) バフ仕上げ

バフ仕上げとは、布や皮などでできた軟らかい弾力性のあるバフに砥粒を付着させ、このバフを回転させてこれを工作物に押し付けて、工作物の表面に光沢を与える加工法です。ただし、寸法精度の向上や平坦度を良くすることは困難です。

(e) 放電加工

放電加工とは、工作物と工具電極の間で放電現象を起こさせて、放電による熱的作用で工作物表面を溶融することにより加工する方法です。通常、工作物を陽極（＋）にして工具電極を陰極（－）側に接続します。

加工方式としては、形彫り放電加工とワイヤ放電加工があります。

(f) プラズマ加工

気体が極めて高温になると、気体原子はイオンと電子に解離してその同数が安定に共存している状態となり、この状態をプラズマといいます。このうち大気圧近くのプラズマを利用した加工法を**プラズマ加工**といい、プラズマジェット加工とプラズマアーク加工があります。

プラズマジェット加工は、作動ガスを高温プラズマ化して、工作物に照射することで切断や穴あけなどの溶断に使われます。

プラズマアーク加工は、アークを発生させてアークに作動ガスを供給し、プラズマアークを発生して溶接、溶断、溶解に使われます。

作動ガスには、アルゴン、窒素やこれに水素を混合したものや、空気、酸素なども使用されます。

(g) レーザ加工

レーザ光は波長や位相が良く揃っていて単色性、指向性に優れた特徴があります。**レーザ加工**とは、このレーザ光をレンズとミラーにより光学系を使って工作物表面の微小なスポットに集束させて、このときに得られる高エネルギーにより穴あけ、切断、溶接などを行う加工法です。

(5) 溶接

機械部品の機械的な接合方法は機械要素で述べたとおりですが、**溶接継手**は、金属を溶融点以上の温度で接合部分を溶かして、冶金的に永久的に接合する方法です。

最近の技術進歩により各種材料の溶接が可能となり、大形の機械構造物、橋梁、船などに幅広く利用されています。

溶接において結合しようとする金属を母材といい、溶融させて母材間を接合するものを溶接材料あるいは溶材といいます。

(a) 溶接の種類

溶接の種類は多種多様で、目的や母材の種類などによって最適なものを選定する必要がありますが、ここでは広く用いられているガス溶接とアーク溶接について述べます。

①ガス溶接

ガス溶接とは、可燃性のガスと酸素を燃焼させて生じる高温度の燃焼熱によって溶接する方法です。可燃性ガスとしては、アセチレンガスが最も広く用いられています。

溶接部が高温となるため、母材の一部が酸化してスラグとなったり母材成分が保てなくなって強度低下を防止するために、母材と同一系統の金属を溶かし込みます。これが溶接材料で、線状あるいは棒状にしたものを溶接棒といいます。

②アーク溶接

アーク溶接とは、母材と電極の間に電流によるアークを発生させて、このアーク熱により接合部を溶かして母材同士を結合する溶接方法です。電極と母材に電流を流しておいて、両者を接触させてから少し引き離すとこの間にアークが発生します。両者の間隔を一定に保つとアークが連続して熱が生じて、電極も母材も溶融して溶接ができます。

電極には、炭素やタングステンなど消耗しない非溶極の場合と、溶接とともに溶融して消耗する溶極の場合があります。後者の場合には、溶接棒が電極の役目を兼ねていて、母材と同系統の溶接棒を用いて接合部に材料を補給しながら溶接が行われます。

溶接によって生じたスラグが溶接部に巻き込まれると、金属的や機械的性能を阻害して欠陥となります。そのため、これを防ぐ目的でフラックスが用いられます。フラックスは、溶接棒に塗布されていたり溶接時に添加して、酸化物などをスラグとして溶融金属の表面に浮き上がらせ、合わせて空気と遮断して酸化を防止します。

(b) 溶接継手の種類

溶接部の断面の例を図5. 16に示します。溶接によって溶接棒と母材の一部が溶融し凝固した部分を**溶着部**といい、この部分の金属を**溶接金属**といいます。また、溶融はしないが溶接時の熱によって金属組織や機械的性質が変化した母材部分を**熱影響部**といいます。溶着部と熱影響部を合わせて溶接部といいます。

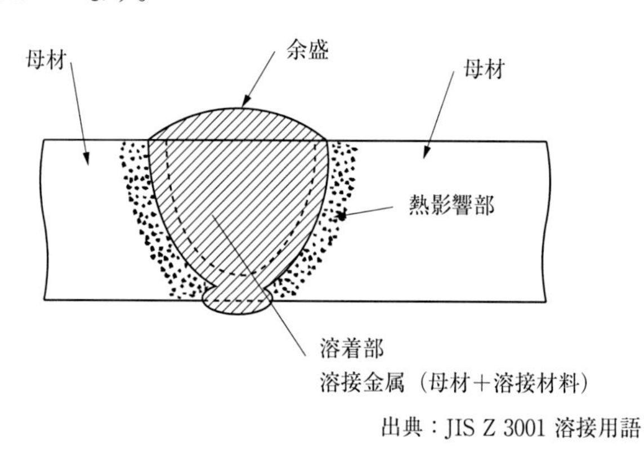

出典：JIS Z 3001 溶接用語

図5. 16　溶接部

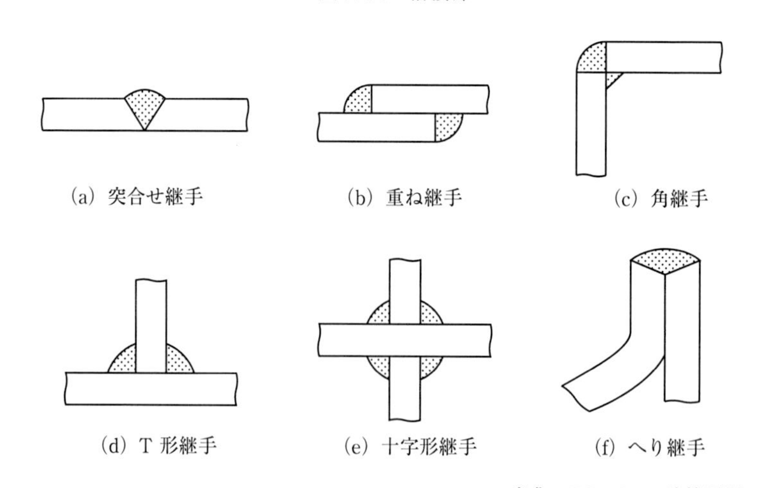

出典：JIS Z 3001 溶接用語

図5. 17　溶接継手の種類

溶接継手の基本的な形式としては、接合する母材の相対的な関係によって図5. 17に示すようなものがあります。

また、溶接部の形から以下のように分類することができます。

・グループ溶接

接合部を完全に溶着させるために母材間に設ける溝のことを開先あるいはグループといい、図5. 18に示すように片面開先と両面開先があります。母材同士の形状から突合せ溶接ともいいます。

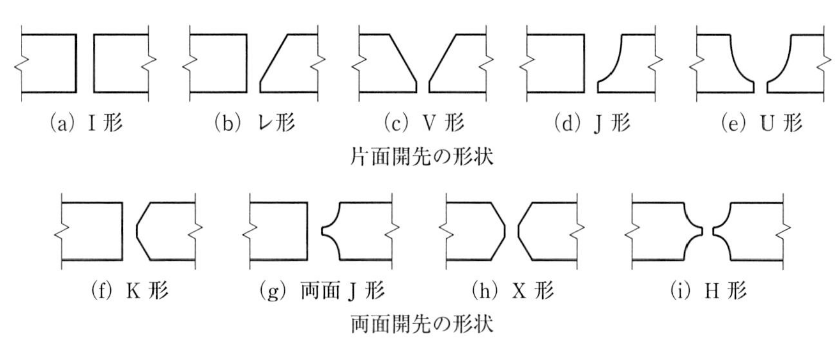

出典：JIS Z 3001 溶接用語

図5. 18　グループ溶接の開先形状

・すみ肉溶接

図5. 19に示すように、ほぼ直交する2つの面を結合する三角形状の断面の溶接部を有する溶接をすみ肉溶接といいます。

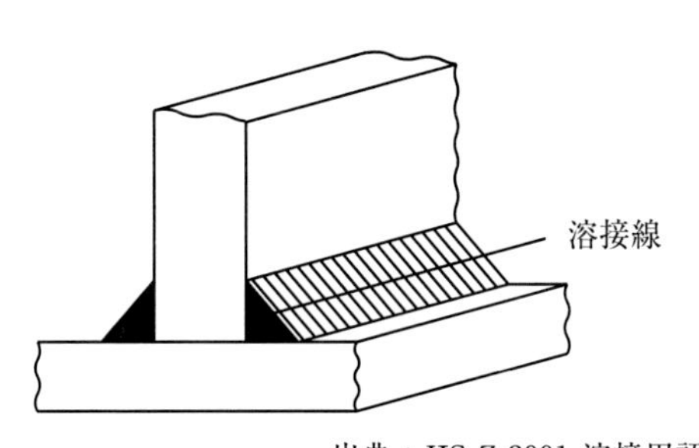

出典：JIS Z 3001 溶接用語

図5. 19　すみ肉溶接

・プラグ溶接

図5. 20に示すように、接合する母材の一方に穴をあけて板の表面まで溶接して、もう一方の母材と接合する方法をプラグ溶接といいます。

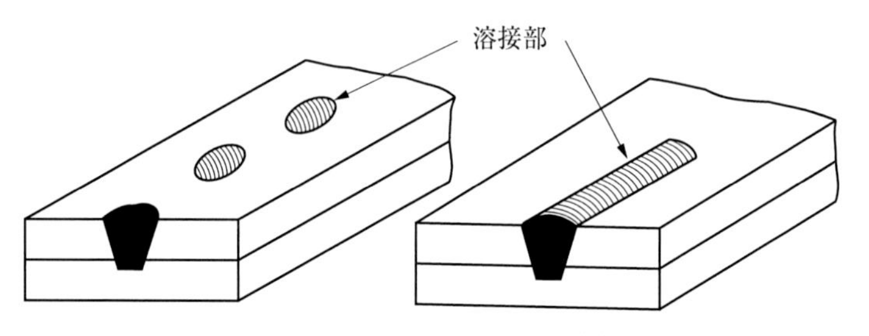

出典：JIS Z 3001 溶接用語

図5. 20　プラグ溶接

巻末資料−1〈参考文献〉

この本を執筆するにあたり、以下の文献を参考させていただきました。

詳しく勉強したいと思っている受験者の方々の参考文献として記載しておきますので、参考にしてください。

● 第1章　材料力学

『材料力学』JSMEテキストシリーズ、日本機械学会

『材料力学　機械工学便覧　基礎編α3』日本機械学会

『材料力学要論』ティモシェンコ著、前澤成一郎訳、コロナ社

『絵とき　材料力学基礎のきそ』井山裕文著、日刊工業新聞社

『図解入門　よくわかる材料力学の基本　初歩からわかる材料力学の基礎』菊池正紀・和田義孝著、秀和システム

『明解　材料力学のABC』香住浩伸著、技術評論社

『大学演習　材料力学』大学演習材料力学編集会編、裳華房

● 第2章　機械力学・制御

『振動学』JSMEテキストシリーズ、日本機械学会

『機械力学　機械工学便覧　基礎編α2』日本機械学会

『制御工学』JSMEテキストシリーズ、日本機械学会

『演習制御工学』JSMEテキストシリーズ、日本機械学会

『計測工学　機械工学便覧　デザイン編β5』日本機械学会

『制御システム　機械工学便覧　デザイン編β6』日本機械学会

『ハンディブック機械　改訂2版』萩原芳彦監修、オーム社

『振動工学』藤田勝久著、森北出版

● 第3章　熱工学

『熱工学』JSMEテキストシリーズ、日本機械学会

『伝熱工学』JSMEテキストシリーズ、日本機械学会

『絵ときでわかる熱工学』安達勝之・佐野洋一郎著、オーム社

『おもしろ話で理解する　熱力学入門』久保田浪之介著、日刊工業新聞社

『工業熱力学』平山直道・他共著、産業図書

『熱機関工学』西脇仁一編著、朝倉書店

『伝熱学の基礎』吉田駿著、理工学社

● 第4章　流体工学

『流体力学』JSMEテキストシリーズ、日本機械学会

『流体工学　機械工学便覧　基礎編α4』日本機械学会

『流体工学　機械工学便覧　基礎編A5（旧版）』日本機械学会

『流体機械　機械工学便覧　応用システム編γ2』日本機械学会

『流体力学（前編）』今井功著、裳華房

『圧縮性流体の力学』生井武文・松尾一泰著、理工学社

『流体機械』須藤浩三編、朝倉書店

● 第5章　機械設計、機械要素、機械材料、加工法

『機械材料』JSMEテキストシリーズ、日本機械学会

『材料力学　機械工学便覧　基礎編α3』日本機械学会

『設計工学　機械工学便覧　デザイン編β1』日本機械学会

『機械要素・トライボロジー　機械工学便覧　デザイン編β4』日本機械学会

『JISハンドブック　機械要素』JIS規格、日本規格協会

『JISハンドブック　ねじ』JIS規格、日本規格協会

『JISハンドブック　溶接』JIS規格、日本規格協会

『機械の設計　考え方・解き方』須藤亘啓著、東京電機大学出版局

『機械設計法・第2版』塚田忠夫・他共著、森北出版

『絵とき　機械材料基礎のきそ』坂本卓著、日刊工業新聞社

『機械材料』佐野元著、共立出版

『機械設計（上・下）』岩浪繁蔵・駒井武夫編著、産業図書

『図解　機械要素のABC』渡辺忠著、技術評論社

『機械工作法』平井三友・他共著、コロナ社

『ハンディブック機械　改訂2版』萩原芳彦監修、オーム社

巻末資料−2〈過去の出題問題分析〉

1.「**材料力学**」 平成16年度から令和2年度までに出題された技術項目（1/5）

技術項目の分類	平成16年度	平成17年度	平成18年度	平成19年度
荷重と応力	引張荷重、引張応力、せん断応力	引張荷重、垂直応力、せん断応力	せん断応力	引張荷重、せん断応力
応力とひずみ	熱応力、線膨張係数、塑性変形、延性材料、縦弾性係数	降伏点、縦弾性係数、応力集中係数	熱応力、縦弾性係数、応力集中、フックの法則、真応力、相当応力、ヤング率	自重による発生応力、縦弾性係数、降伏応力、弾性限度、塑性変形
材料の強さと許容応力	引張強さ、疲労破壊、ぜい性破壊、切欠き、クリープ、衝撃荷重、許容応力	疲労強度、安全率、繰返し引張力、引張疲労限界、許容応力、高温強度	安全率、切欠き、S-N曲線、クリープ、降伏、疲労限度	静的荷重、許容応力、平均応力、切り欠き、クリープ、安全率
はりの曲げ	最大曲げ応力、片持ちはり	曲げモーメント、最大曲げ応力、集中荷重、分布荷重	最大曲げ応力、せん断応力、断面係数	断面二次モーメント、両端支持はり、最大曲げ応力、断面係数、集中荷重、分布荷重
軸のねじり	伝達トルク			軸のねじり強さ、伝達動力
柱の座屈			長柱の座屈	オイラーの座屈荷重
組合せ応力	最大主応力、トレスカの条件、多軸負荷	モールの応力円	平面組合せ応力、ミーゼスの条件	平面組合せ応力、主応力、主せん断応力
その他				薄肉円筒の肉厚（応力）

1.「**材料力学**」 平成 16 年度から令和 2 年度までに出題された技術項目（2/5）

技術項目の分類	平成 20 年度	平成 21 年度	平成 22 年度	平成 23 年度
荷重と応力	引張荷重、軸荷重、せん断応力、圧縮応力	引張荷重、引張力、引張応力		引張荷重、圧縮応力、せん断応力
応力とひずみ	熱応力、熱膨張係数、縦弾性係数、フックの法則、段付き丸棒の伸び	伸び、ヤング係数、熱応力、熱膨張係数、縦弾性係数、フックの法則、降伏応力		縦ひずみ、横ひずみ、ポアソン比、応力−ひずみ線図、ひずみ、比例限度、公称ひずみ、対数ひずみ、熱膨張係数、縦弾性係数、フックの法則、真応力、相当応力、共役、ヤング率
材料の強さと許容応力	許容応力、降伏応力、疲労強度	疲労限度、疲労試験、S–N 曲線、応力振幅、塑性変形、応力拡大係数、応力集中係数	クリープ、応力集中、残留応力	引張強さ、安全率、塑性拘束、疲労試験、S–N 曲線、応力振幅、繰返し数、疲労限度、応力拡大係数、不静定、降伏、破壊靱性
はりの曲げ	片持ちはり、最大曲げ応力、断面二次モーメント、断面係数、集中荷重、分布荷重		片持ちはり、集中荷重、分布荷重、曲げモーメント、反力、断面係数、せん断力図、曲げモーメント図	片持ちはり、両端支持はり、等分布荷重、曲げ応力、断面係数
軸のねじり	軸のねじり強さ、伝達動力、曲げモーメント、トルク、許容せん断応力	せん断弾性係数、最大せん断応力、ねじれ角、断面二次極モーメント、中実丸軸のねじり、トルク		中実丸軸、ねじりモーメント、ねじれ角
柱の座屈	オイラーの座屈荷重		オイラーの座屈荷重、縦弾性係数、断面二次モーメント	
組合せ応力		平面組合せ応力、ミーゼスの条件	平面組合せ応力、主応力、せん断応力	平面組合せ応力、ミーゼスの降伏条件
その他				薄肉円筒容器、内圧、円周方向応力、軸方向応力

1.「**材料力学**」 平成16年度から令和2年度までに出題された技術項目（3/5）

技術項目の分類	平成24年度	平成25年度	平成26年度	平成27年度
荷重と応力	引張荷重、圧縮荷重、軸荷重、垂直応力、せん断応力、圧縮応力	引張荷重、垂直応力、せん断応力、圧縮荷重、圧縮応力	引張荷重、引張応力、垂直応力、せん断応力	引張荷重、垂直応力、せん断応力、軸荷重、圧縮荷重
応力とひずみ	伸び、縦弾性係数、線膨張係数、熱伸び、熱応力、降伏応力	伸び、縦弾性係数、線膨張係数、熱伸び、熱応力、フックの法則、真応力、相当応力、共役、ヤング率	縦弾性係数、伸び、線膨張係数、熱伸び	降伏応力、フックの法則、縦弾性係数、弾性ひずみエネルギー、線膨張係数、熱応力、熱伸び
材料の強さと許容応力	引張強さ、破断、繰返し引張荷重、安全率、応力集中係数、許容応力、引張疲労限度	応力拡大係数、不静定、降伏、破壊じん性、降伏応力	疲労限度、降伏点、許容応力、安全率、基準強さ、使用応力、引張強さ、破断	応力集中係数、許容引張応力、降伏応力
はりの曲げ	両端支持はり、最大曲げ応力、集中荷重、曲げ荷重、断面係数	片持ちはり、集中荷重、分布荷重、曲げモーメント、反力、最大曲げ応力、断面二次モーメント、曲げ剛性、両端支持はり、荷重点のたわみ、断面係数	両端単純支持はり、集中荷重、分布荷重、曲げモーメント、最大曲げ応力、はりのひずみエネルギー、支持反力	片持ちはり、集中荷重、はりの最大たわみ、はりの曲げ剛性、最大曲げ応力、断面係数、断面二次モーメント
軸のねじり	中実丸軸、ねじりモーメント、ねじれ角、断面二次極モーメント、極断面係数	中実丸軸、ねじりモーメント、ねじれ角、断面二次極モーメント、極断面係数	中実丸軸、最大せん断応力、ねじりモーメント	丸棒、ねじりモーメント、ねじれ角
柱の座屈	座屈荷重、オイラーの公式、断面二次モーメント	座屈荷重、オイラーの公式、断面二次モーメント、縦弾性係数	座屈荷重、オイラーの公式、曲げ剛性、円柱の座掘	座屈荷重、オイラーの理論
組合せ応力	平面組合せ応力、主せん断応力	平面組合せ応力、主応力、主せん断応力、垂直応力成分、ミーゼスの条件	モールの応力円	平面組合せ応力、主応力、ミーゼスの条件、モールの応力円
その他	トラス構造、節点、滑節	薄肉円筒圧力容器、内圧、円周方向応力、軸方向応力	薄肉円筒容器、肉厚、内圧、円周方向応力、軸方向応力	カスチリアノの定理、薄肉球殻容器、内圧、肉厚

1.「**材料力学**」 平成 16 年度から令和 2 年度までに出題された技術項目（4/5）

技術項目の分類	平成 28 年度	平成 29 年度	平成 30 年度
荷重と応力	軸荷重、引張荷重、圧縮荷重、応力、引張応力	引張荷重、引張応力、軸力、垂直応力、せん断応力	引張荷重、垂直応力、せん断応力、軸力、軸荷重、圧縮荷重
応力とひずみ	伸び、縦弾性係数、線膨張係数、熱伸び、熱応力	縦弾性係数、フックの法則、ヤング率、伸び量、線膨張係数、熱応力	縦弾性係数、線膨張係数、熱応力
材料の強さと許容応力	降伏応力、許容応力、安全率、基準強さ、使用応力、応力集中	応力集中係数、降伏応力	S−N 線図、降伏点、降伏応力
はりの曲げ	片持ちはり、集中荷重、分布荷重、曲げモーメント、反力、最大曲げ応力、単純支持はり、最大たわみ、曲げ剛性	単純支持はり、片持ちはり、集中荷重、等分布荷重、曲げモーメント、反力、固定端	片持ちはり、自由端のたわみ、単純支持はり、集中荷重、等分布荷重、曲げモーメント、断面二次モーメント、曲げ剛性、自由端
軸のねじり	丸棒、せん断弾性係数、ねじりモーメント、ねじれ角、断面二次極モーメント	中実丸軸、回転数、許容せん断応力、伝達動力	中実丸棒、中空丸棒、ねじりモーメント、せん断応力
柱の座屈	座屈荷重、オイラーの公式、断面二次モーメント、縦弾性係数	座屈荷重、オイラーの理論、曲げ剛性、固定条件	座屈荷重、オイラーの公式、座屈応力、断面二次モーメント
組合せ応力	平面応力状態、主せん断応力	平面応力成分、主応力、主せん断応力、モールの応力円、垂直応力、等二軸引張り、せん断応力	平面応力状態、主応力
その他	薄肉円筒圧力容器、内圧、円周方向応力、軸方向応力	カスティリアノの定理、ミーゼスの条件、トラス構造、薄肉円筒圧力容器、肉厚、内圧、円周方向応力、軸方向応力	薄肉球殻容器、内圧、円周方向応力、トラス構造、節点、滑節、回転支点、移動支点

1.「**材料力学**」 平成16年度から令和2年度までに出題された技術項目（5/5）

技術項目の分類	令和元年度（再試験を含む）	令和2年度
荷重と応力	軸荷重、応力、引張応力	軸力、引張力、荷重、圧縮荷重
応力とひずみ	縦弾性係数、線膨張係数、伸び、ポアソン比	縦弾性係数、伸び、線膨張係数、熱応力、ポアソン比
材料の強さと許容応力	引張強さ、応力集中	降伏点、S–N線図
はりの曲げ	単純支持はり、集中荷重、せん断力、曲げモーメント、片持ちはり、等分布荷重、曲げ応力、はりのたわみ、曲げ剛性、支点、単純支持、固定端、支持反力、ひずみエネルギー	片持ちはり、自由端、集中荷重、等分布荷重、曲げ応力、たわみ、曲げ剛性
軸のねじり	中実丸棒、ねじりモーメント、せん断応力、ねじれ角	ねじりモーメント、ねじり角、横弾性係数
柱の座屈	座屈荷重、曲げ剛性、固定条件、座屈、オイラーの公式	座屈荷重、固定支持、曲げ剛性
組合せ応力	平面応力状態、主せん断応力、垂直応力	平面応力状態、主せん断応力
その他	弾性ひずみエネルギー、トラス構造、節点、滑節、変位、薄肉円筒圧力容器、円周方向応力、軸方向応力、円周方向ひずみ、軸方向ひずみ	滑節、節点、円筒状圧力容器、内圧、円筒軸方向ひずみ

2. **「機械力学・制御」** 平成 16 年度から令和 2 年度までに出題された技術項目（1/5）

技術項目の分類	平成 16 年度	平成 17 年度	平成 18 年度	平成 19 年度
静力学	力の釣り合い、滑車	転倒しない条件	ボルト締めの変位	
質点系の力学	エネルギー保存、摩擦エネルギー、完全弾性衝突、衝突			回転するモータの伝達動力
剛体の力学	剛体の運動方程式、慣性モーメント、回転モーメント、可変速機構、ばねの復元モーメント	剛体の運動方程式、慣性モーメント、回転モーメント、回転速度	回転する剛体棒の角速度、棒の慣性モーメント、円板の回転トルク	クランク-スライダ機構の駆動トルク、原動節回転角、回転するロータの軸受に働く力、角速度
摩擦	動摩擦係数、静摩擦、摩擦係数	摩擦係数		
振動	ばね-質量系、固有振動数、固有角振動数、振動防止、危険速度、振れ回り、減衰振動、ダンパ、減衰係数、動吸振器	ばね-質量系、固有振動数、自励振動、1 自由度振動系	ばね-質量系、円板の振動周期、固有振動数、位相ずれ、減衰係数、危険速度、1 自由度振動系	剛体振子の固有振動数、質量-ばね-粘性減衰振動系の変位、減衰定数、変位-時間の変化、固有振動数解析手法
制御	伝達関数、アクティブ制御、系の安定性、分解能、ビット、測定誤差、測定、ブロック線図	伝達関数、ブロック線図、フィードバックシステムの安定性判別、倒立振子の安定性、ステップ応答の過渡応答と安定性	質量-ばね-ダンパ機械振動系、伝達関数、ブロック線図、ボード線図、位相余裕を用いたフィードバック制御系の安定性判別	ブロック線図、伝達関数、フィードバック制御の安定性、ラプラス演算子
その他				

2.「**機械力学・制御**」 平成16年度から令和2年度までに出題された技術項目（2/5）

技術項目の分類	平成20年度	平成21年度	平成22年度	平成23年度
静力学		力のつり合いモーメント		
質点系の力学				
剛体の力学	剛体振子、慣性モーメント、カム機構、カムの駆動トルク	運動エネルギー、角運動量方程式、転がり振子、角速度、慣性モーメント、慣性力、慣性乗積、慣性偶力、慣性主軸、慣性テンソル、制動トルク、回転数、転がる円筒の力の釣り合い、回転角	慣性モーメント、落下加速度、円板の慣性モーメント	
摩擦	動摩擦係数	クーロン摩擦、静摩擦係数、動摩擦係数		
振動	固有角振動数、1自由度粘性減衰振動系、減衰定数、振幅倍率曲線、2自由度振動系の固有角振動数、振動数方程式、非線形振動（パラメータ励振、リミットサイクル、マシューの方程式、跳躍現象）、振動するはりの支持条件	1自由度非減衰振動系、調和励振力、微小振動、固有角振動数	ばね-質量系、ばね定数、微小振動、回転振動、固有角振動数、1自由度振動系、固有振動数、調和振動、共振、強制振動、加振力、共振振動数、共振振幅、励振振動数、はりの横振動、振動するはりの支持条件	ばね-質量系、ばね定数、固有振動数、角振動数、1自由度振動系、減衰係数、粘性減衰器、慣性モーメント、臨界減衰系、はりの横振動、振動するはりの支持条件、係数励振、リミットサイクル、スティックスリップ、調和運動、反共振、2自由度振動系、固有角振動数
制御	一巡伝達関数、残留偏差、伝達関数の零点と極、ラプラス演算子、ブロック線図、伝達関数、フィードバック制御系の安定条件、逆ラプラス変換、制御工学の用語（ベクトル軌跡、ボード線図、ナイキスト線図、根軌跡）	ブロック線図、誤差、制御器、操作量、制御対象、フィードバック系、伝達関数、2次遅れ系の伝達関数、単位ステップ応答、逆ラプラス変換、ラプラス変換、ステップ関数、指数関数、状態方程式、状態フィードバック制御、係数ベクトル、システム行列の固有値、制御の安定性条件、特性方程式の根（極）	ラプラス変換、逆ラプラス変換、時間関数、ブロック線図、伝達関数、周波数伝達関数、根軌跡、ベクトル軌跡、ボード線図、ナイキスト線図、ゲイン線図、位相線図、フィードバック制御系、外乱、減衰係数、インディシャル応答、臨界制動、時定数、ゲイン定数、定常位置偏差、制御の安定性条件	ラプラス変換、逆ラプラス変換、ブロック線図、伝達関数、入力関数、応答、ランプ応答、インパルス応答、インディシャル応答、フィードバック制御系、位相遅れ補償、ゲイン、ハイパスフィルタ、2自由度制御系、フィードフォワード制御、ベクトル軌跡、安定条件、閉ループ伝達関数、微分制御、偏差、比例制御、フィードバック制御系の特性根
その他	回転機械のロータの振動、危険速度、自動調心作用			

2.「**機械力学・制御**」 平成16年度から令和2年度までに出題された技術項目（3/5）

技術項目の分類	平成24年度	平成25年度	平成26年度	平成27年度
静力学		力のモーメント	力のモーメント	力のつり合い、モーメントのつり合い
質点系の力学				角速度、角運動量、ボールの打上げ
剛体の力学	棒の慣性モーメント、慣性モーメント、落下加速度、円板の慣性モーメント、並進運動、回転運動	重心、回転運動のエネルギー、偏心量、回転するローターの軸受けに働く力、角速度	並進運動、回転運動、慣性モーメント、張力、複合ばね	並進運動、回転運動、滑車、慣性モーメント
摩擦			摩擦力、摩擦ブレーキ、動摩擦係数	
振動	角振動数、ばね定数、粘性減衰係数、ダンパー、固有角振動数、過減衰、不足減衰、臨界減衰、はりの横振動、振動するはりの支持条件（自由端、支持端、固定端）、調和振動、加振力、振幅、振動数、共振、共振振動数、強制振動、固有振動数、不減衰系、1自由度振動系、ばね-質量系	固有角振動数、ばね定数、粘性減衰係数、1自由度振動系、加振台、振幅、角振動数、周波数応答線図、はりの横振動、振動するはりの支持条件（自由端、単純支持端、固定端）、2自由度振動系、振動数方程式	固有角振動数、ばね定数、合成ばね定数、粘性減衰係数、ダンパ、1自由度振動系、振幅、角振動数、周波数応答線図、はりの横振動、振動するはりの支持条件（自由端、単純支持端、固定端）、調和振動、加振力、共振、固有（共振）振動数、不減衰系	固有角振動数、ばね定数、減衰係数、減衰比、1自由度振動系、はりの振動、2自由度振動系、振動数方程式、過減衰、共振周波数
制御	伝達関数の安定性、ブロック線図、逆ラプラス変換、ラプラス変換、単位ステップ関数、指数関数、制御量、周波数特性、ゲイン	ラプラス変換、逆ラプラス変換、ブロック線図、伝達関数、フィードバック制御系、特性方程式、極（根）、ベクトル軌跡、ボード線図、ナイキスト線図、周波数伝達関数、ゲイン、位相、ナイキスト安定判別、ゲイン線図、位相線図、閉ループ系、制御対象、複素数、複素関数、周波数特性、角周波数、根軌跡	ラプラス変換、逆ラプラス変換、ブロック線図、ステップ応答、遅れ時間、立ち上がり時間、オーバーシュート、行き過ぎ時間、整定時間、伝達関数、フィードバック制御系、極（根）、制御対象、コントローラ	ブロック線図、特性方程式、極（根）、フィードバック制御系、コントローラ、外乱、伝達関数、制御対象、目標値、操作量、制御量
その他				

2.「**機械力学・制御**」 平成16年度から令和2年度までに出題された技術項目（4/5）

技術項目の分類	平成28年度	平成29年度	平成30年度
静力学	力の釣合い、張力、慣性力、振り子、加速度		
質点系の力学		運動エネルギー、位置エネルギー	
剛体の力学	クランクの機構、トルク、アームの回転運動、角速度、速度、速度ベクトル	並進運動、回転運動、慣性モーメント、張力、定滑車、加速度	振り子、並進運動、回転運動、慣性モーメント、運動エネルギー、位置エネルギー、回転の運動エネルギー
摩擦			
振動	固有振動数、固有角振動数、ばね定数、粘性減衰係数、複合ばね、1自由度振動系、自由振動、加振力、ダンパー、過減衰、臨界減衰、不足減衰、共振、変位、振幅、位相、2自由度振動系、剛体棒の振動、慣性モーメント、危険速度	固有角振動数、周期、ばね定数、粘性減衰定数、ダンパ、1自由度振動系、2自由度振動系、強制振動、振幅、変位、角振動数、周波数応答線図、はりの横振動、振動するはりの支持条件（自由端、単純支持端、固定端）、たわみ、たわみ角、曲げモーメント、せん断力、加振力、共振、剛体棒の振動、慣性モーメント、単振り子、単振動、滑車を含む系の振動、張力、臨界減衰係数	固有角振動数、ばね定数、複合ばね、粘性減衰要素、減衰係数、減衰比、1自由度振動系、はりの縦振動、2自由度振動系、動滑車を含む系の振動、張力。棒の縦振動、棒の振動、慣性モーメント
制御	ラプラス変換、逆ラプラス変換、ブロック線図、伝達関数、入力信号、出力信号、フィードバック系、安定性、単位ステップ関数、特性方程式、極、零点、目標値、誤差、制御器、制御対象、操作量、不可観測、可観測、行列ランク、状態方程式	ブロック線図、PID制御、目標値、制御量、偏差、P制御、I制御、PI制御、D制御、PD制御、定常偏差、むだ時間、応答性、伝達関数、フィードバック制御系、安定性、グラフ表現、周波数伝達関数、周波数特性、ゲイン、角周波数、位相、ナイキスト安定判別、一巡伝達関数、根軌跡、ボード線図、ゲイン線図、位相線図、ベクトル軌跡、ナイキスト線図	ラプラス変換、逆ラプラス変換、ブロック線図、伝達関数、フィードバック制御、特性方程式、安定性、極（根）、零点、ランプ応答、インパルス応答、ステップ応答
その他			

2.「**機械力学・制御**」 平成16年度から令和2年度までに出題された技術項目（5/5）

技術項目の分類	令和元年度（再試験を含む）	令和2年度
静力学		
質点系の力学	運動方程式、自由落下	
剛体の力学	アームの回転運動、角速度、速度、速度ベクトル、加速度、運動方程式、回転運動、慣性モーメント、張力、定滑車、運動エネルギー、位置エネルギー	重心、慣性モーメント、ロータ、角速度、角運動量保存
摩擦		
振動	固有振動数、固有角振動数、慣性モーメント、ばね定数、直列ばね、並列ばね、粘性減衰要素、単振り子、単振動、U字管、液柱の振動、剛体棒の振動、弦の振動、減衰、減衰振動、減衰比。臨界減衰、1自由度系、2自由度系、共振、応答、自由振動。強制振動、振幅、変位、角振動数、はりの横振動、境界条件、自由端、単純支持端、固定端、運動方程式、並進振動、回転振動、	振動系、減衰。自由振動、強制振動、共振、減衰係数、減衰比、過減衰、共振周波数、共振振動数、固有振動数、固有角振動数、ばね定数、直列ばね、並列ばね、並進運動、回転運動、1自由度振動系、外力、調和振動、振幅、振動数、不減衰系、変位、はりの曲げ振動、曲げ合成
制御	目標値、誤差、制御対象、制御量、制御器、操作量、ラプラス変換、逆ラプラス変換、ブロック線図、伝達関数、フィードバック制御系、特性方程式、安定性、極、零点	制御対象、制御装置、コントローラ、遅れ時間、立ち上がり時間、行き過ぎ時間、整定時間、ラプラス変換、伝達関数、フィードバック制御系、閉ループ系、特性方程式、安定化、特性根、動的システム、ステップ応答、デルタ関数、単位ステップ関数
その他		

3. 「**熱工学**」 平成 16 年度から令和 2 年度までに出題された技術項目（1/5）

技術項目の分類	平成 16 年度	平成 17 年度	平成 18 年度	平成 19 年度
熱力学の基礎		比熱		
熱力学の法則		エントロピ	エントロピー	
理想気体		理想気体の特性、ガス定数、アボガドロ数、内部エネルギ、比熱比		
サイクル	熱機関、冷凍機、オットーサイクル、サバティサイクル、ランキンサイクル、カルノーサイクル、逆カルノーサイクル、スターリングエンジン、ディーゼル機関	熱効率、自動車用四サイクル火花点火機関、オットーサイクル、圧縮比、カルノーサイクル、サイクル効率	熱効率、カルノーサイクル、カルノーエンジンの出力、冷凍の最小電力	カルノーサイクル、無効エネルギー、スターリングサイクル、オットーサイクル、ディーゼルサイクル、理論効率、等温変化、等容変化、等圧変化
燃焼	ガスの完全燃焼、理論空気量	プロパンの燃焼、理論空気		メタン燃焼、完全燃焼、排ガスの CO_2 濃度、バイオ燃料、再生可能エネルギー、CO_2 排出量
伝熱	熱伝導、熱伝導率、熱伝達率、熱通過率、熱交換器	熱伝達、熱伝達率、動粘性係数、温度伝導率、自然対流、ふく射、ステファンボルツマンの法則、ヌセルト数、プラントル数、グラスホフ数	放射熱伝導、対流熱伝達、熱損失、プラントル数、グラスホフ数、ヌッセルト数、キルヒホッフの法則、フィン効率	放射熱伝達、熱伝導率、熱損失量、断熱材、熱交換器、熱通過係数、比熱、伝熱面積、熱伝導、ふく射、キルヒホッフの法則、フーリエの法則、ヌッセルト数
その他	温度計測（熱電対、ゼーベック効果、ペルチェ効果、トムソン効果）			

3.「**熱工学**」 平成 16 年度から令和 2 年度までに出題された技術項目（2/5）

技術項目の分類	平成 20 年度	平成 21 年度	平成 22 年度	平成 23 年度
熱力学の基礎	熱量、力、比熱、動力、SI 単位	加熱、熱量、比熱	定圧比熱	比熱、SI 単位
熱力学の法則	エントロピー、エンタルピー、内部エネルギー、熱移動、不可逆変化、仕事、第 2 種永久機関、熱力学第 1 法則	エクセルギー、カルノー効率、自由エネルギー、エクセルギー損失、無効エネルギー、電気エネルギー	エンタルピー、比エンタルピー、エントロピー、断熱効率	比エンタルピー、エントロピー
理想気体		理想気体、比熱比、定容比熱、定圧比熱、モル数、一般ガス定数、ボイルの法則		理想気体、比熱比
サイクル	熱サイクル図、カルノーサイクル、スターリングサイクル、オットーサイクル、ランキンサイクル、P–V 線図、T–S 線図、等温変化、等容変化、等圧変化	可逆カルノーサイクル、高熱源、低熱源、熱機関、出力、廃熱、蒸気タービンサイクル、ボイラ、復水器、サイクル効率、再熱サイクル、再生サイクル	熱サイクル図、T–S 線図、オットーサイクル、ディーゼルサイクル、カルノーサイクル、スターリングサイクル、ランキンサイクル、ブレイトンサイクル、冷凍サイクル	可逆断熱圧縮
燃焼	燃料、燃焼、燃焼熱、発熱量、完全燃焼、不完全燃焼、高発熱量、低発熱量	燃料、完全燃焼、理論空気量		
伝熱	熱流束、円筒の熱伝導、熱伝導率、保温効果、熱損失量		熱交換、熱伝達率、熱伝導率、熱抵抗、ふく射伝熱、黒体面、全放射能、ステファン・ボルツマン定数、灰色面、放射率、密度、動粘性係数、温度伝導率、プラントル数、レイノルズ数、ヌセルト数	熱流速、熱伝達率、熱伝導率、ヌセルト数、プラントル数、ペクレ数、レイノルズ数、レイリー数、温度境界層、速度境界層、無次元数、温度勾配
その他	ボイラ、加熱器、冷凍機、凝縮器	電熱器の加熱		

3.「熱工学」 平成16年度から令和2年度までに出題された技術項目（3/5）

技術項目の分類	平成24年度	平成25年度	平成26年度	平成27年度
熱力学の基礎	熱量、比熱、動力、SI単位	密度、定圧比熱、動粘性係数、粘性係数、蒸発潜熱、比熱、エネルギー、融解潜熱	加熱、熱量、仕事、エネルギー、比熱、蒸発潜熱	太陽エネルギー
熱力学の法則	比エンタルピー、熱損失、運動エネルギー、位置エネルギー、内部エネルギー、エントロピー	エントロピー、比エンタルピー		
理想気体	理想気体		理想気体、比熱比、定容比熱、定圧比熱、モル数、一般ガス定数	理想気体、比熱比
サイクル	蒸気タービン、タービン出力、可逆的膨張（等温、等圧、断熱）、可逆カルノーサイクル、高熱源、低熱源、熱機関、出力、廃熱、蒸気タービンサイクル、ボイラ、タービン、復水器、サイクル効率、再熱サイクル、再生サイクル	熱サイクル図、T–S 線図、オットーサイクル、ディーゼルサイクル、カルノーサイクル、スターリングサイクル、ランキンサイクル、ブレイトンサイクル、冷凍サイクル、蒸気サイクル、飽和液線、乾き飽和蒸気線、等圧線、理論熱効率	熱機関、熱効率、発熱量	可逆断熱圧縮
燃焼	メタン燃焼、完全燃焼、理論空気量		メタン燃焼、完全燃焼、CO_2 排出量	メタン燃焼、完全燃焼、理論空気量
伝熱	熱流速、熱伝達率、熱伝導率、熱交換器、熱通過率（総括伝熱係数）	熱伝達率、熱伝導率、動粘性係数、温度伝導率、プラントル数、レイノルズ数、ヌセルト数、熱通過、断熱材、ふく射伝熱、黒体面、全放射能、ステファン・ボルツマン定数、灰色面、放射率	熱伝達率、熱伝導率、熱通過率、断熱	熱交換器、熱伝達率、熱伝導率、熱通過率、総括伝熱係数、断熱材、自然対流、熱損失、黒体面、ふく射、放射、ステファン・ボルツマン定数
その他				冷凍庫、成績係数

3.「**熱工学**」 平成16年度から令和2年度までに出題された技術項目（4/5）

技術項目の分類	平成28年度	平成29年度	平成30年度
熱力学の基礎	加熱、熱量、比熱、蒸発熱、絶対温度	熱源、吸熱、放熱、飽和水、飽和蒸気、乾き度	熱流量
熱力学の法則	エントロピー、エンタルピー、内部エネルギー	熱力学第一法則、エンタルピー、比エンタルピー、エントロピー、比エントロピー、内部エネルギー、断熱変化	エンタルピー
理想気体	理想気体、マイヤーの関係式、定容比熱、定圧比熱、気体定数、比熱比、等圧変化	理想気体、定積比熱、気体定数	理想気体、状態変化、等積変化、等温変化、等圧変化、等エントロピー変化、ポリトロープ指数、p–V線図
サイクル	熱サイクル図、T–S線図、オットーサイクル、ディーゼルサイクル、カルノーサイクル、スターリングサイクル、ランキンサイクル、ブレイトンサイクル、冷凍サイクル		冷凍庫の最小電力
燃焼			メタン燃焼、完全燃焼、CO_2排出量、燃焼生成物
伝熱	熱伝導率、熱伝達率、保温、断熱材、熱損失、熱移動量、ふく射伝熱、黒体面、全放射能、ステファン・ボルツマン定数、対流、鏡面、沸騰	熱伝達率、熱伝導率、熱通過率、断熱、温度境界層、速度境界層、熱伝達の無次元数、プラントル数、ヌセルト数、レイノルズ数、レイリー数、ペクレ数、強制対流、自然対流、乱流、黒体面、ふく射、入射、放射、ステファンボルツマン定数、太陽エネルギー、対流、放熱、伝熱促進、熱流束、総括熱抵抗、熱交換器	熱交換器、向流型熱交換器、並流型熱交換器、対数平均温度差、熱交換量、熱伝達率、熱伝導率、熱通過率、熱抵抗、自然対流、熱流量
その他	電熱器	冷凍機、成績係数（COP）、フィン（拡大伝熱面）、フィン効率、蒸気タービン	冷凍庫、必要電力、冷却装置

3.「**熱工学**」 平成16年度から令和2年度までに出題された技術項目（5/5）

技術項目の分類	令和元年度（再試験を含む）	令和2年度
熱力学の基礎	融解潜熱、比熱、圧力、比熱比	比熱、熱容量
熱力学の法則	エントロピー、比エンタルピー	エントロピー、比エンタルピー
理想気体	定圧比熱、定積比熱、理想気体、断熱変化、等エントロピー変化、気体定数	理想気体、一般ガス定数、比熱比、定圧比熱、定容比熱、モル数
サイクル	ディーゼルサイクル、p–V線図、行程、理論熱効率	蒸気サイクル、T–s線図、理論熱効率
燃焼		
伝熱	温度伝導率、熱拡散率、熱伝導率、熱流速、沸騰伝熱、熱伝達率、熱損失、対流熱伝達率、断熱、吸熱、放熱	熱伝導率、熱量、向流型熱交換器、対数平均温度差、対流熱伝達率、放熱、熱流束、放射率、ステファン・ボルツマン定数
その他	冷凍庫（機）、成績係数（COP）、断熱材、消費電力	

4.「**流体工学**」 平成16年度から令和2年度までに出題された技術項目（1/5）

技術項目の分類	平成16年度	平成17年度	平成18年度	平成19年度
流体の性質	レイノルズ数	レイノルズ数、マッハ数、フルード数、ストローハル数、壁面せん断応力	レイノルズ数、マッハ数、ウェーバー数、ストローハル数、相似流れ	レイノルズの相似則、相似流れ、レイノルズ数
流体の流れ	層流、乱流、流速	二次元非圧縮性流れの速度分布	せん断応力、層流–乱流遷移	乱流、非定常流
静止流体の力学		流体の圧力	液体ヘッド	液体の圧力（絶対圧力）
理想流体の流れ	ベルヌーイの式			
運動量の法則	噴流、運動量			運動量
管内の流れ	圧力損失、ブラジウスの式	管路流れ、管摩擦係数	管摩擦、圧力損失	圧力損失、損失係数
物体まわりの流れ	摩擦抵抗、抗力係数		カルマン渦	流体中の抗力、抗力係数、流体中の翼まわりの流速
流体の運動	ピトー管、全圧、流体の運動エネルギー	流体の運動エネルギー、ノズル	よどみ点圧力	渦の運動
流体機械	仕事率		ポンプの動力	圧縮機の羽根車の回転トルク、流入速度、流出速度、体積流量
その他	境界層			境界層

4. 「**流体工学**」 平成16年度から令和2年度までに出題された技術項目（2/5）

技術項目の分類	平成20年度	平成21年度	平成22年度	平成23年度
流体の性質	流れの相似則（貯水槽の排水）	レイノルズ数	非圧縮性流体、流体の密度、レイノルズ数	レイノルズの相似則、風洞実験、密度、粘度
流体の流れ		乱流境界層、乱流境界層厚み	二次元非圧縮流れ、連続の式	強制対流、自然対流、乱流、層流、せん断応力
静止流体の力学	シリンダ内の圧力、マノメータ、U字管	ピストン内の圧力、油圧、水頭圧	浮力、マノメータ、U字管	
理想流体の流れ			ベルヌーイの式	ベルヌーイの式
運動量の法則				
管内の流れ	円管内の粘性流体の流れ、助走区間、壁法則、管内の圧力損失	円管内の層流流れ、管内の圧力損失、ダルシー・ワイズバッハの式、圧力損失ヘッド、管摩擦係数、圧力損失	曲り管が受ける力、管摩擦係数、層流、乱流	流体が曲がり管に及ぼす力、管内の流れ、圧力損失
物体まわりの流れ	噴流が平板に及ぼす力	流体の粘度、抗力、抗力係数	抗力、抗力係数	
流体の運動	渦、強制渦、ピトー管、よどみ点圧力			よどみ点圧力
流体機械		ジェットエンジンの推力、水車の動力	水車の動力	換気扇の動力
その他		境界層、境界層厚み		

4.「**流体工学**」 平成16年度から令和2年度までに出題された技術項目（3/5）

技術項目の分類	平成24年度	平成25年度	平成26年度	平成27年度
流体の性質	ストローハル数、密度、粘性、体積流量、レイノルズ数、動粘性係数	レイノルズ数、模型実験、非圧縮性流体、密度	密度、非圧縮性流体、レイノルズ数	密度、非圧縮性流体
流体の流れ	一様流、流速	流速、定常流れ、一様流	連続の式、流速、二次元圧縮流れ、速度ベクトル、一様流	流速、定常流れ
静止流体の力学	浮力	シリンダ内の圧力、マノメータ		水頭圧
理想流体の流れ	ベルヌーイの式	質量保存の式（連続の式）、ベルヌーイの定理、よどみ点圧力	ベルヌーイの定理、よどみ点圧力	ベルヌーイの定理
運動量の法則				
管内の流れ	円管内の流れ、圧力差、管の摩擦損失、層流、ハーゲン・ポアズイユの式、圧力損失ヘッド、ダルシー・ワイズバッハの式、管摩擦係数	水流が曲り管に及ぼす力、圧力損失	円管内の流れ、ハーゲン・ポアズイユの式、助走距離、層流、粘性係数、動粘性係数、摩擦損失	水流が曲り管に及ぼす力、圧力損失
物体まわりの流れ	カルマン渦、放出周波数、噴流が平板に及ぼす力		平板が受ける力、抗力係数	抗力、抗力係数、噴流が平板に及ぼす力
流体の運動				強制渦
流体機械		ファンの動力、エネルギー効率、摩擦抵抗		ファンの動力、エネルギー効率、摩擦抵抗
その他	境界層、層流境界層、乱流境界層、境界層厚さ、運動量厚さ、排除厚さ、平板上の境界層、臨界レイノルズ数、粘性底層、遷移域（バッファー域）、対数則域			

4.「**流体工学**」 平成16年度から令和2年度までに出題された技術項目（4/5）

技術項目の分類	平成28年度	平成29年度	平成30年度
流体の性質	非圧縮性流体、ニュートン流体、粘性、せん断力、粘性係数、ずり応力	強制渦	強制渦、
流体の流れ	流体粒子、定常流、非定常流	連続の式、渦	
静止流体の力学	マノメータ、圧力、傾斜管マノメータ	圧力、マノメータ	
理想流体の流れ	質量保存の式（連続の式）、定常流、ベルヌーイの式、ポテンシャル流れ	ベルヌーイの式	ベルヌーイの定理、連続の式
運動量の法則	運動量の法則	運動量の法則、噴流、スプリンクラー、トルク、大気放出部に加わる力	急拡大管
管内の流れ		円管内の流れ、圧力損失、配管摩擦係数、層流、粘性係数、レイノルズ数	円管内の流れ、助走距離、動粘性係数、レイノルズ数
物体まわりの流れ			
流体の運動	強制渦。渦度		強制渦
流体機械			
その他	乱れ、境界層、乱流、混合速度、渦拡散		乱流、模型実験。レイノルズの相似則、境界層、境界層厚さ、運動量厚さ

4.「**流体工学**」 平成16年度から令和2年度までに出題された技術項目 (5/5)

技術項目の分類	令和元年度（再試験を含む）	令和2年度
流体の性質	粘性、ずり速度、せん断力、非圧縮性流体、動粘性係数、非圧縮性流れ	粘度、動力、層流、せん断力
流体の流れ	連続の式、流線、流脈線、流跡線、速度、質量保存の式、速度ベクトル	2次元非圧縮性流れ、連続の式、流線、流脈線、流跡線、渦管、速度ポテンシャル
静止流体の力学	マノメータ	
理想流体の流れ	よどみ点、よどみ圧、ベルヌーイの式、ポテンシャル流れ、トリチェリの定理	よどみ点、ベルヌーイの式
運動量の法則	運動量の法則、配管が受ける力	
管内の流れ		
物体まわりの流れ		抗力、抗力係数
流体の運動	強制渦、渦度	2次元流れ、渦度
流体機械	ファン、動力、効率、ベルヌーイの式	
その他	平板境界層、粘性作用、排除厚さ、運動量厚さ、層流境界層、乱流境界層、臨界レイノルズ数、壁領域、内層、粘性底層、緩和層、バッファ層、対数層、対数領域、遷移位置	

5.「**機械設計、機械材料、機械要素、加工法**」平成16年度から令和2年度までに出題された技術項目（1/5）

技術項目の分類	平成16年度	平成17年度	平成18年度	平成19年度
機械設計	JIS製図法、寸法補助記号、生産システム用語、多品種少量生産、ラピッドプロトタイピング、価値分析、キーの設計手順	信頼性設計、生産工程の最適生産量、故障率、フェイルセイフ設計、フールプルーフ設計、冗長性設計	システムの信頼性、生産工程の最適生産量	
機械材料	面心立方格子、体心立方格子、稠密六方格子、塑性変形、ぜい性破壊、切欠き、格子欠陥、クリープ、疲労破壊	硬さ、弾性係数、降伏点、靭性、高温強度、シャルピー試験、ビッカース試験、クリープ試験、バウシンガー効果、マイナー則、疲労強度、残留応力、金属材料のJIS記号	バウシンガ効果、加工硬化、クリープ、残留応力、塑性変形、弾性限度、永久変形	塑性変形、クリープ、弾性限度
機械要素	すべり軸受け（スラスト軸受け、ジャーナル軸受け）、ねじ、歯車（ピッチ円、モジュール）、リベット継手、クラッチ、平行キー			軸継手、締結ねじ
加工法	切削加工、仕上げ面粗さ、深絞加工、研削加工、引抜加工、溶接加工、長さの精密測定機器	深絞り、プレス機械、加工法の種類、切削、放電加工、レーザ切断、圧延、鋳造、アーク溶接、鍛造、電気めっき、バフ研磨、スポット溶接、ウォータージェット加工、ラッピング、超音波加工、電鋳、工作機械の運動、旋盤、フライス盤、平削り盤、平面研削盤	切削加工、工具、研削加工、砥石、放電加工、プレス加工	切削加工、切削速度、工具寿命

5.「**機械設計、機械材料、機械要素、加工法**」 平成16年度から令和2年度までに出題された技術項目 (2/5)

技術項目の分類	平成20年度	平成21年度	平成22年度	平成23年度
機械設計				
機械材料	鉄鋼材料の疲労強度、表面硬化、熱処理、組織の微細化、残留応力		マルテンサイト変態、加工硬化、塑性変形、変態、結晶構造、熱処理、焼ならし、焼なまし、焼戻し	引張試験片
機械要素	平行キー、ねじ締結	転がり軸受、転動体、玉軸受、ころ軸受、滑り軸受、軸受圧力、pv値、摩擦係数、軸受特性係数、歯車列(入力軸、出力軸)、歯車の歯数、モジュール、ねじ、有効径、リード、つる巻き線、多条ねじ		
加工法				

5.「**機械設計、機械材料、機械要素、加工法**」平成16年度から令和2年度までに出題された技術項目（3/5）

技術項目の分類	平成24年度	平成25年度	平成26年度	平成27年度
機械設計			強度設計、荷重条件、使用環境	
機械材料			硬さ、延性-ぜい性遷移温度、引張試験、ビッカース試験、破壊靱性試験、シャルピー衝撃試験、クリープ試験	
機械要素				
加工法				

5.「**機械設計、機械材料、機械要素、加工法**」平成16年度から令和2年度までに出題された技術項目（4/5）

技術項目の分類	平成28年度	平成29年度	平成30年度
機械設計	強度設計、荷重条件、使用環境		
機械材料			硬さ、延性−ぜい性遷移温度、引張試験、疲労試験、破壊靭性試験、シャルピー衝撃試験、クリープ試験
機械要素		ねじ、有効系、山径、谷径、リード、ピッチ、つる巻き線、ねじれ角	
加工法			

5. 「**機械設計、機械材料、機械要素、加工法**」 平成 16 年度から令和 2 年度までに出題された技術項目（5/5）

技術項目の分類	令和元年度（再試験を含む）	令和 2 年度
機械設計		
機械材料		硬さ、延性−脆性遷移温度、引張試験、疲労試験、クリープ試験、シャルピー衝撃試験、破壊靭性試験
機械要素		
加工法		

巻末資料−3〈出題された問題の項目〉

問題番号	平成 16 年度	平成 17 年度	平成 18 年度	平成 19 年度
Ⅳ－1	金属材料の結晶構造	材料と材料力学の用語	長柱の座屈	引張荷重と許容応力
Ⅳ－2	材料の性質	疲労強度の改善方法	強度設計	自重による発生応力
Ⅳ－3	引張荷重、伸びと縦弾性係数	複合材料の縦弾性係数	材料力学の用語	柱の座屈荷重
Ⅳ－4	熱応力	応力集中と許容応力	組合せ応力	単純支持はりの曲げ応力
Ⅳ－5	組合せ応力	モールの応力円	片持ちはりの曲げ応力	組合せ応力
Ⅳ－6	曲げ応力	曲げ応力	熱応力	主応力と主せん断応力
Ⅳ－7	滑車の釣り合い	傾斜断面の応力	機械材料の用語	薄肉円筒
Ⅳ－8	完全弾性衝突	片持ちはりの曲げ応力	焼ばめの温度と応力	剛体振子の固有振動数
Ⅳ－9	並進運動と回転運動	自励振動	ばねの変位	1 自由度粘性減衰振動系
Ⅳ－10	振動防止	1 自由度ばね−質量系の固有振動数	回転剛体の角速度	固有振動数解析の手法
Ⅳ－11	ばね−質量系の減衰振動	力のモーメント	棒の慣性モーメント	ブロック線図と伝達関数
Ⅳ－12	回転体の運動	剛体の回転運動	剛体振り子の固有周期	フィードバック制御系の安定性
Ⅳ－13	ベルヌーイの式	フィードバック制御系の安定性	機械振動系の伝達関数	クランク−スライダ機構
Ⅳ－14	噴流が平板に及ぼす力	1 自由度振動系の伝達関数	フィードバック制御系の安定性	回転体のふれ回り
Ⅳ－15	流体の損失と抵抗	倒立振子の安定性	ブロック線図と伝達関数	レイノルズの相似則
Ⅳ－16	燃焼の理論空気量	制御系の過渡応答と安定性	機械の振動	流体の静水圧
Ⅳ－17	熱機関のサイクル	流体の圧力	1 自由度ばね−質量系の固有振動数	円板に働く抗力
Ⅳ－18	熱交換器の熱通過率	流体の無次元数	円板の回転トルク	乱流
Ⅳ－19	電圧の分解能	二次元流れの連続の式	流れの無次元数	円管の圧力損失
Ⅳ－20	測定誤差	容器からの流出	よどみ点圧力	渦の運動
Ⅳ－21	長さの精密測定	管摩擦係数	カルマン渦	羽根車の必要トルク
Ⅳ－22	熱電対による温度計測	火花点火機関の出力向上	層流のせん断力	円管の熱伝導
Ⅳ－23	フィードバック制御	オットーサイクルの効率	平板の境界層	メタンの燃焼
Ⅳ－24	伝達関数の安定性	カルノーサイクルの効率	円管の圧力損失	カルノーサイクルの無効エネルギー
Ⅳ－25	JIS 製図法	燃焼の理論空気量	ポンプの動力	スターリングサイクル
Ⅳ－26	機械要素	理想気体の特性	冷凍に必要な電力	熱交換器の伝熱面積
Ⅳ－27	引張強さと安全率	エントロピー変化	熱機関の最大効率	伝熱の形態
Ⅳ－28	キーの設計	熱伝達に関連した用語	カルノーエンジンの出力	バイオ燃料
Ⅳ－29	加工法	金属材料の JIS 記号	エントロピー	電車の車軸の発生応力
Ⅳ－30	生産システム用語	プレス機械の容量	放射熱伝達と対流熱伝達	軸継手
Ⅳ－31	出題数は、30 問題までとなっていて、以下の問題はない。	加工法	熱力学の基本と無次元数	ねじの強度
Ⅳ－32		工作機械の運動	熱通過	中実丸軸のねじり強さ
Ⅳ－33		信頼性設計	加工法	モータ軸の伝達動力
Ⅳ－34		生産工程の最適生産量	システムの信頼性	材料と材料力学の用語
Ⅳ－35		システムの故障率	生産工程の最適生産量	切削速度と工具寿命

平成 20 年度	平成 21 年度	平成 22 年度	平成 23 年度	平成 24 年度
熱応力	棒の引張応力と伸び	柱の座屈荷重	金属の引張試験	自重による丸棒の破断強さ
段付き棒の伸び	熱応力	片持ちはり	引張荷重と許容応力	段付き棒の伸び
柱の座屈荷重	中実丸軸のねじり強さ	断面係数	熱伸びと熱応力	中実丸軸のねじれ角
片持ちはりの曲げ応力	組合せ応力	組合せ応力	自重による段付棒の伸び	熱応力
鉄鋼材料の疲労強度	材料の疲労と強度	材料と材料力学の用語	中実丸軸のねじれ角	トラス構造の軸荷重
伝達軸のキーの応力	力のモーメント	鉄鋼材料の変態と熱処理	はりの曲げ応力	単純支持はりの曲げ応力
中実丸軸のねじり強さ	一自由度の非減衰振動系	2 自由度系の固有振動数	薄肉円筒容器の応力	組合せ応力
曲げとねじりを受ける軸の強度	回転する棒の運動エネルギー	共振	組合せ応力	応力集中と許容応力
鋼製ねじの強度	質点や剛体の慣性	滑車の運動	S−N 曲線	棒の座屈応力
剛体振子の固有角振動数	回転する円板の制動トルク	はりの振動	材料力学の用語	断面係数
1 自由度粘性減衰振動系の振幅倍率曲線	転がり振子	1 自由度ばね−質量系の固有振動数	1 自由度ばね−質量系の固有振動数	伝達関数の安定性
2 自由度振動系の振動数方程式	回転円板に働くトルク	慣性モーメント	1 自由度振動系の応答	ブロック線図と伝達関数
カムの駆動トルク	フィードバック系ブロック線図	逆ラプラス変換	臨界減衰系	逆ラプラス変換
非線形振動	ブロック線図と伝達関数	ブロック線図	はりの振動	1 自由度振動系の伝達関数
回転機械のロータ	制御系の安定性	伝達関数のグラフ表現	係数励振の事例	制御量
横振動するはりの支持条件	2 次遅れ系の伝達関数	フィードバック制御	2 自由度振動系の固有角振動数	伝達関数の周波数特性
一巡伝達関数ステップ応答の残留偏差	逆ラプラス変換	インディシャル応答	逆ラプラス変換	過減衰、不足減衰、臨界減衰
伝達関数の零点と極	状態方程式（2 変数の制御）	ステップ応答の定常位置偏差	ブロック線図	はりの振動
ブロック線図と伝達関数	転がり軸受の特徴	片持ちはりの SFD と BMD	ランプ応答、インパルス応答、インディシャル応答	棒の慣性モーメント
フィードバック制御系の安定性	滑り軸受の設計	閉ループ系の安定性	フィードバック制御	共振
逆ラプラス変換	歯車列の回転速度	抗力	伝達関数を用いた応答	並進運動と回転運動
制御工学の線図	ねじの原理	ばね定数	フィードバック制御系の特性根	1 自由度ばね−質量系の固有振動数
円管内の粘性流体の流れ	円管内の層流流れ	熱サイクル図	熱に関連する SI 単位	熱に関連する SI 単位
シリンダ内の圧力	ジェットエンジンの推力	熱抵抗	エントロピー	蒸気タービンの出力
マノメータによる圧力の測定	ピストンの圧力	エンタルピーと仕事	可逆断熱圧縮	理想気体の状態変化
強制渦	球に働く抗力	ふく射伝熱	熱伝達率	カルノーサイクルの出力と廃熱
噴流が平板に及ぼす力	水車の動力	冷凍機の成績係数	熱流体の無次元数	燃焼の理論空気量
流れの相似則（貯水槽の排水）	境界層の厚み	エントロピー変化量	エントロピー変化量	蒸気タービンサイクル
ピトー管	レイノルズ数	熱流体の無次元数	熱伝達率	熱交換器の熱通過率
熱に関連する SI 単位	燃焼の理論空気量	二次元流れの連続の式	ベルヌーイの式	カルマン渦
熱サイクル図	加熱と熱量	浮力	よどみ点圧力	浮力
熱エネルギー	カルノーサイクルの出力	タービンの動力	換気扇の動力	ベルヌーイの式
熱力学の法則	エクセルギー	運動量保存則（反力）	層流のせん断応力による動力	噴流が平板に及ぼす力
円管の熱伝導	蒸気タービンサイクル	マノメータ	流体が曲がり管に及ぼす力	円管内の層流流れ
燃料の燃焼	理想気体の特性	管摩擦係数	レイノルズの相似則	境界層

問題番号	平成25年度	平成26年度	平成27年度
Ⅲ−1	自重による段付き棒の伸び	材料の力学的性質と試験方法	材料力学の用語
Ⅲ−2	熱応力	強度設計	傾斜断面の応力
Ⅲ−3	丸棒のねじりモーメント	自重による丸棒の破断強さ	段付き棒のひずみエネルギー
Ⅲ−4	片持ちはりの反力と曲げモーメント	中実丸棒のせん断応力	熱伸びと熱応力
Ⅲ−5	片持ちはりの曲げ応力	両端単純支持はりの曲げモーメント	片持ちはりのたわみ
Ⅲ−6	両端単純支持はりのたわみ	両端単純支持はりの曲げ応力	両端単純支持はりの曲げ応力
Ⅲ−7	平面応力状態の応力成分	はりのひずみエネルギー	丸棒のねじりモーメント
Ⅲ−8	薄肉円筒容器の応力	モールの応力円	薄肉球殻容器の肉厚
Ⅲ−9	材料力学の用語	薄肉円筒容器の応力	柱の座屈荷重
Ⅲ−10	柱の座屈荷重	円柱の座屈荷重	組合せ応力
Ⅲ−11	フィードバック制御系の安定性	ステップ応答	ブロック線図
Ⅲ−12	ブロック線図	フィードバック制御系の安定性	特性方程式の根
Ⅲ−13	ラプラス変換	ブロック線図	フィードバック制御、外乱を含む伝達関数
Ⅲ−14	伝達関数のグラフ表現	ラプラス変換	フィードバック制御系の特徴
Ⅲ−15	固有角振動数	固有角振動数	1自由度振動系の減衰比
Ⅲ−16	強制振動、周波数応答線図	周波数応答線図	はりの固有角振動数
Ⅲ−17	はりの振動	はりの振動	振動系の減衰
Ⅲ−18	2自由度振動系の固有角振動数	共振	2自由度振動系
Ⅲ−19	円板の重心	モーメント	力のバランス
Ⅲ−20	角運動量	円柱の運動	滑車
Ⅲ−21	圧力	摩擦力	角運動量
Ⅲ−22	回転体に働く力	複合ばね	ボールの打ち上げ
Ⅲ−23	熱流体の無次元数	メタンの燃焼	可逆断熱圧縮
Ⅲ−24	熱エネルギー	熱通過率	燃焼の理論空気量
Ⅲ−25	エントロピー変化量	加熱と熱量	熱交換器の熱通過率
Ⅲ−26	熱サイクル図	理想気体の特性	冷凍庫の消費電力
Ⅲ−27	蒸気サイクルの理論熱効率	仕事と熱エネルギー	自然対流による熱損失
Ⅲ−28	通過熱量	電気ヒーターの消費電力	ふく射エネルギー量
Ⅲ−29	ふく射伝熱	熱エネルギー	容器からの流出
Ⅲ−30	マノメータ	抗力	ベルヌーイの式
Ⅲ−31	流速、連続の式	よどみ圧	強制渦
Ⅲ−32	曲り管に加わる受ける力	円管内の層流	抗力
Ⅲ−33	模型実験	助走距離、無次元化	噴流が平板に及ぼす力
Ⅲ−34	よどみ点圧力	運動量	曲り管に加わる受ける力
Ⅲ−35	ファンの効率	連続の式	ファンの効率

問題番号	平成 28 年度	平成 29 年度	平成 30 年度
Ⅲ－1	強度設計	材料力学の用語	材料の力学的性質と試験方法
Ⅲ－2	自重と軸荷重による応力	棒の引張応力と伸び	両端固定された棒の発生応力
Ⅲ－3	片持ちはりの曲げ応力	トラス構造の軸力	トラス構造の軸荷重
Ⅲ－4	単純支持はりのたわみ	熱応力	熱応力
Ⅲ－5	丸棒のねじれ角	単純支持はりの曲げモーメント	単純支持はりの曲げモーメント
Ⅲ－6	棒の座屈荷重	片持ちはりの反力と曲げモーメント	片持ちはりのたわみ
Ⅲ－7	熱応力	中実丸軸の伝達動力	中実丸棒と中空丸棒のねじりせん断応力
Ⅲ－8	組合せ応力	柱の座屈荷重	棒の座屈荷重
Ⅲ－9	楕円孔の応力集中	組合せ応力	組合せ応力
Ⅲ－10	薄肉円筒容器の応力	薄肉円筒容器の応力	薄肉球殻容器の応力
Ⅲ－11	フィードバック系のブロック線図	PID 制御	フィードバック制御、ブロック線図、極
Ⅲ－12	伝達関数の安定性	フィードバック制御系の安定性	ラプラス変換
Ⅲ－13	不可観測	伝達関数のグラフ表現	特性方程式、安定性、
Ⅲ－14	伝達関数、ラプラス変換	ブロック線図	ランプ応答、インパルス応答、ステップ応答
Ⅲ－15	クランクの駆動トルク	1 自由度振動系の周波数応答	1 自由度振動系、減衰比
Ⅲ－16	2 自由度系の固有角振動数	定滑車の運動	剛体振り子、運動エネルギー
Ⅲ－17	機械の振動	ねじの原理	棒の縦振動
Ⅲ－18	固有振動数、複合ばね	はりの横振動	2 自由度系の固有角振動数
Ⅲ－19	過減衰、不足減衰、臨界減衰	並進振動と回転振動の固有角振動数	1 自由度系の固有角振動数
Ⅲ－20	剛体棒の固有角振動数	振り子	並進運動と回転運動
Ⅲ－21	アームの回転運動	滑車を含む系の固有周期	滑車を含む系の固有角振動数
Ⅲ－22	力の釣合い、慣性力	1 自由度振動系、臨界減衰係数	複合ばね
Ⅲ－23	理想気体のマイヤーの関係式	冷凍機の成績係数	理想気体の状態変化
Ⅲ－24	加熱と熱量	熱流体の無次元数	エンタルピー
Ⅲ－25	加熱による熱量、エンタルピー・内部エネルギー・エントロピーの変化量	ふく射エネルギー量	熱交換器
Ⅲ－26	熱サイクル図	蒸気の比エンタルピー	熱伝導による熱通過率
Ⅲ－27	保温された円管の熱損失	フィン	冷凍に必要な電力
Ⅲ－28	熱伝達の熱移動量	エントロピー変化の式	メタンの燃焼
Ⅲ－29	ふく射伝熱	蒸気タービンの出力	自然対流による熱流量
Ⅲ－30	傾斜管マノメータ	圧力	強制渦
Ⅲ－31	マノメータ、ベルヌーイの式	ベルヌーイの式	連続の式
Ⅲ－32	定常状態、質量保存の式、ニュートン流体、ポテンシャル流れ、強制渦	強制渦	円管内の流れ、助走距離
Ⅲ－33	運動量の法則	噴流により加わる力	運動量
Ⅲ－34	水膜上平板に加わるせん断応力、動力	運動量、スプリンクラーの回転	境界層、運動量厚さ
Ⅲ－35	乱流	円管内の流れ	流れの相似則

問題番号	令和元年度	令和元年度（再試験）	令和2年度
Ⅲ−1	段付き棒のひずみエネルギー	軸の伸びと応力	材料の力学的性質と試験方法
Ⅲ−2	トラス構造の変位量	自重による引張応力	棒の伸び
Ⅲ−3	熱応力	単純支持はりのせん断力	滑節指示棒の引張力
Ⅲ−4	単純支持はりのせん断力と曲げモーメント	はりのひずみエネルギー	熱応力
Ⅲ−5	はりの曲げ応力	片持ちはりの曲げ応力	片持ちはりの曲げ応力
Ⅲ−6	片持ちはりのたわみ	丸棒のねじりモーメント	片持ちはりのたわみ
Ⅲ−7	中実丸棒のねじりせん断応力	円柱の座屈荷重	段付き丸棒のねじり角
Ⅲ−8	長柱の座屈荷重	組合せ応力	柱の座屈荷重
Ⅲ−9	組合せ応力	楕円孔の応力集中	組合せ応力
Ⅲ−10	薄肉円筒容器の応力	薄肉円筒容器のひずみ	薄肉円筒容器の軸方向ひずみ
Ⅲ−11	伝達関数	伝達関数の零点、極	フィードバック制御系の安定性
Ⅲ−12	ラプラス変換	伝達関数のグラフ表現	ラプラス変換
Ⅲ−13	ブロック線図、伝達関数	ラプラス変換	閉ループ系、特性根
Ⅲ−14	フィードバック制御のブロック線図	操作量	動的システムのステップ応答
Ⅲ−15	振動系における減衰振動	等価ばね定数	振動系における減衰
Ⅲ−16	アームの運動	棒の縦振動	円板の重心
Ⅲ−17	はりの横振動	運動方程式、雨滴の自由落下	1自由度振動系の固有振動数
Ⅲ−18	単振り子	1自由度系の強制振動	ばね支持された回転円板の固有角振動数
Ⅲ−19	1自由度系の固有角振動数	1自由度振動系、粘性減衰要素	強制振動
Ⅲ−20	円板の慣性モーメント	定滑車の運動	1自由度振動系、減衰比
Ⅲ−21	棒の回転運動	弦の横振動	ロータの運動、角運動量保存
Ⅲ−22	U字管の液柱振動	並進振動と回転振動	はりの曲げ振動
Ⅲ−23	エントロピー変化量	エントロピー変化量	エネルギーと熱量
Ⅲ−24	ディーゼルサイクルの理論熱効率	冷凍機の成績係数	エントロピー変化量
Ⅲ−25	熱に関連するSI単位	沸騰伝熱に関する記述	蒸気サイクルの理論熱効率
Ⅲ−26	伝熱の熱流束	保温された円管の熱損失	理想気体の特性
Ⅲ−27	冷凍庫の消費電力	理想気体の質量変化	熱伝導の通過熱量
Ⅲ−28	理想気体の断熱変化の式	電気ヒーターの消費電力	熱交換器の対数平均温度差
Ⅲ−29	よどみ点、ベルヌーイの式	トリチェリの定理	対流伝熱、ふく射伝熱
Ⅲ−30	ファンの動力・効率	マノメータ	連続の式
Ⅲ−31	粘性、渦、ニュートン流体、連続の式、流線、流跡線、流脈線	質量保存の式	水膜上平板に加わるせん断応力、動力
Ⅲ−32	連続の式	円管が受ける力	2次元流れの渦度
Ⅲ−33	運動量の法則	連続の式	よどみ点圧力
Ⅲ−34	配管が受ける力	振動平板の流れ	流線、流跡線、流脈線
Ⅲ−35	平板境界層	平板境界層の遷移位置	抗力

索　引

―― あ　行 ――

―― か　行 ――

―― さ　行 ――

―― た　行 ――

―― な　行 ――

―― は　行 ――

―― ま　行 ――

―― や　行 ――

── ら　行 ──

── わ　行 ──

── 英文字 ──

おわりに

理工学系大学のJABEE認定校を卒業された方は、修習技術者として認定されるため技術士第一次試験の受験は不要ですが、それ以外の技術者で技術士になろうと志している方々は、第一歩として第一次試験に合格することが必須条件になっています。

私は、将来的に技術士の資格を取得しようと考えている方には、できる限り若いうちに技術士第一次試験を受験するようにお勧めしています。その理由は、技術士第一次試験の出題範囲が、理工学系の大学卒業者の基礎知識の程度であるためです。また、大学卒業後は、ほとんどの方が企業の技術者として就職されますが、時間の経過とともに理工学系の基礎知識を忘れることや、業務が多忙で勉強する時間が十分に取れなくなるからです。

また、技術士第二次試験の受験についても、なるべく若いうちからの受験をお勧めしています。その理由は、何回かの失敗があっても、再挑戦しようとする活力があるためです。また、業務が多忙で勉強する時間が十分確保できない場合でも、何年かけてでも資格を取得したいという意欲を保つことができるからです。「必ず技術士になるぞ」という強い意志で継続すれば、合格できる資格です。

本書は、「はじめに」で述べましたように、幅広い試験科目ごとに対応する多数の教科書をすべて勉強しないでも、合格ラインの50%以上を突破できる最低限の基礎知識を1冊の本で理解できるように考えて企画したものです。初版から同じこのコンセプトですが、この度、第3版に続いて第4版を出版することになりました。

初版出版後から、出題された試験問題を毎年自分でも解いていますが、本書に記載した事項を参考にすれば、合格レベルの得点が取れることがわかりました。そのため、本書は合格に必要な基本的な知識の習得には十分なレベルになっているものと確信しています。もちろん、たったの1冊の本ですべての技術項目を詳細にわたって網羅することは不可能ですので、わからない部分があれば各科目の教科書を参考にして勉強してください。

また、技術士第一次試験の受験者だけではなく、機械技術者として最低限知っておくべき項目を勉強するためのテキストとして本書を活用していただければ幸いです。機械工学の四力学の基礎的な公式が記載されていますので、技術士以外の機械系の資格試験や日常の業務にも十分に役に立つ、と思っています。

本書を作成するに際して、筆者の不得意とする部分の執筆に多大な協力をしていただきました、技術士仲間の井土久雄氏（技術士・機械部門）にはこの紙面をお借りして厚く御礼申し上げます。また、執筆の機会を与えていただいた、日刊工業新聞社の鈴木徹氏には大変感謝いたします。

最後に、本書がこれから受験を目指す方々に取って少しでも役に立てば、筆者としてこれ以上の喜びはありません。受験者の皆様が合格して社会で活躍することを願っています。

2021年2月

大原良友

【著者】

大原　良友（おおはら　よしとも）

技術士（総合技術監理部門、機械部門）

大原技術士事務所　代表（元エンジニアリング会社勤務　主席技師長）

所属学会：日本技術士会（CPD認定会員）、日本機械学会

学会・団体の委員活動：（現在活動中のもの）

公益社団法人・日本技術士会：男女共同参画委員会・委員

一般社団法人・日本溶接協会：化学機械溶接研究委員会　圧力設備テキスト作成小委員会・副委員長

国土交通省：中央建設工事紛争審査会・特別委員

資格：技術士（総合技術監理部門、機械部門）、米国PM協会・PMP試験合格

著書：『技術士第二次試験　「機械部門」対策と問題予想　第4版』、『技術士第二次試験「機械部門」　択一式問題150選　第3版』、『技術士第二次試験　「機械部門」対策〈解答例＆練習問題〉　第2版』、『技術士第二次試験　「機械部門」要点と〈論文試験〉解答例』、『技術士第二次試験「機械部門」過去問題　〈論文試験たっぷり100問〉の要点と万全対策』、『技術士第二次「筆記試験」突破講座』（共著）、『技術士第一次試験「機械部門」　合格への厳選100問　第4版』、『建設技術者・機械技術者〈実務〉必携便利帳』（共著）、『トコトンやさしい「圧力容器の本」』（日刊工業新聞社）

取得特許：特許第2885572号「圧力容器」など10数件

受賞：日本機械学会：産業・化学機械と安全部門　部門功績賞（2008年7月）神奈川県高圧ガス保安協会：感謝状（2019年11月）など数件

技術士第一次試験
「機械部門」専門科目受験必修テキスト　第４版　　NDC 507.3

2009 年 3 月 25 日　初版 1 刷発行
2011 年 5 月 30 日　初版 5 刷発行
2012 年 4 月 20 日　第 2 版 1 刷発行
2015 年 6 月 26 日　第 2 版 5 刷発行
2016 年 6 月 24 日　第 3 版 1 刷発行
2019 年 5 月 31 日　第 3 版 2 刷発行
2021 年 5 月 21 日　第 4 版 1 刷発行
2024 年 5 月 31 日　第 4 版 2 刷発行

（定価は、カバーに表示してあります）

©著　者　大原良友
発行者　井水治博
発行所　日刊工業新聞社
東京都中央区日本橋小網町 14-1
（郵便番号 103-8548）
電話　書籍編集部　03-5644-7490
販売・管理部　03-5644-7403
FAX　03-5644-7400
振替口座　00190-2-186076
URL　https://pub.nikkan.co.jp/
e-mail　info_shuppan@nikkan.tech

印刷・製本　新日本印刷（POD1）
組　版　メディアクロス

落丁・乱丁本はお取り替えいたします。　2021 Printed in Japan

ISBN 978-4-526-08139-2 C3053